C++20 模板元编程

[罗] 马里乌斯·班西拉(Marius Bancila) 著
何荣华 王文斌 张毅峰 杨文波 译

清华大学出版社
北 京

北京市版权局著作权合同登记号 图字：01-2024-4706

Copyright @Packt Publishing 2022. First published in the English language under the title Template Metaprogramming with C++: Learn everything about C++ templates and unlock the power of template metaprogramming (9781803243450).

本书封面贴有清华大学出版社防伪标签，无标签者不得销售。
版权所有，侵权必究。举报：010-62782989，beiqinquan@tup.tsinghua.edu.cn。

图书在版编目（CIP）数据

C++20 模板元编程 /（罗）马里乌斯·班西拉著；
何荣华等译. -- 北京：清华大学出版社，2025.6.
ISBN 978-7-302-69436-6

I. TP312.8

中国国家版本馆 CIP 数据核字第 2025MV5773 号

责任编辑：王　军
封面设计：高娟妮
版式设计：恒复文化
责任校对：成凤进
责任印制：丛怀宇

出版发行：清华大学出版社
网　　址：https://www.tup.com.cn，https://www.wqxuetang.com
地　　址：北京清华大学学研大厦 A 座　　邮　　编：100084
社 总 机：010-83470000　　邮　　购：010-62786544
投稿与读者服务：010-62776969，c-service@tup.tsinghua.edu.cn
质 量 反 馈：010-62772015，zhiliang@tup.tsinghua.edu.cn

印 装 者：北京同文印刷有限责任公司
经　　销：全国新华书店
开　　本：170mm×240mm　　印　张：20　　字　数：435 千字
版　　次：2025 年 7 月第 1 版　　印　次：2025 年 7 月第 1 次印刷
定　　价：99.80 元

产品编号：108440-01

玄之又玄，众妙之门

大家都知道，AI 可以写代码了。你用过吗？感觉如何？

前不久，我在准备 GPU 训练营的试验程序时，确实用 AI 写了一些代码，既有传统的 CPU 端代码，也有更现代的 GPU 端代码。我用 AI 写代码的目的有两个，一是提高工作效率，二是亲身测试 AI 写代码的能力。

亲身测试一番之后，我有两个比较强烈的感受。第一个感受是对于比较简单的任务，AI 确实可以写出质量不错的代码，不仅速度快，而且准确度很高，没有误拼等人类常犯的低级错误。第二个感受是，随着代码量的上升，AI 写的代码也开始具有人类代码常有的问题，先是重复，啰嗦，然后是有 bug(错误)。

众所周知，AI 领域吸引了大量的投资和优秀的人才，新的成果不断涌现。因此，我们比较难预测 AI 的代码能力在 2 年后会怎么样？在 5 年和 10 年后又会怎么样？

AI 技术的发展速度难以预测，但是我觉得以下三个趋势是比较确定的。首先，AI 技术确实会改变软件产业的格局，一些简单的软件开发任务将 AI 化，因为使用 AI 技术能大大提高编码的效率，不再需要那么多的程序员来写代码。第二，随着 AI 技术不断被应用到软件开发领域，软件的产量和软件的代码量都将随之上升。而且，AI 产生的代码也是不完美并且存在瑕疵的。软件团队里将需要很多调试工程师来定位各种稀奇古怪的问题。第三，在追求高性能、高可靠性的某些领域里，仍需优秀的人类程序员来编写极端精致的代码。就像在机器可以包饺子的今天，仍有某些饺子店使用人工包。

其实，不管我的预测是否对，一名好的程序员都应该不断锤炼自己的编码能力，提高技术水平，让自己写出的代码越来越好。

于是，可能有人问，我已经能写出很漂亮的代码，什么样的代码算是更好呢？

的确，评价代码好坏的标准有很多。在我看来，第一个硬指标就是 generic，也就是通用性。展开来说，很多代码都有的一个通病就是长相类似的代码有很多份，结构类似，但有差异，不完全相同。

我是信儒家的，但偶尔也会读一点道家的作品，一般是在睡前读，因为读道家的作品读着读着就昏昏欲睡了。为什么呢？因为道家的话一般都比较"虚空"。用时髦的话说，就是不接地气，难以琢磨。比如一句"道可道，非常道"就有很多种解释。

我对道家的这种态度持续了很多年，直到有一天，当我领悟了计算机世界的一系列经典案例和一个永恒规律后，我又看到了"玄之又玄，众妙之门"。这八个字归纳得太好了，说出我心中所有，笔下所无，改变了我对道家的态度。

什么是玄而又玄呢？传统的解释有很多种，对多数程序员来说，都不大好理解。

在我看来，玄就是抽象。玄之又玄，就是抽象了再抽象。

人类的大脑喜欢生动具体的东西，比如小孩子都喜欢听故事，无论是"小马过河"还是"后羿射日"都有具体的场景、"人"和物。长大了以后喜欢刷剧也是类似的原因。每部剧都在一个具体的时空中讲一个故事。没有哪部剧没有人物，只有"道可道，非常道"。

因此，做抽象是很难的事情。也因此，很多代码都是不够抽象的，今天需要 int 类型的 max() 函数，那么就写个 int 类型的；明天需要 float 类型的，就把 int 类型的复制一份，改成 float 类型的。日积月累，整个项目里就有很多长相类似的代码了。

如何提炼这样的代码，消除重复，把它们合众为一呢？

传统 C++ 中的模板技术就是为解决这个问题而设计的，现代 C++ 将其发扬光大，去除约束，增加功能，使其成为现代 C++ 语言的一大亮点。

我认识文波和荣华多年，他们都在 C++ 语言和编程技术领域耕耘多年，孜孜不倦，满怀深情。更加可贵的是，他们把热爱转化为实际的行动，以各种形式推动技术的传播和发展。他们在翻译《C++模板》(第 2 版)之后，又将另一本模板编程的好书《C++20 模板元编程》翻译成中文，功莫大焉。

张银奎
《软件调试》和《软件简史》的作者

译 者 序

C++的演化与模板的历史

自 1979 年 Bjarne Stroustrup 创建 C++以来，这门语言经历了多个重要的标准化版本，每一次演进都带来了新的特性和改进。从 C++98 的标准化到 C++11 迎来现代 C++编程范式，再到 C++14、C++17 的稳定和扩展，现在 C++20 作为一个里程碑式的更新，引入了概念(Concepts)、范围(Ranges)、协程(Coroutines)等强大特性。其中，C++20 对模板系统的扩展和改进，使得泛型编程更加直观、高效。

C++模板的历史可以追溯到 20 世纪 80 年代后期，它最初是为了解决代码复用的问题。1998 年的 C++标准(C++98)正式引入了模板，随后在 C++11 中得到了重要增强，如变参模板(Variadic Templates)、模板别名(Template Aliases)等。C++17 进一步引入了折叠表达式(Fold Expressions)和类模板实参推导(Class Template Argument Deduction，CTAD)。到了 C++20，概念(Concepts)的加入使得模板的可读性、可维护性大幅提升。

C++模板的优势

C++是一门支持多种编程范式的语言，包括：
- 过程式编程(Procedural Programming)——基于函数和过程的结构化编程。
- 面向对象编程(OOP)——通过类、继承和多态实现模块化与复用。
- 泛型编程(Generic Programming)——借助模板编写类型无关的代码，提高代码复用性和灵活性。
- 函数式编程(Functional Programming)——使用不可变数据和高阶函数，提升代码可测试性和并发能力。
- 元编程(Metaprogramming)——利用编译期计算优化程序，提高运行效率。

在这些范式中，**模板技术是 C++的核心特性**，它赋予 C++强大的泛型编程能力，使代码适用于多种数据类型，而不需要冗余编写。例如，标准模板库(STL)的容器(如 std::vector、std::map)和算法(如 std::sort、std::find)均依赖模板实现。

C++模板的主要优势包括：

- **编译时多态(Compile-time Polymorphism)**——相比运行时多态(如继承与虚函数)，模板允许编译期进行类型推导和优化，从而提高执行效率。
- **编译时计算(Compile-time Computation)**——利用模板元编程(TMP)，C++能在编译期执行计算，减少运行时开销。例如，std::integral_constant 和 std::conditional 可用于选择编译期代码路径。
- **代码复用**——模板减少了重复代码，提高了通用性。例如，std::enable_if 可用于 SFINAE(替换失败非错误)，实现条件编译。

模板的强大使其在现代 C++开发中占据重要地位，特别是在高性能计算、游戏开发、底层系统编程等领域。掌握模板不仅能提升代码质量，还能帮助程序员深入理解 C++语言的底层机制。

C++程序员必备的技能

对于希望深入掌握 C++的开发者而言，理解模板是进阶 C++编程的必经之路。从泛型编程(Generic Programming)、模板元编程(Template Metaprogramming)，到 C++20 概念(Concepts)，这些技术都在现代 C++开发中占据了重要地位。

无论是编写高效的库函数，还是优化应用程序的性能，模板都是必不可少的工具。例如，在高性能计算(HPC)、游戏开发、底层系统编程等领域，模板能够提供无与伦比的灵活性和效率。掌握模板不仅能够提高代码质量，还能帮助程序员更深入地理解 C++语言的底层机制。

模板技术的学习建议

模板技术属于编译期编程，在学习过程中，建议结合反汇编，并善用 Cpp Insights 等工具来观察模板实例化和生成的代码。

要系统学习模板技术，仅靠一本书是不够的。推荐阅读以下书籍：

- 《C++ Templates (第 2 版・中文版)》[*C++ Templates: The Complete Guide, 2nd Edition*, (美)David Vandevoorde、(德)Nicolai M. Josuttis、(美)Douglas Gregor 著，何荣华、王文斌、张毅峰、杨文波译，人民邮电出版社]——经典的 C++模板书籍，全面介绍了模板技术。
- 《编程原本》[*Elements of Programming*, (美)Alexnader Stepanov、(美) Paul McJones 著，裘宗燕译，人民邮电出版社]和亚历山大的系列博文(https://www.stepanovpapers.com/)——进一步深入泛型编程。
- 《C 实战：核心技术与最佳实践》(吴咏炜著，人民邮电出版社)——现代 C 最佳实践。

此外，学习模板技术不能只依赖理论，还需要实践。建议阅读并改造以下模板库：
1. fmt(std::format 的实现)——不依赖领域知识，适合作为入门教材。
2. blaze 高性能数学库——作者 Klaus Iglberger 是模板设计模式专家。
3. folly 库——Andrei Alexandrescu 主导，适合学习模板元编程。
4. cutlass C++模板库——Nvidia 出品，适用于深度学习优化。

结语与感谢

C++模板的强大使得它成为现代 C++开发的基石，而 C++20 的更新更是让模板变得更易用、更强大。本书的目标是帮助读者全面理解 C++20 模板的核心概念，并掌握如何在实际开发中高效地应用模板技术。希望本书能为你打开 C++模板编程的大门，帮助你在 C++领域更进一步。

本书的出版离不开各方的支持。我们衷心感谢 Bjarne Stroustrup 教授，他的贡献不仅塑造了 C++语言，也为全球开发者提供了深远的技术指导。

特别感谢清华大学出版社的编辑团队，他们在术语规范、技术表达及出版质量方面提供了宝贵的支持，付出了大量的辛勤工作，确保本书得以高质量呈现。我们也感谢 C++社区的开发者们，你们的深入讨论与实践经验为我们提供了极大的启发。

尽管我们力求精确，但面对 C++如此庞大而复杂的体系，难免仍有不足之处。我们诚恳欢迎读者通过出版社反馈意见，以便我们进一步完善后续的修订工作。希望本书能够帮助广大开发者更深入地理解 C++，更高效地运用这门强大语言。

献给那些总是渴望学习更多的好奇心灵。

——Marius Bancila

贡 献 者

关于作者

Marius Bancila 是一位拥有 20 年经验的软件工程师，在业务应用程序开发和其他领域都有丰富的解决方案经验。他是 *Modern C++ Programming Cookbook* 和 *The Modern C++ Challenge* 的作者。他目前担任软件架构师，专注于微软技术，主要使用 C++和 C# 开发桌面应用程序。他热衷于与他人分享技术专长，因此自 2006 年起一直被认定为微软 C++ MVP，后来还获得了开发者技术领域的 MVP 称号。Marius 居住在罗马尼亚，活跃于各种在线社区。

关于审校者

Aleksei Goriachikh 拥有超过 8 年的 C++编程经验。2012 年从俄罗斯的新西伯利亚国立大学获得数学硕士学位后，Aleksei 曾参与一些计算数学和优化领域的研究项目、某 CAD 系统的几何内核开发，以及自动驾驶的多线程库开发。Aleksei 最近的专业兴趣是硅前建模。

前　　言

几十年来，C++一直是世界上使用最广泛的编程语言之一。它的成功不仅仅归功于其提供的性能或者说它的易用性(许多人对此持不同意见)，而更可能是由于它的多功能性。C++是一种通用的多范式编程语言，它融合了过程式、函数式和泛型编程。

泛型编程是一种编写代码的方式，例如函数和类等实体是按照稍后实例化的类型编写的。这些泛型实体仅在需要作为实参具化为特定类型时才会实例化，这些泛型实体在C++中称为模板。

元编程是一种编程技术，它使用模板(以及 C++中的 constexpr 函数)在编译期生成代码，然后将其与剩余源代码合并以便编译最终程序。元编程意味着其输入或输出中至少有一个是类型。

正如《C++核心指南》(Bjarne Stroustrup 和 Herb Sutter 维护的一份关于应该做什么和不应该做什么的文档)中所描述的那样，C++中的模板可谓声名狼藉。然而，它们使得泛型库成为可能，比如 C++开发人员一直使用的 C++标准库。无论你是自己编写模板，还是只使用他人编写的模板(比如标准容器或算法)，模板都很可能是你日常编码的一部分。

本书旨在让读者对 C++中可用的所有范围内的模板都有很好的理解(从基本语法到C++20 中的概念)，这是本书前两部分的重点内容。第Ⅲ部分会帮助你将新获得的知识付诸实践，并使用模板进行元编程。

本书适读人群

本书适合想要学习模板元编程的初学者、中级 C++开发人员，以及希望快速掌握与模板相关的 C++20 新功能和各种惯用法和模式的高级 C++开发人员。在开始阅读本书之前，必须具备基本的 C++编程经验。

本书涵盖内容

第 1 章 "模板简介"。通过几个简单的例子介绍了 C++中模板元编程的概念，讨论了为什么我们需要模板以及模板的优缺点。

第 2 章 "模板基础"。探讨了 C++中所有形式的模板：函数模板、类模板、变量模板和别名模板。我们讨论了其中每一个的语法和它们如何工作的细节。此外，还讨论了模板实例化和特化的关键概念。

第 3 章 "变参模板"。专门介绍了变参模板，即具有可变数量模板形参的模板。我们详细讨论了变参函数模板、变参类模板、变参别名模板和变参变量模板、形参包及其展开方式，以及帮助我们简化编写变参模板的折叠表达式。

第 4 章 "高级模板概念"。对一系列高级模板概念进行了分组，比如依赖名称和名称查找、模板实参推导、模板递归、完美转发、泛型和模板 lambda 函数。通过了解这些主题，读者将能够极大地扩展他们可以阅读或编写的模板的种类。

第 5 章 "类型特征和条件编译"。专门讨论类型特征。读者将了解类型特征、标准库提供的特征以及如何使用它们解决不同的问题。

第 6 章 "概念和约束"。介绍了新的 C++20 机制，通过概念和约束定义模板实参的需求。你将了解指定约束的各种方法。此外，还概述了 C++20 标准概念库的内容。

第 7 章 "模式和惯用法"。探讨了一系列独立的高级主题，即利用迄今为止学到的知识实现各种模式。我们探讨了静态多态、类型擦除、标签派发和模式的概念，比如奇异递归模板模式、表达式模板、混入和类型列表。

第 8 章 "范围和算法"。专注于理解容器、迭代器和算法，它们是标准模板库的核心组件。你将在这里学习如何为其编写泛型容器和迭代器类型以及通用算法。

第 9 章 "范围库"。探讨了新的 C++20 范围库及其关键特性，例如范围、范围适配器和约束算法。这些使我们能够编写更简单的代码来处理范围。此外，你还将在这里学习如何编写自己的范围适配器。

附录是一个简短的结语，提供了本书的总结。

问题答案包含了所有章节中习题的答案。

充分利用本书

要开始阅读本书，首先需要对 C++ 编程语言有一些基本的了解。需要了解有关类、函数、运算符、函数重载、继承、虚函数等的语法和基础知识。不过，对模板知识不做要求，因为本书将从头开始教你一切。

本书中的所有代码示例都是跨平台的。这意味着你可以使用任何编译器来构建和运行它们。然而，尽管许多代码段适用于 C++11 编译器，但也有一些代码段需要兼容 C++17 或 C++20 的编译器。因此，建议你使用支持 C++20 的编译器版本，以便运行所有示例。书中的示例已使用 **MSVC 19.30 (Visual Studio 2022)**、**GCC 12.1/13** 和 **Clang 13/14** 进行了测试。如果你的机器上没有这样一个兼容 C++20 的编译器，可以试着网上下载一个。我们推荐以下几个方案：

- Compiler Explorer (https://godbolt.org/)

- Wandbox (https://wandbox.org/)
- C++ Insights (https://cppinsights.io/)

本书多次引用 C++ Insights 在线工具来分析编译器生成的代码。

如果你想检查编译器对不同版本的 C++ 标准的支持，应该参考页面 https://en.cppreference.com/w/cpp/compiler_support。

提及标准和延伸阅读

在本书中，我们会多次提到 C++ 标准。此文件版权归**国际标准化组织**所有。官方的 C++ 标准文档可以从这里购买：https://www.iso.org/standard/79358.html。但是，C++ 标准的多个草案以及相应源码可以在 GitHub 上免费获得，网址为 https://github.com/cplusplus/draft。可以在 https://isocpp.org/ std/the-standard 链接上找到有关 C++ 标准的更多信息。

C++ Reference 网站是 C++ 开发人员的一个很好的在线资源，网址为 https://en.cppreference.com/。它提供了直接派生自 C++ 标准的 C++ 语言的详尽文档。本书多次引用了 C++ 参考中的内容。C++ 参考的内容是基于 CC-BY-SA 协议的，https://en.cppreference.com/w/Cppreference:Copyright/CC-BY-SA。

(在每一章的末尾，你会发现一个名为"延伸阅读"的部分，该部分包含一份用作参考书目的阅读材料清单，推荐阅读以加深对所介绍主题的理解。)

下载示例代码文件

可以从 GitHub 上下载本书的示例代码文件，网址为 https://github.com/PacktPublishing/Template-Metaprogramming-with-CPP。也可以扫描封底二维码下载。如果代码有更新，将会在 GitHub 仓库中更新它。

下载彩图

我们还提供了一个 PDF 文件，其中包含本书中使用的屏幕截图和图表的彩图。可以在此处下载：https://packt.link/Un8j5。也可以扫描封底二维码下载。

使用的约定

本书使用了一些文本约定。

文本中的代码：表示文本中的代码词汇、数据库表名、文件夹名、文件名、文件扩展名、路径名、虚拟URL、用户输入和Twitter用户名/账号标识。这里有一个例子："这个问题可以通过将init设置为依赖名称来解决。"

代码块的格式如下：

```
template<typename T>
struct parser:base_parser<T>
{
    void parse()
    {
        this->init();  // 正确
        std::cout<<"parse\n";
    }
};
```

按如下方式编写任意命令行的输入或输出：

```
fatal error:recursive template instantiation exceeded maximum depth of 1024
use -ftemplate-depth=N to increase recursive template instantiation depth
```

粗体：表示一个新术语、一个重要单词或你在屏幕上看到的单词。例如，菜单或对话框中的单词以**粗体**显示。这里有一个例子："容量为8，大小为0，头部和尾部都指向索引0。"

提示或重要说明
迭代器概念在第6章"概念与约束"中进行了简要讨论。

本书的参考文献和问题答案可扫描封底二维码下载。

目 录

第 I 部分 模板的核心概念

第 1 章 模板的简介 ... 3
- 1.1 理解模板的必要性 ... 3
- 1.2 编写你的第一个模板 ... 6
- 1.3 理解模板术语 ... 9
- 1.4 模板的简史 ... 10
- 1.5 模板的优缺点 ... 12
- 1.6 总结 ... 12
- 1.7 问题 ... 13

第 2 章 模板的基础 ... 15
- 2.1 定义函数模板 ... 15
- 2.2 定义类模板 ... 18
- 2.3 定义成员函数模板 ... 20
- 2.4 理解模板形参 ... 21
  - 2.4.1 类型模板形参 ... 22
  - 2.4.2 非类型模板形参 ... 23
  - 2.4.3 模板模板形参 ... 28
  - 2.4.4 默认模板实参 ... 30
- 2.5 理解模板实例化 ... 32
  - 2.5.1 隐式实例化 ... 32
  - 2.5.2 显式实例化 ... 35
- 2.6 理解模板特化 ... 39
  - 2.6.1 显式特化 ... 39
  - 2.6.2 部分特化 ... 43
- 2.7 定义变量模板 ... 46
- 2.8 定义别名模板 ... 49
- 2.9 探索泛型 lambda 和 lambda 模板 ... 51
- 2.10 总结 ... 57
- 2.11 问题 ... 57

第 3 章 变参模板 ... 59
- 3.1 理解变参模板的必要性 ... 59
- 3.2 变参函数模板 ... 61
- 3.3 形参包 ... 65
- 3.4 变参类模板 ... 73
- 3.5 折叠表达式 ... 79
- 3.6 变参别名模板 ... 82
- 3.7 变参变量模板 ... 84
- 3.8 总结 ... 84
- 3.9 问题 ... 85

第 II 部分 高级模板特性

第 4 章 高级模板的概念 ... 89
- 4.1 理解名称绑定和依赖名称 ... 89
  - 4.1.1 两阶段名称查找 ... 91
  - 4.1.2 依赖类型名称 ... 94
  - 4.1.3 依赖模板名称 ... 96
  - 4.1.4 当前实例化 ... 97
- 4.2 探索模板递归 ... 99
- 4.3 函数模板实参推导 ... 103
- 4.4 类模板实参推导 ... 112
- 4.5 转发引用 ... 117
- 4.6 decltype 说明符 ... 123
- 4.7 std::declval 类型运算符 ... 128

- 4.8 理解模板中的友元关系 ·········· 130
- 4.9 总结 ··· 135
- 4.10 问题 ··· 135

第 5 章 类型特征和条件编译 ·········· 137
- 5.1 理解和定义类型特征 ············· 137
- 5.2 探索 SFINAE 及其目的 ·········· 141
- 5.3 使用 enable_if 类型特征
  启用 SFINAE ······························ 145
- 5.4 使用 constexpr if ······················ 149
- 5.5 探索标准库类型特征 ············· 152
  - 5.5.1 查询类型类别 ····················· 152
  - 5.5.2 查询类型属性 ····················· 155
  - 5.5.3 查询支持的操作 ················ 157
  - 5.5.4 查询类型之间的关系 ········ 158
  - 5.5.5 修改 const/volatile 说明符、引用、
    指针或符号 ························· 159
  - 5.5.6 各种转换 ···························· 160
- 5.6 使用类型特征的实际例子 ····· 163
  - 5.6.1 实现拷贝算法 ··················· 163
  - 5.6.2 构建同质的变参函数模板 ···· 166
- 5.7 总结 ··· 167
- 5.8 问题 ··· 168

第 6 章 概念和约束 ································ 169
- 6.1 理解概念的必要性 ··················· 169
- 6.2 定义概念 ······································· 174
- 6.3 探索 requires 表达式 ··············· 176
  - 6.3.1 简单要求 ···························· 177
  - 6.3.2 类型要求 ···························· 179
  - 6.3.3 复合要求 ···························· 180
  - 6.3.4 嵌套要求 ···························· 182
- 6.4 组合约束 ······································· 183
- 6.5 了解带约束模板的顺序 ·········· 187
- 6.6 约束非模板成员函数 ············· 190
- 6.7 约束类模板 ·································· 193
- 6.8 约束变量模板和模板别名 ······ 194
- 6.9 学习更多指定约束的方法 ······ 195
- 6.10 使用概念约束 auto 形参 ······· 196
- 6.11 探索标准概念库 ························ 198
- 6.12 总结 ··· 202
- 6.13 问题 ··· 202

第III部分 模板的应用

第 7 章 模式和惯用法 ······························ 205
- 7.1 动态多态和静态多态 ··············· 205
- 7.2 奇异递归模板模式 ··················· 208
  - 7.2.1 使用 CRTP 限制对象实例化的
    次数 ·· 210
  - 7.2.2 使用 CRTP 添加功能 ········· 211
  - 7.2.3 实现组合设计模式 ············ 213
  - 7.2.4 标准库中的 CRTP ············· 217
- 7.3 混入 ·· 220
- 7.4 类型擦除 ······································ 225
- 7.5 标签派发 ······································ 231
- 7.6 表达式模板 ································· 236
- 7.7 类型列表 ······································ 243
  - 7.7.1 使用类型列表 ···················· 245
  - 7.7.2 实现对类型列表的操作 ···· 247
- 7.8 总结 ·· 253
- 7.9 问题 ·· 254

第 8 章 范围和算法 ································ 255
- 8.1 理解容器、迭代器和算法的
  设计 ·· 255
- 8.2 创建自定义容器和迭代器 ····· 262
  - 8.2.1 实现环形区缓冲容器 ······· 263
  - 8.2.2 为环形缓冲区容器实现迭代器
    类型 ······································· 269
- 8.3 编写自定义通用算法 ············· 275
- 8.4 总结 ··· 277

8.5 问题 ······ 278

第9章 范围库 ······ 279
9.1 从抽象范围到范围库 ······ 279
9.2 理解范围概念和视图 ······ 281
9.3 理解受约束算法 ······ 291
9.4 编写自己的范围适配器 ······ 294
9.5 总结 ······ 300
9.6 问题 ······ 300

附录A 结束语 ······ 301

——以下内容可扫描封底二维码下载——

问题答案 ······ 303

参考文献 ······ 313

第1部分 模板的核心概念

在这部分中,你将首先从模板简介开始,了解模板的优点。然后,你将学习编写函数模板、类模板、变量模板和别名模板的语法。你还将探索模板实例化和模板特化等概念,并学习如何编写参数数量可变的模板。

包含以下章节:
- 第1章 模板的简介
- 第2章 模板的基础
- 第3章 变参模板

第1章
模板的简介

作为一名 C++开发人员，你应该至少熟悉甚至精通**模板元编程(template metaprogramming)**，通常简称为**模板(template)**。模板元编程是一种编程技术，它使用模板作为编译器的蓝图来生成代码，帮助开发人员避免编写重复代码。尽管通用库大量使用模板，但 C++语言中模板的语法和内部工作机制可能令人望而生畏。即使是由 C++语言之父 Bjarne Stroustrup 和 C++标准化委员会主席 Herb Sutter 编写的 C++核心准则(*C++ Core Guidelines*)，这部包含了各种建议和禁忌的 C++语言的指南汇总，也称模板"相当恐怖"。

本书旨在阐明 C++语言中的这一领域，并帮助你熟练掌握模板元编程。

在本章中，我们将讨论以下主题：
- 理解模板的必要性
- 编写你的第一个模板
- 理解模板术语
- 模板的简史
- 模板的优缺点

学习如何使用模板的第一步是理解它们实际解决的问题。让我们从这里开始。

1.1 理解模板的必要性

每种语言特性设计出来，都旨在帮助开发人员解决使用该语言时遇到的问题或任务。模板的目的是帮助我们避免编写只有细微差异的重复代码。

为了说明这一点，我们以经典的 max 函数为例。函数接收两个数值实参，并返回其中较大的一个。我们可以很容易地实现，参见如下代码。

```
int max(int const a, int const b)
{
    return a > b ? a : b;
}
```

这能满足需求，但显然，它只适用于 `int` 类型(或可转换为 `int` 的类型)。如果我们需要同样的函数，但实参类型为 `double`，怎么办？这时，可以为 `double` 类型重载这个函数(创建一个具有相同名称但实参数目或者类型不同的函数)。

```
double max(double const a, double const b)
{
  return a > b ? a : b;
}
```

但是，数值类型不仅有 `int` 和 `double`。还有 `char`、`short`、`long`、`long long` 和它们的无符号对应类型 `unsigned char`、`unsigned short`、`unsigned long`、`unsigned long long`。还有 `float` 和 `long double` 类型，以及其他类型，如 `int8_t`、`int16_t`、`int32_t` 和 `int64_t`。还可能有其他可以进行比较的类型，如 `bigint`、`Matrix`、`point2d` 以及任何重载了 `operator>` 的用户定义类型。通用库如何能提供一个通用的 `max` 函数来处理所有这些类型？它可以为所有内置类型和一些库中的类型重载这个函数，但无法为任何用户自定义类型重载这个函数。

一种替代的方案是使用 `void*` 传递不同类型的实参。请记住，这是一种糟糕的实践，下面的示例仅仅是在没有模板的世界中可能的一种替代方案。于是，出于讨论的需要，我们可以设计一个排序函数，它可在提供严格弱序的类型的元素组成的数组上运行快速排序算法。快速排序算法的细节可以在线上查找，例如在维基百科上查找，网址是 https://en.wikipedia.org/wiki/Quicksort。

快速排序算法需要比较和交换任意两个元素。但是，由于我们不知道它们的类型，在函数实现中就不能直接进行这些操作。解决方案是依赖**回调函数**，把它作为实参传入，在必要时调用。一种可能的实现如下所示。

```
using swap_fn = void(*)(void*, int const, int const);
using compare_fn = bool(*)(void*, int const, int const);

int partition(void* arr, int const low, int const high,
              compare_fn fcomp, swap_fn fswap)
{
  int i = low - 1;

  for (int j = low; j <= high - 1; j++)
  {
    if (fcomp(arr, j, high))
    {
      i++;
      fswap(arr, i, j);
    }
  }
  fswap(arr, i + 1, high);

  return i + 1;
}
```

```
void quicksort(void* arr, int const low, int const high,
               compare_fn fcomp, swap_fn fswap)
{
    if (low < high)
    {
        int const pi = partition(arr, low, high, fcomp,
            fswap);
        quicksort(arr, low, pi - 1, fcomp, fswap);
        quicksort(arr, pi + 1, high, fcomp, fswap);
    }
}
```

为了调用 quicksort 函数，需要为传递的每种类型的数组提供这些比较和交换函数的实现。如下代码所示是 int 类型的实现。

```
void swap_int(void* arr, int const i, int const j)
{
    int* iarr = (int*)arr;
    int t = iarr[i];
    iarr[i] = iarr[j];
    iarr[j] = t;
}

bool less_int(void* arr, int const i, int const j)
{
    int* iarr = (int*)arr;
    return iarr[i] <= iarr[j];
}
```

有了这些定义，可以编写如下代码对整数数组进行排序。

```
int main()
{
    int arr[] = { 13, 1, 8, 3, 5, 2, 1 };
    int n = sizeof(arr) / sizeof(arr[0]);
    quicksort(arr, 0, n - 1, less_int, swap_int);
}
```

这些示例针对的是函数的问题，但同样也适用于类。假设你要编写一个类，该类模拟一个大小可变的数值集合，并将元素连续存储在内存中。可以为存储整数提供以下实现(这里只简要给出了声明)。

```
struct int_vector
{
    int_vector();

    size_t size() const;
    size_t capacity() const;
    bool empty() const;

    void clear();
    void resize(size_t const size);

    void push_back(int value);
    void pop_back();
```

```
    int at(size_t const index) const;
    int operator[](size_t const index) const;
private:
    int* data_;
    size_t size_;
    size_t capacity_;
};
```

这看上去都挺好,但是一旦需要存储double类型、std::string类型或任何用户定义类型的值,你就必须编写相同的代码,而每次只改变元素的类型。这是没有人愿意干的活,因为它属于重复劳动,并且当需要改变某些内容(例如添加新功能或修复bug)时,就需要在多个地方应用相同的改变。

最后,类似的问题在需要定义变量时也可能遇到,尽管并不常见。让我们考虑一个保存换行字符的变量。可以按如下方式声明它:

```
constexpr char NewLine = '\n';
```

如果你需要相同的常量,但用于不同的编码,如宽字符串字面量、UTF-8等,该怎么办?可以定义多个变量,使用不同的名称,如下所示。

```
constexpr wchar_t NewLineW = L'\n';
constexpr char8_t NewLineU8 = u8'\n';
constexpr char16_t NewLineU16 = u'\n';
constexpr char32_t NewLineU32 = U'\n';
```

模板是一种技术,支持开发人员编写蓝图,让编译器能够为我们生成所有这些重复的代码。在下一节中,我们将看到如何将前面的代码片段转换为C++模板。

1.2 编写你的第一个模板

现在是时候看看如何在C++语言中编写模板了。在本节中,我们将从3个简单的示例开始,分别对应前面介绍的代码片段。

前面讨论过的max函数的模板版本如下所示。

```
template <typename T>
T max(T const a, T const b)
{
    return a > b ? a : b;
}
```

你会注意到,这里类型名(如int或double)已被替换为T(表示类型)。T称为**类型模板形参**,由语法template<typename T>或typename<class T>引入。请记住,T是形参,因此它可以有任何名称。我们将在第2章中了解更多关于模板形参的内容。

到目前为止，你在源代码中放置的这个模板只是蓝图。编译器将根据它的使用情况生成代码。更准确地说，它将为使用模板的每种类型实例化一个函数重载。下面是一个例子。

```
struct foo{};

int main()
{
  foo f1, f2;
  max(1, 2);        // 正确, 比较 int
  max(1.0, 2.0);    // 正确, 比较 double
  max(f1, f2);      // 错误, foo 没有重载 operator>
}
```

在以上代码片段中，首先传入两个整数来调用 max，这是可以的，因为 int 类型有 operator>。这将生成一个重载 int max(int const a, int const b)。之后，传入两个 double 来调用 max，这也是正确的，因为 double 类型支持 operator>。因此，编译器将生成另一个重载 double max(double const a, double const b)。但是，对 max 的第三次调用将生成一个编译错误，因为 foo 类型没有重载 operator>。

需要指出，调用 max 函数的完整语法如下，其细节暂不深究。

```
max<int>(1, 2);
max<double>(1.0, 2.0);
max<foo>(f1, f2);
```

这里编译器能推导出模板形参的类型，写出类型反而变得多余。但是，在某些情况下编译器无法进行推导，那你就需要用以上语法明确指定类型。

第二个示例涉及 1.1 节 "理解模板的必要性" 中以 void*传参的 quicksort() 实现。它只需要很少的改动就能轻而易举地转换为模板版本。正如以下代码所示。

```
template <typename T>
void swap(T* a, T* b)
{
  T t = *a;
  *a = *b;
  *b = t;
}

template <typename T>
int partition(T arr[], int const low, int const high)
{
  T pivot = arr[high];
  int i = (low - 1);

  for (int j = low; j <= high - 1; j++)
  {
    if (arr[j] < pivot)
    {
```

```
        i++;
        swap(&arr[i], &arr[j]);
    }
  }

  swap(&arr[i + 1], &arr[high]);

  return i + 1;
}

template <typename T>
void quicksort(T arr[], int const low, int const high)
{
  if (low < high)
  {
    int const pi = partition(arr, low, high);
    quicksort(arr, low, pi - 1);
    quicksort(arr, pi + 1, high);
  }
}
```

quicksort 函数模板使用起来同之前非常类似, 只是不再需要传递回调函数的指针。

```
int main()
{
  int arr[] = { 13, 1, 8, 3, 5, 2, 1 };
  int n = sizeof(arr) / sizeof(arr[0]);
  quicksort(arr, 0, n - 1);
}
```

前一节中的第三个示例是 vector 类。它的模板版本如下所示:

```
template <typename T>
struct vector
{
  vector();

  size_t size() const;
  size_t capacity() const;
  bool empty() const;

  void clear();
  void resize(size_t const size);

  void push_back(T value);
  void pop_back();

  T at(size_t const index) const;
  T operator[](size_t const index) const;
private:
  T* data_;
  size_t size_;
  size_t capacity_;
};
```

与 max 函数的情况一样, 改动很小。模板声明在类上方一行, 元素的 int 类型被

类型模板形参 T 替换。可以按如下方式使用:

```
int main()
{
  vector<int> v;
  v.push_back(1);
  v.push_back(2);
}
```

需要注意的是,在声明变量 v 时,必须指定元素的类型,在这里是 int,因为如果不这样做,编译器就无法推断它们的类型。在某些情况下,可以不指定类型(在 C++17 中),这被称为**类模板实参推导**,将在第 4 章 "高级模板概念" 中讨论。

第四个也是最后一个示例是关于声明多个只有类型不同的变量。我们可以用一个模板替换所有这些变量,如下面的代码片段所示。

```
template<typename T>
constexpr T NewLine = T('\n');
```

可以如以下代码所示使用此模板。

```
int main()
{
  std::wstring test = L"demo";
  test += NewLine<wchar_t>;
  std::wcout << test;
}
```

本节的示例表明,无论用于表示函数、类还是变量,声明和使用模板的语法都一样。下节讨论模板的类型和术语。

1.3 理解模板术语

到目前为止,我们用的都是通用术语 "模板"。其实,上文编写的模板可以用 4 个不同的术语分别描述。

- **函数模板(function template)** 是指模板化的函数。之前看到的 max 模板就是一个例子。
- **类模板(class template)** 是指模板化的类(可以使用关键字 class、struct 或 union 定义)。在上一节我们编写的 vector 类就是一例。
- **变量模板(variable template)** 是指模板化的变量,比如上一节中的 NewLine 模板。
- **别名模板(alias template)** 是指模板化的类型别名。我们将在下一章中见到别名模板的例子。

模板由一个或多个形参参数化(到目前为止,我们看到的例子都只有一个形参)。这些形参称为**模板形参**，可以分为 3 类。

- **类型模板形参(type template parameters)**，如 `template<typename T>`，形参表示的是使用模板时指定的类型。
- **非类型模板形参(non-type template parameters)**，如 `template<size_t N>` 或 `template<auto n>`，每个形参必须有一个结构化类型，包括整型、浮点型(C++20 支持)、指针类型、枚举类型、左值引用类型等。
- **模板模板形参(template template parameters)**，如 `template<typename K, typename V, template<typename> typename C>`，形参的类型是另一个模板。

可以通过提供替代实现来特化模板。这些实现可以依赖于模板形参的性质特点。特化的目的是实现优化或减少代码膨胀。特化有以下两种形式。

- **部分特化(partial specialization)**：只为部分模板形参提供替代实现。
- **(显式)完全特化[(explicit)full specialization]**：为所有模板形参提供特化实现。

编译器通过将模板定义中的模板形参替换成实参，从而自模板生成代码的过程称为**模板实例化(template instantiation)**。例如，在使用 `vector<int>` 的例子中，编译器会在 `T` 出现的每个地方都将它替换为 `int` 类型。

模板实例化有以下两种形式。

- **隐式实例化(implicit instantiation)**：编译器由于代码中用到了模板而对其进行实例化。只会为实际使用到的组合或者实参进行实例化。例如，如果编译器遇到 `vector<int>` 和 `vector<double>` 用在了代码中，它会分别为 `int` 和 `double` 类型实例化 `vector` 类模板，而不会实例化其他类型。
- **显式实例化(explicit instantiation)**：这种方式要显式地告诉编译器需要实例化哪些模板，即便这些实例化在代码中没有显式使用。这在创建库文件时很有用，因为未实例化的模板不会被放入目标文件中。它们还可以帮助减少编译时间和目标文件大小，我们将在后面的章节中见到这种方式。

本节提到的所有术语和概念将在本书的其他章节中详细介绍。本节旨在为模板术语提供一个简短的参考指南。请记住，还有许多其他与模板相关的术语将在适当的时候引入。

1.4 模板的简史

模板元编程是泛型编程的 C++ 实现。这种编程范式的探索始于 20 世纪 70 年代，最早支持它的主要语言是 20 世纪 80 年代前半叶的 Ada 和 Eiffel。David Musser 和 Alexander Stepanov 在 1989 年的论文《泛型编程》中定义了这一范式。

"泛型编程的核心思想是从具体、高效的算法抽象出泛型的算法,它们可以与不同的数据表示相结合来产生种类繁多的有用的软件。"

这就定义了一种编程范式,其中算法基于以后指定的类型来定义,并根据使用情况实例化。

模板并不是由 Bjarne Stroustrup 开发的**带类的 C 语言(C with Classes)**的初始组成部分。Stroustrup 在 1986 年首次发表了描述 C++模板的论文,这是在《C++编程语言(第Ⅱ版)》出版之后的一年。模板在 1990 年就成为 C++语言的一部分,那还是在 ANSI 和 ISO C++标准委员会成立之前。

在 20 世纪 90 年代初,Alexander Stepanov、David Musser 和 Meng Lee 尝试在 C++中实现各种泛型概念。这促成了**标准模板库(STL)**的首次实现。当 ANSI/ISO 委员会在 1994 年了解到这个库时,他们迅速将其添加到了起草的规范中。STL 与 C++语言一起于 1998 年标准化,称之为 C++98。

C++标准的较新版本,统称为**现代 C++**,引入了对模板元编程的各种改进,如表 1-1 所示。

表 1-1　现代 C++的特性和描述

版本	特性	描述
C++11	变参模板	模板可以有可变数目的模板形参
	模板别名	借助 using 声明来定义模板的同义词
	外部模板	告诉编译器在某个翻译单元中不要实例化某个模板
	类型特征	新的头文件<type_traits> 包含了标准的类型特征,用于标识对象的分类和类型的特点
C++14	变量模板	支持定义变量或者静态数据成员为模板
C++17	折叠表达式	以二元运算符规约变参模板的形参包
	模板形参中的 typename	在模板形参中可以用 typename 关键字取代 class
	非类型模板形参支持 auto	auto 关键字可以用于非类型模板形参
	类模板实参推导	编译器从对象初始化的方式推断出模板形参的类型
C++20	模板 lambda 表达式	lambda 表达式也和一般函数一样,可以作为模板
	字符串字面量作为模板形参	字符串字面量可以作为非类型模板的实参,以及用户定义字面量运算符的新形式
	约束	在模板实参中定义需求
	概念	具名约束的集合

所有这些特性以及模板元编程的其他方面构成了本书的主要内容,这些内容将在接

下来的章节中详细展开。现在让我们看看使用模板的优缺点是什么。

1.5 模板的优缺点

在开始使用模板之前，重要的一步是了解使用它们的优点以及可能带来的缺点。

首先是优点：

- 模板可以帮助我们避免编写重复的代码。
- 模板有利于创建提供算法和类型的泛型库，如标准 C++库(有时被错误地称为 STL)，这些库可以在许多应用程序中使用，不拘类型。
- 使用模板可以产生更少且更好的代码。例如使用标准库中的算法可以帮助编写更短小的代码，这些代码往往更易于理解和维护，此外，由于这些算法在开发和测试中投入了大量精力，它们通常会更加健壮。

谈到缺点，以下几点值得一提。

- 语法被认为很复杂而笨拙，尽管稍加练习就不会真正成为开发和使用模板的障碍。
- 与模板相关的编译错误常常长且晦涩，很难找出错误的原因。较新版本的 C++ 编译器在简化这类错误方面有所进步，但通常仍然是一个重要的问题。C++20 标准中引入的概念(concepts)也被看作一种努力，旨在提供更好的编译错误诊断。
- 它们会增加编译时间，因为模板完全在头文件中实现。每当对模板进行更改时，包含该头文件的所有翻译单元都必须重新编译。
- 模板库作为一个或多个头文件的集合提供，必须与使用它们的代码一起编译。
- 模板在头文件中实现的另一个缺点是缺乏信息隐藏。整个模板代码都在头文件中可读。库开发者通常会使用诸如 detail 或 details 等名空间来包含应放在库内部的代码，它们不应该被使用库的人直接调用。
- 由于未使用的代码不会被编译器实例化，这些代码就可能更难验证。因此，在编写单元测试时，务必确保良好的代码覆盖率。对于库尤其如此。

尽管缺点列表看起来更长，但使用模板并非坏事，也不应该被回避。相反，模板是 C++语言的一个强大特性。模板并不总是被正确理解，有时也会被误用或滥用。但是，请审慎地使用，模板确实有不可否认的优点。本书将试图提供对模板及其使用的更好的理解。

1.6 总结

本章介绍了 C++编程语言中的模板概念。

我们首先学习了用模板要解决的问题，然后我们看到了函数模板、类模板和变量模板的简单示例。我们介绍了模板的基本术语，将在接下来的章节中进一步讨论。在本章的末尾，简要回顾了 C++语言中模板的历史。最后讨论了使用模板的优缺点。所有这些主题都将帮助我们更好地理解下一章的内容。

在下一章，我们将探讨 C++中模板的基础。

1.7 问题

1. 我们为什么需要模板？模板有什么优势？
2. 如何称呼模板化的函数？如何称呼模板化的类？
3. 有多少种模板形参？它们分别是什么？
4. 什么是部分特化？什么是完全特化？
5. 使用模板的主要缺点有哪些？

# 第 2 章 模板的基础

在上一章中我们简要介绍了模板,其中包括模板的概念及用处,使用模板的利弊,以及一些函数模板和类模板的示例。在本章中,我们将深入探索这个领域,并了解诸如模板形参、实例化、特化、别名等方面的内容。

在本章中,我们将讨论以下主题:
- 如何定义函数模板、类模板、变量模板和别名模板
- 有哪几种模板形参
- 什么是模板实例化
- 什么是模板特化
- 如何使用泛型 lambda 和 lambda 模板

在本章结束时,你将熟悉 C++ 中模板的核心基础知识,并能够理解大段模板代码,也能自己编写模板。

下面将探讨定义和使用函数模板的细节。

2.1 定义函数模板

函数模板的定义方式与普通函数类似,只是在函数声明之前加上了关键字 template,然后在紧跟的尖括号中列出模板形参。下面是一个函数模板的简单示例:

```
template <typename T>
T add(T const a, T const b)
{
   return a + b;
}
```

本例中的函数有两个形参 a 和 b,它们均为相同的 T 类型。该类型列在模板形参列

表中，通过关键字 typename 或 class 引入(本例和本书中使用的是前者)。这个函数只是将两个实参相加并返回操作的结果，并且操作结果应该具有相同的 T 类型。

函数模板只是创建实际函数的蓝图，并只存在于源代码中。除非在源代码中显式调用，否则函数模板不会出现在编译后的可执行文件中。但是，当编译器遇到对函数模板的调用，并能将提供的实参及其类型与函数模板的形参相匹配时，编译器就会根据模板和用于调用模板的实参生成一个实际的函数。为了理解这一点，我们来看几个示例：

```
auto a = add(42, 21);
```

在这个代码片段中，我们使用两个 int 形参 42 和 21 来调用 add 函数。编译器可以根据所提供的实参类型推导出模板形参 T，因此不必显式地提供它。但是，以下两次调用也是可能的，而且实际上与之前的调用完全相同。

```
auto a = add<int>(42, 21);
auto a = add<>(42, 21);
```

通过这次调用，编译器将生成以下函数(请记住对于不同的编译器，实际代码可能会有所不同)。

```
int add(const int a, const int b)
{
    return a + b;
}
```

但是，如果我们将调用更改为下面的形式，就可以显式地为模板形参 T 提供实参，即 short 类型。

```
auto b = add<short>(42, 21);
```

在这种情况下，编译器将生成该函数的另一个实例，并使用 short 代替 int。新的实例如下所示：

```
short add(const short a, const int b)
{
    return static_cast<short>(a + b);
}
```

如果这两个形参的类型不明确，则编译器将无法自动推导出它们。以下调用就属于这种情况：

```
auto d = add(41.0, 21);
```

本例中，41.0 是 double 类型，而 21 是 int 类型。add 函数模板有两个相同类型的形参，因此编译器无法将其与所提供的实参进行匹配，将会报错。为了避免这种情况，假设你预料到会将编译器实例化为 double，那么就必须显式地指定类型，代码如下。

```
auto d = add<double>(41.0, 21);
```

只要两个实参的类型相同，且实参类型中的"+"运算符可用，则可以按照前面所示的方式调用函数模板 add。但是，如果"+"运算符不可用，那么即使模板形参已正确解析，编译器也无法生成实例。下面的代码段就说明了这一点。代码如下：

```cpp
class foo
{
   int value;
public:
   explicit foo(int const i):value(i)
   { }

   explicit operator int() const { return value; }
};

auto f = add(foo(42), foo(41));
```

在这种情况下，编译器将会因为没有为 foo 类型的实参找到二元"+"运算符而报错。当然，对于不同的编译器，给出的实际信息是不同的，所有错误都是如此。为了能够对 foo 类型的实参调用函数 add，必须重载该类型的"+"运算符。可能的实现方法如下。

```cpp
foo operator+(foo const a, foo const b)
{
   return foo((int)a + (int)b);
}
```

到目前为止，我们看到的所有示例都只是具有单个模板形参的模板。但是，模板可以有任意数量的形参，甚至数量可变的形参。数量可变形参将在第 3 章"变参模板"中讨论。下面这个函数是一个包含两个类型模板形参的函数模板：

```cpp
template <typename Input, typename Predicate>
int count_if(Input start, Input end, Predicate p)
{
   int total = 0;
   for (Input i = start; i != end; i++)
   {
      if (p(*i))
         total++;
   }
   return total;
}
```

此函数接收两个输入迭代器，分别指向范围的开头和结尾，以及一个谓词，并返回范围中与谓词匹配的元素个数。至少在概念上，这个函数与标准库中头文件 <algorithm> 中的 std::count_if 通用函数非常相似，因此，你应该始终优先使用标准算法而不是手工实现。但是，就本主题而言，这个函数是一个很好的示例，可以帮助理解模板的工作原理。

可以使用 count_if 函数，如下所示。

```cpp
int main()
{
```

```
    int arr[]{ 1,1,2,3,5,8,11 };
    int odds = count_if(
                std::begin(arr), std::end(arr),
                [](int const n) { return n % 2 == 1; });
    std::cout << odds << '\n';
}
```

同样，不必显式指定类型模板形参的实参(输入迭代器的类型和一元谓词的类型)，因为编译器能够从调用中推导出这些参数。

尽管关于函数模板还有很多内容需要学习，但本节已经介绍了如何使用它们。现在让我们学习定义类模板的基础知识。

2.2 定义类模板

类模板的声明方式非常相似，都是在类声明之前加上关键字 template 和模板形参列表。下面的代码片段展示了一个名为 wrapper 的类模板。它只有单个模板形参(名为 T 的类型)，用作数据成员、形参和函数返回类型的类型。

```
template <typename T>
class wrapper
{
public:
    wrapper(T const v) : value(v)
    { }

    T const& get() const { return value; }
private:
    T value;
};
```

如果源代码中没有使用该类模板，那么编译器就不会从中生成代码。要做到这一点，必须要实例化类模板，并由用户显式或编译器隐式地将其所有形参与实参正确匹配。下面是实例化该类模板的示例：

```
wrapper a(42);              // 包装一个 int
wrapper<int> b(42);         // 包装一个 int
wrapper<short> c(42);       // 包装一个 short
wrapper<double> d(42.0);    // 包装一个 double
wrapper e("42");            // 包装一个 char const *
```

由于类模板实参推导(Class Template Argument Deduction，CTAD)的功能的存在，该代码段中的 a 和 e 的定义仅在 C++17 及以后的版本中有效。只要编译器能够推导出所有模板实参，我们就可以在不指定任何模板实参的情况下使用该类模板。这将在第 4 章"高级模板概念"中讨论。在此之前，所有引用类模板的示例都会显式列出实参，如 wrapper<int>或 wrapper<char const*>。

类模板可以在不定义的情况下声明,并在允许不完整类型的语境中使用,例如函数的声明,示例如下。

```
template <typename T>
class wrapper;

void use_foo(wrapper<int>* ptr);
```

但是,类模板必须在模板实例化发生处定义,否则编译器将会报错。下面的代码段展示了这一点:

```
template <typename T>
class wrapper;                              // 正确

void use_wrapper(wrapper<int>* ptr);  // 正确

int main()
{
    wrapper<int> a(42);                   // 错误,不完整类型
    use_wrapper(&a);
}

template <typename T>
class wrapper
{
    // 模板定义
};

void use_wrapper(wrapper<int>* ptr)
{
    std::cout << ptr->get() << '\n';
}
```

在声明 use_wrapper 函数时,仅仅只声明了类模板 wrapper 而没有定义它。但是,在这种情况下允许使用不完整类型,因而此时使用 wrapper<T>是正确的。然而,在 main 函数中我们尝试实例化 wrapper 类模板的一个对象,这会导致编译器报错,因为此时类模板的定义必须可用(而这里尚未得到类模板的完整定义)。要修复这个特殊的例子,我们必须把 main 函数的定义搬移至(源码)末尾,即搬移到 wrapper 类与 use_wrapper 函数的完整定义之后。

本例中的类模板使用关键字 class 定义,但是在 C++中,使用关键字 class 或关键字 struct 来声明类的差异微乎其微。

- 用 struct 时,默认的成员访问是 public,而使用 class 时则是 private。
- 用 struct 时,基类继承的默认访问说明符是 public,而使用 class 时则是 private。

使用关键字 struct 定义类模板的方法与之前使用关键字 class 定义类模板的方式完全相同。使用关键字 struct 或 class 定义的类之间的区别,同样适用于使用关键字 struct 或 class 定义的类模板。

无论某类是否为模板，它也同样能包含成员函数模板。下一节将讨论如何定义它们。

2.3 定义成员函数模板

到目前为止，我们已经学习了函数模板和类模板。在本节中，我们还将学习如何在非模板类或者类模板中定义成员函数模板。想要理解其中的差异，让我们从以下示例开始。

```
template <typename T>
class composition
{
public:
  T add(T const a, T const b)
  {
    return a + b;
  }
};
```

composition 类是一个类模板，它只包含一个使用类型形参 T 的成员函数 add。该类可以通过如下方式使用：

```
composition<int> c;
c.add(41, 21);
```

在本例中，首先需要实例化 composition 类的一个对象，注意必须显式指定类型形参 T 的实参，因为编译器无法自行确定它(这里没有可供编译器推导的语境)，但当我们调用函数 add 时，只需要提供实参即可。因为其类型已知(由之前解析为 int 的 T 类型模板形参表示)。像 c.add<int>(41, 21)这样的调用将触发编译错误，因为函数 add 不是模板函数，而是作为 composition 类的普通成员函数。

下面的例子中，composition 类的变化不大，但影响显著。让我们先看看其定义：

```
class composition
{
public:
  template <typename T>
  T add(T const a, T const b)
  {
    return a + b;
  }
};
```

这次，类 composition 不再是模板类。但是，其 add 函数却是一个函数模板。因此，为了调用这个函数，我们必须执行以下操作。

```
composition c;
c.add<int>(41, 21);
```

把类型模板形参 T 显式指定为 int 是多余的，因为编译器可以从调用的实参自己推导出来。不过，为了更好地理解这两种实现之间的差异，我们在这里进行了说明。

除了类模板的成员函数与类的成员函数模板这两种情况外，我们还可以使用类模板的成员函数模板。但在这种情况下，成员函数模板的模板形参必须与类模板的模板形参不同；否则编译器将会报错。让我们回到类模板 wrapper 的例子，并对其进行如下修改。

```
template <typename T>
class wrapper
{
public:
   wrapper(T const v) :value(v)
   {}

   T const& get() const { return value; }

   template <typename U>
   U as() const
   {
     return static_cast<U>(value);
   }
private:
   T value;
};
```

这个实现引入了函数 as 这个新成员。这是一个函数模板，有一个名为 U 的类型模板形参。该函数用于把封装的值从类型 T 转化为类型 U，并把其返回给调用者。我们可以如下使用这个实现。

```
wrapper<double> a(42.0);
auto d = a.get();          // double
auto n = a.as<int>();      // int
```

在实例化 wrapper 类(double)(尽管在 C++17 中这是多余的)和调用 as 函数(int)执行强制类型转换时都指定了模板形参的实参。

在继续学习实例化、特化和其他形式的模板(包括变量模板和别名模板)等其他主题前，我们有必要花点时间更进一步了解模板形参的知识。而这正是下一节的主题。

2.4 理解模板形参

到目前为止，我们在书中已经见过不少带有一个或多个形参的模板示例。在所有这些示例中，形参代表了在实例化时所提供的具体类型，这些类型既可以是用户显式提供的，也可以是编译器在推导时隐式提供的。这类参数称为类型模板形参(**type template parameter**)。此外，模板还可以有非类型模板形参(**non-type template parameter**)和模板模板形参(**template template parameter**)，在接下来的章节中，我们将对这些参数进行深入探讨。

2.4.1 类型模板形参

如前所述，这些参数代表在模板实例化过程中作为实参提供的具体类型。它们可以使用关键字 typename 或关键字 class 引入。使用这两个关键字没有区别。类型模板形参可以带有默认值，而这个默认值同样是某种类型。指定默认值的方式与指定函数形参的默认值的方式完全相同。示例如下：

```
template <typename T>
class wrapper { /* ... */ };

template <typename T = int>
class wrapper { /* ... */ };
```

还可以省略类型模板形参的名称，这在前置声明(forward declaration)中非常有用。

```
template <typename>
class wrapper;

template <typename = int>
class wrapper;
```

C++11 引入了变参模板，即实参数量可变的模板。接受零个或多个实参的模板形参称为形参包(**parameter pack**)。类型模板形参包(**type template parameter pack**)具有以下形式：

```
template <typename... T>
class wrapper { /* ... */ };
```

变参模板将在第 3 章"变参模板"中进行讨论，因此，本节不作过多深入介绍。

C++20 引入了概念(**concept**)和约束(**constraint**)。约束对于模板实参提出了要求，而一个命名的约束集合称为概念。概念可以用作类型模板形参，但语法略有不同。我们使用概念的名称(如果需要，还要跟随一个用尖括号括起来的模板实参列表)代替关键字 typename 或关键字 class。下面展示一些示例，其中包括具有默认值的概念和受约束的类型模板形参包。

```
template <WrappableType T>
class wrapper { /* ... */ };

template <WrappableType T = int>
class wrapper { /* ... */ };

template <WrappableType... T>
class wrapper { /* ... */ };
```

概念和约束将在第 6 章"概念和约束"中进行讨论，届时我们将更进一步了解这些类型的参数。现在，介绍第二种模板形参，即非类型模板形参。

2.4.2 非类型模板形参

模板实参并不总是必须表示某种类型，它们也可以是编译期表达式，例如常量、函数地址、具有外部链接的函数或对象的地址，或者静态类成员的地址等。使用编译期表达式提供的形参称为非类型模板形参(**non-type template parameter**)。这类形参只能有一种结构化类型(**structural type**)。结构化类型如下：

- 整数类型
- C++20 中的浮点类型
- 枚举类型
- 指针类型(指向对象或函数)
- 成员类型的指针(指向成员对象或成员函数)
- 左值引用类型(指向对象或函数)
- 满足下列要求的字面类：
  - 所有基类都是公有且不可变(non-mutable)的
  - 所有非静态数据成员都是公有且不可变的
  - 所有基类和非静态数据成员的类型都是结构化类型或其数组

这些类型的 cv 限定形式也可用于非类型模板形参。

可以用不同的方式指定非类型模板形参。代码如下：

```
template <int V>
class foo { /*...*/ };

template <int V = 42>
class foo { /*...*/ };

template <int... V>
class foo { /*...*/ };
```

在这些示例中，非类型模板形参的类型都是 int。前两个例子很相似，只不过在第二个例子中使用了默认值。但第三个例子明显不同，因为该形参实际上是一个形参包，这将在下一章中进行讨论。

为了更好地理解非类型模板形参，让我们看一看下面的示例。在这个示例中，我们创建了一个名为 buffer 的固定大小的数组类。

```
template <typename T, size_t S>
class buffer
{
   T data_[S];
public:
   constexpr T const * data() const { return data_; }

   constexpr T& operator[](size_t const index)
   {
      return data_[index];
```

```cpp
   }

   constexpr T const & operator[](size_t const index) const
   {
      return data_[index];
   }
};
```

该 buffer 类具有一个包含 S 个 T 类型元素的内部数组，因此，S 必须是一个可在编译期确定的值。这个类可以用以下方式实例化：

```cpp
buffer<int, 10> b1;
buffer<int, 2*5> b2;
```

这两个定义是等价的，且 b1 和 b2 同为存放 10 个整数的 buffer。事实上二者是同一种类型，因为 2*5 与 10 这两个表达式在编译期可求得相同的值，可以通过下面的语句简单验证这一点。

```cpp
static_assert(std::is_same_v<decltype(b1), decltype(b2)>);
```

对于下面的 b3 而言，情况却有所不同。

```cpp
buffer<int, 3*5> b3;
```

本例中的 b3 是一个包含 15 个整数的 buffer，这与前一个示例中持有 10 个整数的 buffer 不同。从概念上说，编译器会生成以下代码：

```cpp
template <typename T, size_t S>
class buffer
{
   T data_[S];
public:
   constexpr T* data() const { return data_; }

   constexpr T& operator[](size_t const index)
   {
      return data_[index];
   }

   constexpr T const & operator[](size_t const index) const
   {
      return data_[index];
   }
};
```

这是主模板的代码，接下来是几个特化版本：

```cpp
template<>
class buffer<int, 10>
{
   int data_[10];

public:
   constexpr int * data() const;
   constexpr int & operator[](const size_t index);
```

```
    constexpr const int & operator[](
      const size_t index) const;
};

template<>
class buffer<int, 15>
{
   int data_[15];
public:
   constexpr int * data() const;
   constexpr int & operator[](const size_t index);
   constexpr const int & operator[](
      const size_t index) const;
};
```

上述这些示例中展示了模板特化的概念，将在本章的 2.6 节 "理解模板特化" 中进一步详细讨论。目前，你应该注意到两种 buffer 是不同的类型。同样，我们可以通过下面的语句验证 b1 和 b3 的类型是否不同。

```
static_assert(!std::is_same_v<decltype(b1), decltype(b3)>);
```

在实际项目中，诸如整型、浮点型和枚举类型等结构化类型的使用要比其他类型更为常见。这样相对更容易理解并找到相关有帮助的示例。但是，也同样存在使用指针或引用的场景。在接下来的例子中我们将探讨使用指向函数形参的指针，代码如下。

```
struct device
{
   virtual void output() = 0;
   virtual ~device() {}
};

template <void (*action)()>
struct smart_device : device
{
   void output() override
   {
      (*action)();
   }
};
```

在本例中，device 是一个带有纯虚函数 output(和虚析构函数)的基类，它也是类模板 smart_device 的基类。该类模板通过函数指针调用某个函数并以此实现了虚函数 output。该函数指针作为类模板的非类型模板形参的实参传入。下面的代码展示了其用法：

```
void say_hello_in_english()
{
   std::cout << "Hello, world!\n";
}

void say_hello_in_spanish()
{
```

```
    std::cout << "Hola mundo!\n";
}

auto w1 =
    std::make_unique<smart_device<&say_hello_in_english>>();
w1->output();

auto w2 =
    std::make_unique<smart_device<&say_hello_in_spanish>>();
w2->output();
```

本例中的 w1 和 w2 是两个 unique_ptr 对象。虽然表面上看它们指向相同类型的对象，但事实并非如此，因为 smart_device<&say_hello_in_english>和 smart_device<&say_hello_in_spanish>是不同的类型，它们在实例化时使用了不同的函数指针值。利用下面的语句可以轻松地验证这一点：

```
static_assert(!std::is_same_v<decltype(w1), decltype(w2)>);
```

另一方面，如果我们像下面的代码那样用 std::unique_ptr<device>替代 auto 说明符，那么 w1 和 w2 现在都是指向基类 device 的智能指针，因而具有相同的类型。

```
std::unique_ptr<device> w1 =
    std::make_unique<smart_device<&say_hello_in_english>>();
w1->output();

std::unique_ptr<device> w2 =
    std::make_unique<smart_device<&say_hello_in_spanish>>();
w2->output();

static_assert(std::is_same_v<decltype(w1), decltype(w2)>);
```

虽然本例中使用的是函数指针，但类似的例子也可用于指向成员函数的指针。可以将前面的示例代码改写为如下所示(仍使用相同的基类 device)。

```
template <typename Command, void (Command::*action)()>
struct smart_device : device
{
    smart_device(Command& command) : cmd(command) {}

    void output() override
    {
        (cmd.*action)();
    }
private:
    Command& cmd;
};

struct hello_command
{
    void say_hello_in_english()
    {
        std::cout << "Hello, world!\n";
    }
```

```
    void say_hello_in_spanish()
    {
      std::cout << "Hola mundo!\n";
    }
};
```

这些类的使用方法如下所示。

```
hello_command cmd;

auto w1 = std::make_unique<
   smart_device<hello_command,
      &hello_command::say_hello_in_english>>(cmd);
w1->output();

auto w2 = std::make_unique<
   smart_device<hello_command,
      &hello_command::say_hello_in_spanish>>(cmd);
w2->output();
```

C++17 中引入了一种指定非类型模板形参的新形式，即使用 auto 说明符(包括 auto* 和 auto&形式)或 decltype(auto)代替类型名称。这样，编译器就能从实参提供的表达式中推导出模板形参的类型，而如果推导出的类型不适用于模板形参，则编译器将报错。示例如下：

```
template <auto x>
struct foo
{ /* … */ };
```

这个类模板使用的方法如下所示。

```
foo<42>      f1;    // foo<int>
foo<42.0>    f2;    // C++20 会解析为 foo<double>，老版本则报错
foo<"42">    f3;    // 错误
```

在第一个例子中，对于 f1，编译器推导出的实参类型为 int；在第二个例子中，对于 f2，编译器推导出的实参类型为 double，但这只是 C++20 的情况。在 C++20 之前的标准中，这一行代码将会产生错误，因为 double 型在 C++20 之前的标准中不能用作非类型模板形参；而最后关于 f3 的例子会产生错误，因为"42"是一个字符串字面量，而字符串字面量不能用作非类型模板形参的实参。

不过在 C++20 中，最后一个示例中的问题可以通过将字面量的字符串封装为一个结构化的字面量类的方法来解决。该类使用一个固定长度的数组来保存字符串字面量的每个字符，代码如下。

```
template<size_t N>
struct string_literal
{
   constexpr string_literal(const char(&str)[N])
   {
      std::copy_n(str, N, value);
```

```
    }
    char value[N];
};
```

同时还需要修改之前示例中展示过的 foo 类模板，其方法是显式使用 string_literal 而不是 auto 说明符。

```
template <string_literal x>
struct foo
{
};
```

这样，之前示例中的 foo<"42"> f3; 声明在C++20中编译时就可以正常通过编译了。

auto 说明符也可能用于非类型模板形参包。在这种情况下，每个模板实参的类型都可以相互独立地推导出来。模板实参的类型不必相同。下面的代码段展示了这种用法：

```
template<auto... x>
struct foo
{ /* ... */ };

foo<42, 42.0, false, 'x'> f;
```

在本例中编译器会把模板实参的类型依次推导为 int、double、bool 和 char。

第三种也是最后一种模板形参是**模板模板形参**，我们接下来将讨论它。

2.4.3　模板模板形参

虽然"模板模板形参"的名称听起来有点奇怪，但它指的是一类本身就是模板的模板形参。指定这些参数的方法与类型模板形参一样，可以带名称，也可以不带名称；可以带默认值，也可以不带默认值；可以作为带名称的形参包，也可以作为不带名称的形参包。从 C++17 开始，关键字 class 和 typename 都可以用来引入模板模板形参。但在此版本之前，只能使用关键字 class。

为了展示模板模板形参的用法，首先考虑以下两个类模板。

```
template <typename T>
class simple_wrapper
{
public:
    T value;
};

template <typename T>
class fancy_wrapper
{
public:
    fancy_wrapper(T const v) :value(v)
    {
    }
```

```
        T const& get() const { return value; }

        template <typename U>
        U as() const
        {
            return static_cast<U>(value);
        }
private:
        T value;
};
```

simple_wrapper 类是一个非常简单的类模板，它持有一个类型模板形参 T 的值。另一方面，fancy_wrapper 则是一个更复杂的 wrapper 实现，它隐藏了封装的值，并提供了一些用于数据访问的成员函数。接下来，我们要实现类模板 wrapping_pair，它包含两个封装类型的值，这个类型可以是 simpler_wrapper，也可以是 fancy_wrapper 或其他任何相似类型。

```
template <typename T, typename U,
          template<typename> typename W = fancy_wrapper>
class wrapping_pair
{
public:
    wrapping_pair(T const a, U const b) :
        item1(a), item2(b)
    {
    }

    W<T> item1;
    W<U> item2;
};
```

类模板 wrapping_pair 有 3 个参数，前两个是类型模板形参 T 和 U，第三个形参 W 则是模板模板形参，W 带有默认值，其类型默认为 fancy_wrapper 类型。可以按照如下方式使用这个类模板。

```
wrapping_pair<int, double> p1(42, 42.0);
std::cout << p1.item1.get() << ' '
          << p1.item2.get() << '\n';

wrapping_pair<int, double, simple_wrapper> p2(42, 42.0);
std::cout << p2.item1.value << ' '
          << p2.item2.value << '\n';
```

本例中，p1 是一个 wrapping_pair 对象，该对象包含两个值(一个 int 和一个 double)，每个值都封装在一个 fancy_wrapper 对象中。这不是显式指定的，却是模板模板形参的默认值。另一方面，p2 也是一个 wrapping_pair 对象，它同样包含一个 int 和一个 double，但这些值都封装在 simple_wrapper 对象中，这是在模板实例化中显式指定的。

我们在这个例子中看到了为模板形参设定默认模板实参的方式，下一小节将会详细地讨论这个主题。

2.4.4 默认模板实参

默认模板实参的指定方式与默认函数实参类似,都是在形参列表中等号之后指定。以下规则适用于默认模板实参。

- 它们可以与任何类型的模板形参一起使用,形参包除外。
- 如果为类模板、变量模板或类型别名的模板形参指定了默认值,那么形参列表中所有其后续的模板形参也都必须有默认值。如果是模板形参包,那么最后一个形参例外。
- 如果在函数模板中为模板形参指定了默认值,那么形参列表中所有其后续的模板形参不强制要求提供默认值。
- 在函数模板中,只有在形参包具有默认实参或编译器可以从函数实参中推导出其值时,才可以在形参包后面添加更多的类型形参。
- 友元类模板的声明中不允许使用形参包。
- 只有当友元函数模板的声明也是定义,并且在同一翻译单元中没有其他该函数声明的情况下,才允许在友元函数模板的声明中使用它们。
- 不允许在函数模板或成员函数模板的显式特化的声明或定义中使用它们。

下面的代码展示了默认模板实参的用法:

```
template <typename T = int>
class foo { /*...*/ };

template <typename T = int, typename U = double>
class bar { /*...*/ };
```

如前文所述,在声明类模板时带有默认实参的模板形参之后不能跟着没有默认值的形参,但这一限制条件不适用于函数模板,正如下方代码段所示。

```
template <typename T = int, typename U>
class bar { };   // 错误

template <typename T = int, typename U>
void func() {}   // 正确
```

一个模板可以有多个声明(但只能有一个定义)。所有声明和定义中的默认模板实参都会被合并(合并方法与合并默认函数实参相同)。让我们通过下面这个示例理解它是如何工作的。

```
template <typename T, typename U = double>
struct foo;

template <typename T = int, typename U>
struct foo;

template <typename T, typename U>
struct foo
```

```
{
    T a;
    U b;
};
```

这在语义上等同于下面的定义：

```
template <typename T = int, typename U = double>
struct foo
{
    T a;
    U b;
};
```

但是，这些带有不同默认模板实参的多重声明不能用任意顺序提供。毕竟前面提到的那些规则依然适用。因此，如果类模板的一个声明中第一个形参带有一个默认实参，而后面的形参没有默认实参，那么这个类模板的声明就是非法的。

```
template <typename T = int, typename U>
struct foo;   // 错误！形参 U 没有默认实参

template <typename T, typename U = double>
struct foo;
```

默认模板实参的另一个限制是：同一模板形参不能在相同作用域中被赋予多个默认值。因此，下面的代码是错误的。

```
template <typename T = int>
struct foo;

template <typename T = int>  // 错误！重复指定默认参数
struct foo {};
```

当默认模板实参使用了类中的名称时，编译器会在声明时检查其成员访问限制，而不是在模板实例化时进行检查。

```
template <typename T>
struct foo
{
protected:
    using value_type = T;
};

template <typename T, typename U = typename T::value_type>
struct bar
{
    using value_type = U;
};

bar<foo<int>> x;
```

在定义变量 x 时，bar 类模板会被实例化，但由于 foo::value_type 的访问修饰符是 protected，因此不能在 foo 外部使用它，结果是编译器在声明 bar 类模板时出错。

综上所述，我们结束了模板形参的主题。下一节我们将探讨的是模板实例化，即根据模板定义和一组模板实参来创建函数、类或变量的新定义。

2.5 理解模板实例化

正如之前提到的，模板只是一张蓝图，编译器在使用模板时才会根据它们创建实际的代码。根据模板声明生成函数、类或变量定义的行为称为模板实例化(**template instantiation**)。模板实例化可以是显式(**explicit**)的，即主动告诉编译器何时生成定义；也可以是隐式(**implicit**)的，即编译器根据需要自动生成新的定义。我们将会在接下来的章节中详细介绍这两种形式。

2.5.1 隐式实例化

隐式实例化发生在编译器根据模板的使用生成定义，而没有显式实例化的情况下。隐式实例化的模板在与模板相同的名空间中定义。但是，编译器从模板创建定义的方式可能会有所不同。我们将在下面的示例中看到这一点。看看下面这段代码：

```
template <typename T>
struct foo
{
    void f() {}
};

int main()
{
    foo<int> x;
}
```

本例中我们有一个名为 foo 的类模板，其中包含了一个成员函数 f。在 main 函数中，我们定义了一个 foo<int> 类型的变量，但没有使用它的任何成员。由于使用了 foo，编译器会隐式地为 int 类型定义 foo 的一个特化。如果你利用运行了 Clang 的 cppinsights.io，你将会看到如下代码。

```
template<>
struct foo<int>
{
    inline void f();
};
```

因为我们的代码中没有调用函数 f，所以它只是被声明却没有被定义。而如果我们在 main 函数中添加一个对函数 f 的调用，那么特化将如下所示。

```
template<>
struct foo<int>
{
```

```
  inline void f() { }
};
```

但是，如果再添加一个包含错误的实现函数 g，那么在不同的编译器中将会出现不同的行为。

```
template <typename T>
struct foo
{
  void f() {}
  void g() {int a = "42";}
};

int main()
{
  foo<int> x;
  x.f();
}
```

g 的函数体中包含一个错误(也可以用 static_assert(false)语句作为替代)。VC++能够正常编译这段代码，但 Clang 和 GCC 却编译失败。这是因为只要代码的语法正确，VC++就会忽略模板中未使用的部分，而其他编译器则会在模板实例化前执行语义检查。

对于函数模板，隐式实例化发生在用户代码在需要函数定义存在的语境中使用函数时。对于类模板，隐式实例化发生在当用户代码在上下文中引用了一个需要完整类型模板，或者当类型的完整性会影响代码时。这类语境的典型例子就是构造该类型的对象时。然而，在声明指向类模板的指针时，情况却并非如此。为了理解其工作原理，让我们看看下面的示例。

```
template <typename T>
struct foo
{
  void f() {}
  void g() {}
};

int main()
{
  foo<int>* p;
  foo<int> x;
  foo<double>* q;
}
```

在这段代码中，使用了与前面示例相同的 foo 类模板，并声明了几个变量：p 是 foo<int> 类型的指针，x 是 foo<int> 类型的对象，q 变量是指向 foo<double> 类型的指针。本例中由于声明了 x，此时编译器只需要实例化 foo<int>。现在，让我们考虑如何调用成员函数 f 和 g。

```
int main()
{
  foo<int>* p;
```

```
    foo<int> x;
    foo<double>* q;

    x.f();
    q->g();
}
```

对于这些更改，编译器需要实例化以下内容。
- 在声明变量 x 时实例化 foo<int>
- 在调用 x.f()时实例化 foo<int>::f()
- 在调用 q->g()时实例化 foo<double>和 foo<double>::g()

另一方面，编译器不需要在声明指针 p 时实例化 foo<int>，也不需要在声明指针 q 时实例化 foo<double>。但是，当类模板特化涉及指针转换时，编译器确实需要隐式实例化类模板。代码如下：

```
template <typename T>
struct control
{};

template <typename T>
struct button : public control<T>
{};

void show(button<int>* ptr)
{
    control<int>* c = ptr;
}
```

在函数 show 中发生了从 button<int>* 到 control<int>* 的转换。因此，此时编译器必须实例化 button<int>。

当类模板包含静态成员时，这些成员在编译器隐式实例化类模板时不会被隐式实例化，而只会在编译器确实需要它们的定义时才会实例化。另一方面，类模板的每个特化都有自己独立的静态成员的一个副本，正如下面的代码所示。

```
template <typename T>
struct foo
{
    static T data;
};

template <typename T> T foo<T>::data = 0;

int main()
{
    foo<int> a;
    foo<double> b;
    foo<double> c;

    std::cout << a.data << '\n'; // 0
    std::cout << b.data << '\n'; // 0
```

```
    std::cout << c.data << '\n'; // 0

    b.data = 42;
    std::cout << a.data << '\n'; // 0
    std::cout << b.data << '\n'; // 42
    std::cout << c.data << '\n'; // 42
}
```

类模板 foo 有一个静态成员变量 data，在 foo 定义之后初始化该变量。在 main 函数中，我们将变量 a 声明为 foo<int> 的对象，变量 b 和 c 则声明为 foo<double> 的对象。最初，这些变量的 data 成员字段都被初始化为 0。但是，由于变量 b 与 c 共享相同的 data 副本，因此，在执行操作 b.data = 42 之后，a.data 仍旧是 0，而 b.data 和 c.data 却都是 42。

在介绍了隐式实例化的工作原理后，是时候更进一步去了解模板实例化的另一种形式——显式实例化。

2.5.2 显式实例化

程序员可以明确告诉编译器去实例化一个类模板或函数模板，这称为显式实例化，它有两种形式：显式实例化定义(**explicit instantiation definition**)和显式实例化声明(**explicit instantiation declaration**)。我们将依次讨论它们。

1. 显式实例化定义

显式实例化定义可以出现在程序中的任意位置，但必须在它所引用的模板定义之后。显式模板实例化定义的语法形式如下所示。

- 类模板的语法如下：

```
template class-key template-name <argument-list>
```

- 函数模板的语法如下：

```
template return-type name<argument-list>(parameter-list);
template return-type name(parameter-list);
```

如你所见，无论哪种情况，显式实例化定义都是由关键字 template 引入，但后面没有任何形参列表。对于类模板，class-key 可以是关键字 class、struct 或 union 中的任意一个。对于类模板和函数模板，带有给定实参列表的显式实例化定义在整个程序中只能出现一次。

我们将通过几个示例来了解其工作原理。下面是第一个例子：

```
namespace ns
{
    template <typename T>
    struct wrapper
    {
        T value;
    };
```

```
    template struct wrapper<int>;          // [1]
}

template struct ns::wrapper<double>;       // [2]

int main() {}
```

在上述代码中,wrapper<T>是定义在名空间 ns 中的一个类模板。代码中标有 [1] 和[2] 的语句分别代表 wrapper<int>和 wrapper<double>的显式实例化定义。显式实例化定义只能与其所引用的模板定义位于相同的名空间中(如 [1]),或者就必须是完全限定的(如 [2])。也可以为函数模板编写类似的显式模板定义。

```
namespace ns
{
    template <typename T>
    T add(T const a, T const b)
    {
        return a + b;
    }

    template int add(int, int);            // [1]
}
template double ns::add(double, double);   // [2]

int main() { }
```

第二个例子与第一个例子非常相似:[1]和[2]都表示 add<int>()和 add<double>() 的显式模板定义。

如果显式实例化定义不属于模板所在的名空间,则必须使用完全限定的名称。即使使用了 using 语句,也不会使得该名称在当前名空间中可见。代码示例如下:

```
namespace ns
{
    template <typename T>
    struct wrapper { T value; };
}

using namespace ns;

template struct wrapper<double>;    // 错误!
```

本例最后一行将会引发一个编译错误,因为 wrapper 是一个未知标识符;如果需要使用,则必须使用名空间名称来限定,如 ns::wrapper。

当把类成员用于返回类型或形参类型时,在显式实例化定义中将会忽略成员访问说明符。代码示例如下:

```
template <typename T>
class foo
{
```

```
    struct bar {};

    T f(bar const arg)
    {
        return {};
    }
};

template int foo<int>::f(foo<int>::bar);
```

类 X<T>::bar 和函数 foo<T>::f() 都是类 foo<T>的私有成员，在显式实例化定义中却能直接使用它们，正如本例最后一行所示。

在了解了显式实例化的定义及其工作原理之后，人们很容易对其使用场景产生疑问。为什么需要告知编译器去实例化一个模板？答案是它有助于分发库(distribute libraries)、减少编译时间和可执行程序的大小。如果你正在编译一个要以.lib 文件发布的库，而该库使用了模板，那么没有实例化的模板定义不会放入库中。而这会导致每次使用库时用户代码的构建时间增加。如果在库中强制实例化模板，这些定义就会被放入目标文件和发布的 .lib 文件中。因此，用户代码只需要链接到库文件中的可用函数，而不必次次编译。这正是微软 MSVC CRT 库为所有流、locale 和字符串类所做的工作。libstdc++库为字符串类和一些其他类也做了同样的处理。

模板实例化可能会产生一个问题，那就是每个翻译单元一个定义，最终可能会得到多个定义。如果包含模板的头文件为多个翻译单元(即 .cpp 文件)所包含，并且使用了相同的模板实例(如前例中的 wrapper<int>)，那么编译器会将这些实例化的相同副本放入每个翻译单元中。这将导致目标文件的大小增加。而这个问题可以通过显式实例化声明来解决，这是我们接下来要讨论的话题。

2. 显式实例化声明

显式实例化声明(自 C++11 起可用)是一种告诉编译器模板实例化的定义可以在不同的翻译单元中找到，并且不应生成新定义的方式。其语法与显式实例化定义相同，只需要在声明前使用关键字 extern。

- 类模板的语法如下：

```
extern template class-key template-name <argument-list>
```

- 函数模板的语法如下：

```
extern template return-type name<argument-list>(parameter-list);
extern template return-type name(parameter-list);
```

如果你提供了显式实例化声明，但在程序的任何翻译单元中都没有实例化定义，那么结果就是编译器警告和链接器错误。这里有个技巧，是在一个源文件中声明显式模板实例化，并在其余文件中声明显式模板声明。这样做既能节省编译时间，又能减少目标文件的大小。

让我们看看下面的示例。

```cpp
// wrapper.h
template <typename T>
struct wrapper
{
    T data;
};

extern template wrapper<int>;    // [1]

// source1.cpp
#include "wrapper.h"
#include <iostream>

template wrapper<int>;            // [2]

void f()
{
    ext::wrapper<int> a{ 42 };
    std::cout << a.data << '\n';
}

// source2.cpp
#include "wrapper.h"
#include <iostream>

void g()
{
    wrapper<int> a{ 100 };
    std::cout << a.data << '\n';
}

// main.cpp
#include "wrapper.h"
int main()
{
    wrapper<int> a{ 0 };
}
```

从本例中我们能够看出：

- 头文件 wrapper.h 包含一个模板类 wrapper<T>。标有[1]的行中有 wrapper<int> 的显式实例化声明，它告知编译器在编译包含此头文件的源文件(翻译单元)时不要为此实例化生成新的定义。
- 文件 source1.cpp 包含了头文件 wrapper.h，并且在标有[2]的行中包含 wrapper<int> 的显式实例化定义。这是整个程序中对该实例化的唯一定义。
- 源文件 source2.cpp 和 main.cpp 都使用了 wrapper<int>，但没有任何明确的实例化定义或声明。这是因为当它们各自包含头文件 wrapper.h 之后，其头文件中的显式声明对它们可见。

此外，我们也可以从头文件中移除显式实例化声明，但这样就必须将其添加到包含头文件的每个源文件中，而我们很可能会忘记这么做。

在显式声明模板后，需要记住的是那些在类内定义的类成员函数总是被视为内联的，因此它们总是会被实例化。因此，只有在类外定义的成员函数才需要使用关键字 extern。

既然我们已经了解了模板实例化，现在可以继续讨论另一个重要的主题，即模板特化(**template specialization**)，该术语用于模板实例化所创建的定义，以处理一组特定的模板实参。

2.6 理解模板特化

模板特化是模板实例化所创建的定义。被特化的模板称为主模板(**primary template**)。你可以为一组给定的模板实参提供显式的特化定义，从而覆盖掉编译器隐式生成的代码。该技术为类型特征和条件编译等特性提供了支持，我们将在第 5 章中继续深入探讨这些元编程概念。

模板特化有两种形式：**显式(完全)特化**与**部分特化**。我们将在接下来的章节中进一步深入讨论它们。

2.6.1 显式特化

显式特化(亦称完全特化)是指为模板实例化提供完整模板实参集的定义时所发生的特化。以下几种情况可以完全特化：

- 函数模板
- 类模板
- 变量模板(自 C++14 起)
- 类模板的成员函数、类和枚举值
- 类或类模板的成员函数模板和类模板
- 类模板的静态数据成员

让我们先看下面的示例。

```
template <typename T>
struct is_floating_point
{
    constexpr static bool value = false;
};

template <>
struct is_floating_point<float>
{
    constexpr static bool value = true;
};
```

```
template <>
struct is_floating_point<double>
{
    constexpr static bool value = true;
};

template <>
struct is_floating_point<long double>
{
    constexpr static bool value = true;
};
```

在本例中，is_floating_point 是主模板(primary template)。它包含一个名为 value 的 constexpr 静态布尔型数据成员，该成员的初始值为 false。然后，我们为 float、double 和 long double 类型提供了该主模板的 3 个完全特化。这些新定义使用 true 而非 false 来初始化 value。因此，可以使用该模板编写如下代码。

```
std::cout << is_floating_point<int>::value         << '\n';
std::cout << is_floating_point<float>::value       << '\n';
std::cout << is_floating_point<double>::value      << '\n';
std::cout << is_floating_point<long double>::value << '\n';
std::cout << is_floating_point<std::string>::value << '\n';
```

其中第一行和最后一行输出 0(表示 false)，其余各行输出 1(表示 true)。这个示例也演示了类型特征的工作原理。事实上，标准库在 std 名空间中包含一个名为 is_floating_point 的类模板，它定义在头文件<type_traits>中。我们将在第 5 章中进一步深入探讨这个主题。

正如本例所示，静态类成员可以完全特化，但每个特化各自拥有自己的静态成员的副本，下面的示例展示了这一点。

```
template <typename T>
struct foo
{
    static T value;
};

template <typename T> T foo<T>::value = 0;
template <> int foo<int>::value = 42;

foo<double> a, b;    // a.value=0, b.value=0
foo<int> c;          // c.value=42

a.value = 100;       // a.value=100, b.value=100, c.value=42
```

本例中，foo<T> 是带有一个静态成员 value 的类模板。对于主模板，value 初始化为 0；而对于其 int 类型的特化，value 初始化为 42。在声明了变量 a、b 和 c 之后，a.value 和 b.value 的值都是 0，而 c.value 的值为 42。但是，在给 a.value 赋值 100 后，b.value 的值也变为 100，而 c.value 的值依旧是 42。

显式特化必须出现在主模板的声明之后。它不需要在显式特化前提供主模板的定义。因此，下面的代码是正确的。

```
template <typename T>
struct is_floating_point;

template <>
struct is_floating_point<float>
{
    constexpr static bool value = true;
};

template <typename T>
struct is_floating_point
{
    constexpr static bool value = false;
};
```

模板特化也可以只声明而不定义，这样的模板特化可以像其他不完整类型（incomplete type）一样使用。示例如下：

```
template <typename>
struct foo {};          // 主模板

template <>
struct foo<int>;        // 显式特化声明

foo<double> a;          // 正确
foo<int>* b;            // 正确
foo<int> c;             // 错误！foo<int> 的类型不完整
```

本例中，foo<T> 是主模板，而只声明了 int 类型的显式特化。这样就允许我们使用 foo<double> 和 foo<int>*（支持声明不完整类型的指针），但在声明变量 c 的时候，由于仍旧缺少 int 类型的完全特化的定义，因此 foo<int> 的完整类型不可用，而这会导致编译出错。

在特化函数模板时，如果编译器能够根据函数实参的类型推导出模板实参，那么该模板实参是可选的。示例如下：

```
template <typename T>
struct foo {};

template <typename T>
void func(foo<T>)
{
    std::cout << "primary template\n";
}

template<>
void func(foo<int>)
{
```

```
    std::cout << "int specialization\n";
}
```

函数模板 func 的 int 类型的完全特化的语法应该是 template<> func<int>(foo<int>)。但是，编译器能够从函数实参中推导出 T 所表示的实际类型。因此，我们在定义特化时无须指定它。

另一方面，函数模板和成员函数模板的声明或定义不允许包含默认函数实参。因此，编译下面的示例将会报错。

```
template <typename T>
void func(T a)
{
    std::cout << "primary template\n";
}

template <>
void func(int a = 0)  // 错误! 不支持默认实参
{
    std::cout << "int specialization\n";
}
```

在所有这些示例中，模板只有一个模板实参。但事实上，模板可以有多个实参。而显式特化要求定义时必须指定完整的实参集。代码如下：

```
template <typename T, typename U>
void func(T a, U b)
{
    std::cout << "primary template\n";
}

template <>
void func(int a, int b)
{
    std::cout << "int-int specialization\n";
}

template <>
void func(int a, double b)
{
    std::cout << "int-double specialization\n";
}

func(1, 2);        // int-int 特化
func(1, 2.0);      // int-double 特化
func(1.0, 2.0);    // 主模板
```

在了解了这些知识之后，我们可以继续研究"部分特化"，它基本上是显式(完全)特化的一种泛化。

2.6.2 部分特化

如果在特化主模板时仅指定部分模板实参，那么这种特化称为部分特化(partial specialization)。这意味着部分特化将同时拥有模板形参列表(后跟关键字 template)和模板实参列表(后跟模板名称)。但是，只有模板类可以部分特化。

让我们通过下面的示例理解其工作原理。

```
template <typename T, int S>
struct collection
{
   void operator()()
   { std::cout << "primary template\n"; }
};

template <typename T>
struct collection<T, 10>
{
   void operator()()
   { std::cout << "partial specialization <T, 10>\n"; }
};

template <int S>
struct collection<int, S>
{
   void operator()()
   { std::cout << "partial specialization <int, S>\n"; }
};

template <typename T, int S>
struct collection<T*, S>
{
   void operator()()
   { std::cout << "partial specialization <T*, S>\n"; }
};
```

我们的主模板名为 collection，它有两个模板实参(一个类型模板实参，一个非类型模板实参)，还有如下 3 个部分特化。

- 对非类型模板实参 S 值为 10 的特化
- 对 int 类型的特化
- 对指针类型 T*的特化

这些模板的使用方式如下所示。

```
collection<char, 42> a;      // 主模板
collection<int, 42> b;       // <int, S> 部分特化
collection<char, 10> c;      // <T, 10> 部分特化
collection<int*, 20> d;      // <T*, S> 部分特化
```

如同注释所示，a 根据主模板来实例化，b 根据 int 型的部分特化版本(collection<int, S>)来实例化，c 根据 10 的部分特化版本(collection<T, 10>)来实例化，d 根据指针的部分

特化版本(collection<T*, S>)来实例化。但是，有些组合却因存在歧义而不可用，因为编译器无法选择使用哪个模板来实例化。示例如下：

```
collection<int,   10> e;     // 错误! collection<T,10> 或
                             //         collection<int,S>
collection<char*, 10> f;     // 错误! collection<T,10> 或
                             //         collection<T*,S>
```

在第一种情况下，collection<T, 10>和 collection<int, S> 两个部分特化都匹配 collection<int, 10> 这种类型。而在第二种情况下，它既可以是 collection<T, 10>，又可以是 collection<T*, S>。

在定义主模板的特化时需要注意以下几点：
- 部分特化的模板形参列表中的形参不能有默认值。
- 模板形参列表隐含了模板实参列表中实参的顺序，而这种顺序只在部分特化中才有。部分特化的模板实参列表不能与模板形参列表所隐含的模板实参列表相同。
- 在模板实参列表中，只能为非类型模板形参使用标识符，而不能使用表达式。

示例如下：

```
template <int A, int B> struct foo {};
template <int A> struct foo<A, A> {};           // 正确
template <int A> struct foo<A, A + 1> {};       // 错误
```

当一个类模板有部分特化时，编译器必须决定生成定义的最佳匹配。为此，在实际特化时，编译器会将模板特化中的模板实参与主模板和部分特化中的模板实参列表进行匹配。根据匹配的结果，编译器将执行以下操作：
- 如果未能匹配，则根据主模板生成定义。
- 如果只找到一个部分特化，则根据该特化生成定义。
- 如果不止一个匹配的部分特化，则根据最匹配特化版本生成定义，但前提是该特化版本是唯一的；否则，编译器将会报错(正如我们之前所看到的)。其中，如果模板 A 接受的类型是模板 B 接受的类型的子集，且反之则不成立时，则认为模板 A 比模板 B 更具有特化性。

但是，部分特化不能通过名称查找被找到，只有通过名称查找机制找到主模板后，编译器才会考虑部分特化。

为了理解部分特化的用途，让我们看一个真实的例子。

在这个例子中，我们希望能够创建一个函数以一种优雅的方式格式化数组的内容，并将其输出到流中。格式化后数组的内容具有 [1,2,3,4,5] 这种形式。但对于元素类型为 char 的数组而言，元素之间不应该用逗号分隔，而应该展示为中括号内的字符串，例如 [demo]。为此，我们考虑使用 std::array 类。下面的实现将数组内容格式化，并在元素之

间加上分隔符。

```cpp
template <typename T, size_t S>
std::ostream& pretty_print(std::ostream& os,
                           std::array<T, S> const& arr)
{
   os << '[';
   if (S > 0)
   {
      size_t i = 0;
      for (; i < S - 1; ++i)
         os << arr[i] << ',';
      os << arr[S-1];
   }
   os << ']';

   return os;
}

std::array<int, 9> arr {1, 1, 2, 3, 5, 8, 13, 21};
pretty_print(std::cout, arr);      // [1,1,2,3,5,8,13,21]

std::array<char, 9> str;
std::strcpy(str.data(), "template");
pretty_print(std::cout, str);      // [t,e,m,p,l,a,t,e]
```

在这段代码中，pretty_print 是一个带有两个模板形参的函数模板，它与 std::array 类的模板形参匹配。当将数组 arr 作为实参进行调用时，结果输出 [1,1,2,3,5,8,13,21]。当将数组 str 作为实参进行调用时，结果输出 [t,e,m,p,l,a,t,e]。但是，我们第二次调用的本意是输出 [template]。为此，需要另一种专门针对 char 类型的实现。

```cpp
template <size_t S>
std::ostream& pretty_print(std::ostream& os,
                           std::array<char, S> const& arr)
{
   os << '[';
   for (auto const& e : arr)
      os << e;
   os << ']';

   return os;
}

std::array<char, 9> str;
std::strcpy(str.data(), "template");
pretty_print(std::cout, str);  // [template]
```

在第二种实现中，pretty_print 是一个只有单一模板形参的函数模板，该参数是用于表示数组大小的非类型模板形参。而类型模板形参则在 std::array<char, S> 中被显式指定为 char。这样在使用数组 str 调用函数 pretty_print 时，编译器会将 [template] 打印到控制台。

这里的关键在于需要理解被部分特化的不是函数模板 pretty_print，而是类模板

std::array。函数模板不能被部分特化,因而这里只有函数重载。但是 std::array<char, S> 是主类模板 std::array<T, S> 的部分特化。

我们在本章中看到的所有示例都是函数模板或类模板。然而,变量也可以是模板,这将是下一节将要讨论的主题。

2.7 定义变量模板

C++14 引入了变量模板,它允许我们在名空间作用域内定义变量模板。定义在名空间中的变量模板表示一族全局变量,定义在类作用域中的变量模板表示静态数据成员。

变量模板在名空间作用域内声明,如下面的代码片段所示。这是一个可以在文献中找到的典型示例,能够很好地展示变量模板的优势。

```
template<class T>
constexpr T PI = T(3.14159265358979932385L);
```

语法类似于声明变量(或数据成员),但结合了声明模板的语法。

随之而来的问题是变量模板究竟有什么用。让我们通过构建一个例子来回答这个问题。假设我们要编写一个函数模板,在给定球体半径的情况下,返回球体的体积。球体的体积是 4πr^3/3。因此,可能的实现如下所示。

```
constexpr double PI = 3.14159265358979932385L;

template <typename T>
T sphere_volume(T const r)
{
   return 4 * PI * r * r * r / 3;
}
```

本例中,我们将 PI 定义为 double 类型的编译期常量。假如我们使用 float 作为类型模板形参 T,编译器就会告警。

```
float v1 = sphere_volume(42.0f); // 告警
double v2 = sphere_volume(42.0);  // 正确
```

解决这个问题的一种方案是将 PI 作为模板类的静态数据成员,其类型由模板类的类型模板形参决定。具体实现如下:

```
template <typename T>
struct PI
{
   static const T value;
};

template <typename T>
const T PI<T>::value = T(3.14159265358979932385L);
```

```
template <typename T>
T sphere_volume(T const r)
{
    return 4 * PI<T>::value * r * r * r / 3;
}
```

尽管使用 PI<T>::value 并不完美，但确实可行。如果我们能够简单地写成 PI<T> 就更好了。这正是本节开头展示的变量模板 PI 所做的事情。下面是完整的解决方案：

```
template<class T>
constexpr T PI = T(3.1415926535897932385L);

template <typename T>
T sphere_volume(T const r)
{
    return 4 * PI<T> * r * r * r / 3;
}
```

下面的代码展示了另一个可能的用例，其中也演示了变量模板的显式特化。

```
template<typename T>
constexpr T SEPARATOR = '\n';

template<>
constexpr wchar_t SEPARATOR<wchar_t> = L'\n';

template <typename T>
std::basic_ostream<T>& show_parts(
   std::basic_ostream<T>& s,
   std::basic_string_view<T> const& str)
{
   using size_type =
      typename std::basic_string_view<T>::size_type;
   size_type start = 0;
   size_type end;
   do
   {
      end = str.find(SEPARATOR<T>, start);
      s << '[' << str.substr(start, end - start) << ']'
        << SEPARATOR<T>;
      start = end+1;
   } while (end != std::string::npos);

   return s;
}

show_parts<char>(std::cout, "one\ntwo\nthree");
show_parts<wchar_t>(std::wcout, L"one line");
```

在本例中，我们有一个函数模板 show_parts，它使用分隔符将输入的字符串分割成部分后进行处理。而分隔符是一个在(全局)名空间范围内定义的变量模板，并以 wchar_t 类型显式特化。

如前所述，变量模板可以是类的成员。在这种情况下，它们代表静态数据成员，需要使用关键字 static 来声明。示例代码如下：

```
struct math_constants
{
    template<class T>
    static constexpr T PI = T(3.1415926535897932385L);
};

template <typename T>
T sphere_volume(T const r)
{
    return 4 * math_constants::PI<T> *r * r * r / 3;
}
```

可以在类中声明一个变量模板，然后在类外部提供其定义。注意，在这种情况下必须使用 static const 而不是 static constexpr 来声明变量模板，因为后者要求在类内初始化。

```
struct math_constants
{
    template<class T>
    static const T PI;
};

template<class T>
const T math_constants::PI = T(3.1415926535897932385L);
```

变量模板可用于简化类型特征的使用。2.6.1 节"显式特化"包含了一个名为 is_floating_point 的类型特征的示例。这里我们将其作为主模板。

```
template <typename T>
struct is_floating_point
{
    constexpr static bool value = false;
};
```

还有几个显式特化，这里不再重复罗列。但是，这个类型特征可以这样使用：

```
std::cout << is_floating_point<float>::value << '\n';
```

is_floating_point<float>::value 的用法显然很麻烦，但能借助于下面定义的变量模板简化它。

```
template <typename T>
inline constexpr bool is_floating_point_v =
    is_floating_point<T>::value;
```

变量模板 is_floating_point_v 有助于编写更简单、更易读的代码。相较于使用 ::value 的冗长变量，我更倾向于以下方式。

```
std::cout << is_floating_point_v<float> << '\n';
```

标准库为这些 ::value 变量定义了一系列后缀为 _v 的变量模板(如 std::is_floating_point_v 或 std::is_same_v)。我们将在第 5 章中进一步深入探讨这一主题。

实例化变量模板的方式与函数模板和类模板相似。既可以通过显式实例化或显式特化实现，也可以通过编译器隐式实现。当变量模板用于必须存在变量定义的上下文中，或者变量需要用于表达式的常量求值时，编译器会生成其定义。

接下来讨论别名模板，它允许我们为类模板定义别名。

2.8 定义别名模板

C++中，**别名**(alias)是用于指代先前已定义类型(无论是内建类型，或是用户定义类型)的名称。别名的主要目标是为名称较长的类型提供一个短名，或为某些类型提供带有语义意义的名称。这可以通过 typedef 声明或 using 声明(其中后者是 C++11 中引入的)来实现。下面是几个使用 typedef 的例子。

```
typedef int index_t;
typedef std::vector<
          std::pair<int, std::string>> NameValueList;
typedef int (*fn_ptr)(int, char);

template <typename T>
struct foo
{
   typedef T value_type;
};
```

本例中，index_t 是 int 的别名，NameValueList 是 std::vector<std::pair<int, std::string>> 的别名，而 fn_ptr 是指向一个函数的指针类型的别名，该函数返回 int 类型，并具有 int 和 char 类型的两个形参。最后，foo::value_type 是类型模板 T 的别名。

从 C++11 开始，这些类型别名可以借助 using 声明(**using declaration**)而创建，例如：

```
using index_t = int;
using NameValueList =
   std::vector<std::pair<int, std::string>>;
using fn_ptr = int(*)(int, char);

template <typename T>
struct foo
{
   using value_type = T;
};
```

现在，相比原来的 typedef 声明，人们更倾向使用 using 声明，因为后者的用法更简单，读起来也更自然(可以从左向右读)。而且 using 声明还有一个重要的优势：允许为模板创建别名。别名模板(**alias template**)是一个名称，它指代的不是单一类型，而是一组类型。记住，模板不是一个类、一个函数或一个变量，而是可以创建一族类型、函数或变量的蓝图。

为了理解别名模板的工作原理，让我们考虑下面的例子。

```
template <typename T>
using customer_addresses_t =
    std::map<int, std::vector<T>>;                   // [1]

struct delivery_address_t {};
struct invoice_address_t {};

using customer_delivery_addresses_t =
    customer_addresses_t<delivery_address_t>;        // [2]
using customer_invoice_addresses_t =
    customer_addresses_t<invoice_address_t>;         // [3]
```

行 [1] 中的声明引入了别名模板 customer_addresses_t。它是 map 类型的别名，其中键类型为 int，值类型为 std::vector<T>。由于 std::vector<T>不是一个类型，而是一个类型族，因此 customer_addresses_t<T>定义了一个类型族。在行[2]和行[3]中的 using 声明从上述类型族中引入了两个类型别名：customer_delivery_addresses_t 和 customer_invoice_addresses_t。

别名模板可以像任何模板声明一样出现在名空间或类作用域中。另一方面，它既不能被完全特化，也不能被部分特化。不过，有一些方法可以绕过这一限制：一个解决方案是创建一个带有类型别名成员的类模板，并对该类模板进行特化，以便创建一个引用该类型别名成员的别名模板。让我们通过下面的示例展示这种做法。

尽管以下代码片段不是有效的 C++代码，但它展示了我希望实现的目标，即假设别名模板特化是可行的。

```
template <typename T, size_t S>
using list_t = std::vector<T>;

template <typename T>
using list_t<T, 1> = T;
```

本例中，如果不止一个元素，那么 list_t 就是 std::vector<T> 的别名模板。但如果只有一个元素，那么 list_t 就是类型模板形参 T 的别名。代码示例如下：

```
template <typename T, size_t S>
struct list
{
    using type = std::vector<T>;
};

template <typename T>
struct list<T, 1>
{
    using type = T;
};

template <typename T, size_t S>
using list_t = typename list<T, S>::type;
```

本例中，list<T, S> 是一个类模板，它包含一个名为 T 的成员类型别名。在主模板中，这个别名是 std::vector<T>。在部分特化的 list<T, 1> 中，它是 T 的别名。然后，list_t 被定义为 list<T, S>::type 的别名模板。以下断言证明了这一机制的有效性：

```
static_assert(std::is_same_v<list_t<int, 1>, int>);
static_assert(std::is_same_v<list_t<int, 2>,
   std::vector<int>>);
```

在我们结束本章之前还有一个尚未讨论的话题：泛型 lambda 及其 C++20 中的改进，即 lambda 模板。

2.9 探索泛型 lambda 和 lambda 模板

lambda 的正式名称为 **lambda 表达式**，是在需要的地方定义函数对象的一种简化方式。这些函数对象通常包括传递给算法的谓词或比较函数。虽然本书不会深入讨论 lambda 表达式，但首先让我们看看下面的示例。

```
int arr[] = { 1,6,3,8,4,2,9 };
std::sort(
   std::begin(arr), std::end(arr),
   [](int const a, int const b) {return a > b; });

int pivot = 5;
auto count = std::count_if(
   std::begin(arr), std::end(arr),
   [pivot](int const a) {return a > pivot; });
```

lambda 表达式是语法糖，它是定义匿名函数对象的一种简化方式。当编译器遇到 lambda 表达式时，它会生成一个带有函数调用运算符的类。对于前面的示例，这些类如下所示。

```
struct __lambda_1
{
   inline bool operator()(const int a, const int b) const
   {
      return a > b;
   }
};

struct __lambda_2
{
   __lambda_2(int & _pivot) : pivot{_pivot}
   {}

   inline bool operator()(const int a) const
   {
      return a > pivot;
   }
private:
```

```
    int pivot;
};
```

这里选择的名称可以是任意的，不同的编译器会生成不同的名称。此外，实现细节往往也不尽相同，而这里展示的只是编译器应该生成的最低要求。注意，第一个 lambda 表达式和第二个 lambda 之间的区别在于，后者包含了通过值捕获的状态。

自 C++11 引入 lambda 表达式以来，lambda 表达式在后续的标准版中进行了多次更新。本章将主要讨论其中较为重要的两次更新：

- 泛型 lambda(**generic lambda**)，由 C++14 引入。这种机制允许我们使用 auto 说明符而不必显式指定类型。这将生成的函数对象转换为带有模板函数调用运算符的函数对象。
- 模板 lambda(**template lambda**)，由 C++20 引入。这种机制允许我们使用模板语法来显式指定模板化函数调用运算符的形式。

为了理解这些更新之间的区别，以及泛型 lambda 和模板 lambda 的作用，让我们先看看下面的示例。

```
auto l1 = [](int a) {return a + a; };          // C++11, 常规 lambda
auto l2 = [](auto a) {return a + a; };         // C++14, 泛型 lambda
auto l3 = []<typename T>(T a)
          { return a + a; };                    // C++20, 模板 lambda
auto v1 = l1(42);                               // 正确
auto v2 = l1(42.0);                             // 告警
auto v3 = l1(std::string{ "42" });              // 错误

auto v5 = l2(42);                               // 正确
auto v6 = l2(42.0);                             // 正确
auto v7 = l2(std::string{"42"});                // 正确

auto v8 = l3(42);                               // 正确
auto v9 = l3(42.0);                             // 正确
auto v10 = l3(std::string{ "42" });             // 正确
```

本例中，我们有 3 个不同的 lambda 表达式：l1 是常规 lambda，l2 是泛型 lambda，因为至少有一个形参是使用 auto 说明符定义的，而 l3 是使用模板语法定义的模板 lambda，但没有使用关键字 template。

我们能用整数调用 l1，也可以用双精度浮点数调用它，但此时编译器会发出警告，提示可能会损失精度。但是，如果尝试使用字符串类型的实参来调用它，则会产生编译错误，因为 std::string 不能被转化为 int。另一方面，l2 是一个泛型 lambda。编译器会基于每次调用它的具体实参类型(例如 int、double 和 std::string)而相应实例化出 l2 的特化版本。从概念上讲，下面的代码片段展示了生成的函数对象的样子。

```
struct __lambda_3
{
    template<typename T1>
```

```
    inline auto operator()(T1 a) const
    {
      return a + a;
    }

    template<>
    inline int operator()(int a) const
    {
      return a + a;
    }

    template<>
    inline double operator()(double a) const
    {
      return a + a;
    }

    template<>
    inline std::string operator()(std::string a) const
    {
      return std::operator+(a, a);
    }
};
```

从中可以看到函数调用运算符的主模板，以及我们提到的 3 个特化版本。毫无意外，编译器将为第三个 lambda 表达式 l3 生成相同的代码，l3 是一个模板 lambda，且只在 C++20 中可用。这将引发一个问题：泛型 lambda 和模板 lambda 有什么区别？为了回答这个问题，让我们稍稍修改前面的例子。

```
auto l1 = [](int a, int b) {return a + b; };
auto l2 = [](auto a, auto b) {return a + b; };
auto l3 = []<typename T, typename U>(T a, U b)
          { return a + b; };

auto v1 = l1(42, 1);                                  // 正确
auto v2 = l1(42.0, 1.0);                              // 告警
auto v3 = l1(std::string{ "42" }, '1');               // 错误

auto v4 = l2(42, 1);                                  // 正确
auto v5 = l2(42.0, 1);                                // 正确
auto v6 = l2(std::string{ "42" }, '1');               // 正确
auto v7 = l2(std::string{ "42" }, std::string{ "1" });// 正确

auto v8 = l3(42, 1);                                  // 正确
auto v9 = l3(42.0, 1);                                // 正确
auto v10 = l3(std::string{ "42" }, '1');              // 正确
auto v11 = l3(std::string{ "42" }, std::string{ "42" }); // 正确
```

新的 lambda 表达式接受两个形参，同样，我们可以用两个整数，以及一个 int 和一个 double 来调用 l1(尽管这同样会产生警告)，但不能用一个 string 和一个 char 来调用它。但是，可以用泛型 lambda l2 和模板 lambda l3 做到上述这些。编译器为 l2 和 l3 所生成

的代码是完全相同的，从语义上看，代码如下。

```cpp
struct __lambda_4
{
  template<typename T1, typename T2>
  inline auto operator()(T1 a, T2 b) const
  {
    return a + b;
  }

  template<>
  inline int operator()(int a, int b) const
  {
    return a + b;
  }

  template<>
  inline double operator()(double a, int b) const
  {
    return a + static_cast<double>(b);
  }

  template<>
  inline std::string operator()(std::string a,
                                char b) const
  {
    return std::operator+(a, b);
  }

  template<>
  inline std::string operator()(std::string a,
                                std::string b) const
  {
    return std::operator+(a, b);
  }
};
```

在这个代码段中，可以看到函数调用运算符的主模板和几个显式的完全特化：两个 int 的特化、一个 double 和一个 int 的特化、一个 string 和一个 char 的特化，以及两个字符串对象的特化。但如果我们想把泛型 lambda l2 的用法限制为只能接受相同类型的实参，该怎么办呢？这是不可能的。由于编译器无法推测我们的意图，因此它会将形参列表中的每个 auto 说明符生成不同的类型模板形参。不过，C++20 中的模板 lambda 允许我们指定函数调用运算符的形式，代码示例如下。

```cpp
auto l5 = []<typename T>(T a, T b) { return a + b; };

auto v1 = l5(42, 1);                              // 正确
auto v2 = l5(42, 1.0);                            // 错误

auto v4 = l5(42.0, 1.0);                          // 正确
auto v5 = l5(42, false);                          // 错误
```

```
auto v6 = l5(std::string{ "42" }, std::string{ "1" });   // 正确
auto v6 = l5(std::string{ "42" }, '1');                  // 错误
```

无法使用不同类型的两个实参调用模板 lambda，即使这些类型实际上可以互相隐式转换(如从 int 转换为 double)。如果一定那样做，编译器将会报错。在调用模板 lambda 时也不能显式提供模板实参，例如 l5<double>(42, 1.0) 这样的调用也同样会引发编译错误。

类型说明符 decltype 允许我们告知编译器从表达式中推导出类型。第 4 章将详细讨论这一主题。但是在 C++14 中，可以在泛型 lambda 中使用它将前面泛型 lambda 表达式中的第二个形参声明为与第一个形参具有相同的类型。代码如下：

```
auto l4 = [](auto a, decltype(a) b) {return a + b; };
```

但是，这意味着第二个形参 b 的类型必须可以转换为与第一个形参 a 相同的类型。从而可以编写如下调用的代码。

```
auto v1 = l4(42.0, 1);                       // 正确
auto v2 = l4(42, 1.0);                       // 告警
auto v3 = l4(std::string{ "42" }, '1');      // 错误
```

第一次调用能够顺利编译，因为 int 能够隐式转换为 double。第二次调用编译时将产生编译警告，因为从 double 到 int 的转换存在精度损失。然而，第三次调用编译器将生成一个错误，因为 char 不能隐式转换为 std::string。尽管 lambda l4 相较于之前的泛型 lambda l2 有一些改进，但如果实参类型不同，它仍然无法完全限制调用。这只能通过之前展示过的模板 lambda 实现。

下面的代码是模板 lambda 的另一个例子。这个 lambda 只有一个实参，即 std::array。但是，数组元素的类型和数组大小都被指定为模板 lambda 的模板形参。

```
auto l = []<typename T, size_t N>(
           std::array<T, N> const& arr)
{
   return std::accumulate(arr.begin(), arr.end(),
                          static_cast<T>(0));
};

auto v1 = l(1);                              // 错误
auto v2 = l(std::array<int, 3>{1, 2, 3});    // 正确
```

尝试使用非 std::array 对象调用这个 lambda，编译器都会报错。这里编译器生成的函数对象可能如下所示：

```
struct __lambda_5
{
   template<typename T, size_t N>
   inline auto operator()(
      const std::array<T, N> & arr) const
```

```
    {
      return std::accumulate(arr.begin(), arr.end(),
                             static_cast<T>(0));
    }

    template<>
    inline int operator()(
        const std::array<int, 3> & arr) const
    {
      return std::accumulate(arr.begin(), arr.end(),
                             static_cast<int>(0));
    }
};
```

与常规 lambda 相比，泛型 lambda 在递归 lambda 方面有一个有趣的优势。lambda 是匿名的，因此不能直接递归调用它们。相反，为了递归调用，需要定义一个 std::function 对象，将 lambda 表达式赋值给它，并在捕获列表中通过引用捕获它。下面是一个使用递归 lambda 计算数字阶乘的例子。

```
std::function<int(int)> factorial;
factorial = [&factorial](int const n) {
   if (n < 2) return 1;
      else return n * factorial(n - 1);
};

factorial(5);
```

使用泛型 lambda 可以简化这一过程。泛型 lambda 不需要 std::function 及其捕获列表。递归泛型 lambda 的实现如下：

```
auto factorial = [](auto f, int const n) {
   if (n < 2) return 1;
      else return n * f(f, n - 1);
};

factorial(factorial, 5);
```

如果理解其工作原理比较困难，编译器生成的代码应该能帮助你弄清楚。

```
struct __lambda_6
{
    template<class T1>
    inline auto operator()(T1 f, const int n) const
    {
      if(n < 2) return 1;
      else return n * f(f, n - 1);
    }

    template<>
    inline int operator()(__lambda_6 f, const int n) const
    {
      if(n < 2) return 1;
      else return n * f.operator()(__lambda_6(f), n - 1);
    }
```

```
};

__lambda_6 factorial = __lambda_6{};
factorial(factorial, 5);
```

泛型 lambda 其实是一个带有模板函数调用运算符的函数对象。其中，用 auto 说明符指定的第一个实参可以是任何类型，包括 lambda 本身。因此，编译器会为生成的类的调用运算符提供一个完全显式的特化版本，以匹配具体的类型。

当需要将函数对象作为实参传递给其他函数时，lambda 表达式帮助我们避免编写显式代码。相反，编译器会为我们生成那些代码。C++14 中引入的泛型 lambda 可以帮助我们避免为不同类型编写相同的 lambda 表达式。C++20 所引入的模板 lambda 则允许我们通过模板语法和语义来指定生成的调用运算符的具体形式。

2.10 总结

本章介绍了 C++模板的核心特性。我们学习了如何定义类模板、函数模板、变量模板和别名模板。在此过程中，详细探讨了模板形参、模板实例化和模板特化。我们还学习了泛型 lambda 和模板 lambda，以及它们相较于常规 lambda 的优势。通过完成本章的学习，你现在已经熟悉了模板的基础原理，这将使你能够理解大部分模板代码，并能够自己编写模板代码。

在第 3 章中，我们将探讨另一个重要的主题：变参模板，即实参数量可变的模板，简称为变参模板。

2.11 问题

1. 哪类类型可用于非类型模板形参？
2. 什么情况下不允许使用默认模板实参？
3. 什么是显式实例化声明？它在语法上与显式实例化定义有何不同？
4. 什么是别名模板？
5. 什么是模板 lambda？

第3章
变参模板

变参模板是参数数量可变的模板。这是 C++11 引入的一个新特性，它将泛型代码与参数数量可变的函数相结合，而这一功能源自 C 语言。尽管变参模板的语法和一些细节看起来很烦琐，但它却有助于在兼顾编译时间与类型安全的前提下，帮助我们编写参数数量可变的函数模板或数据成员数量可变的类模板，这在没有这些特性之前是做不到的。

在本章中，我们将学习以下主题：
- 理解变参模板的必要性
- 变参函数模板
- 形参包
- 变参类模板
- 折叠表达式
- 变参别名模板
- 变参变量模板

在本章结束时，你将对如何编写变参模板以及其工作原理有更进一步的认识。不过，我们首先要尝试理解为什么变参模板是有用的。

3.1 理解变参模板的必要性

最著名的 C 和 C++ 函数之一是 printf，它能够将格式化后的内容写入标准输出流 stdout。实际上，I/O 库中有一系列用于写入格式化输出的函数，其中还包括 fprintf(写入文件流)、sprint 和 snprintf(写入字符缓冲区)。这些函数的相似之处在于，它们接受一个定义了输出格式的字符串和数量可变的实参。不过，语言本身提供了编写参数数量可变的函数的方法。下面是一个接收一个或多个实参,并返回最小值的函数示例。

```
#include<stdarg.h>

int min(int count, ...)
{
    va_list args;
    va_start(args, count);

    int val = va_arg(args, int);
    for (int i = 1; i < count; i++)
    {
        int n = va_arg(args, int);
        if (n < val)
            val = n;
    }

    va_end(args);

    return val;
}

int main()
{
    std::cout << "min(42, 7)=" << min(2, 42, 7) << '\n';
    std::cout << "min(1,5,3,-4,9)=" <<
                 min(5, 1, 5, 3, -4,
              9) << '\n';
}
```

这个实现只针对 int 类型的值,但是,我们也可以编写一个类似的函数模板。这种转换只需极小的改动,结果如下。

```
template <typename T>
T min(int count, ...)
{
    va_list args;
    va_start(args, count);

    T val = va_arg(args, T);
    for (int i = 1; i < count; i++)
    {
        T n = va_arg(args, T);
        if (n < val)
            val = n;
    }

    va_end(args);

    return val;
}

int main()
{
    std::cout << "min(42.0, 7.5)="
              << min<double>(2, 42.0, 7.5) << '\n';
```

```
        std::cout << "min(1,5,3,-4,9)="
                 << min<int>(5, 1, 5, 3, -4, 9) << '\n';
}
```

如果编写类似的代码，那么无论是否是泛型代码，都存在以下几个重要的缺点。

- 它需要使用多个宏：va_list(提供访问其他宏所需要的信息)，va_start(开始迭代实参)，va_arg(访问下一个实参)，还有 va_end(结束实参迭代)。
- 尽管传递给函数的实参的数量和类型在编译期已知，但求值仍在运行期进行。
- 以这种方式实现的变参函数不是类型安全的。这些 va_ 宏仅执行低级别的内存操作，而类型转换则由 va_arg 宏在运行期完成。这可能导致运行期异常。
- 这些变参函数需要以某种方式指定可变参数的数量。在前面实现的函数 min 中，传入的第一个形参就是表示参数的数量。类似 printf 的函数则通过格式字符串来确定预期的实参个数。例如，函数 printf 会计算并忽略其他参数(前提是所提供的实参比格式化字符串中指定的参数个数要多)，但如果提供的实参过少，则其行为是未定义的。

此外，在 C++11 之前，只有函数才能接受可变参数。但是，一些类也可以从拥有可变数量的数据成员中获益。典型的例子是 tuple 类，它代表一个固定大小的异构值(heterogeneous value)集合，还有 variant，它是类型安全的联合体。

变参模板帮助解决了所有这些问题：这些模板在编译期被求值，且是类型安全的，既不需要宏，也不需要显式指定实参数量，并且我们可以编写变参函数模板和变参类模板。此外，还可以编写变参变量模板和变参别名模板。

下一节，我们将开始探讨变参函数模板。

3.2 变参函数模板

变参函数模板是参数数量可变的函数模板。它们使用省略号(...)指定实参包，这些实参包的语法可以根据其性质而有所不同。

为了理解变参函数模板的基本原理，从一个重写函数 min 的示例开始。

```
template <typename T>
T min(T a, T b)
{
    return a < b ? a : b;
}

template <typename T, typename... Args>
T min(T a, Args... args)
{
    return min(a, min(args...));
}
```

```
int main()
{
   std::cout << "min(42.0, 7.5)=" << min(42.0, 7.5)
             << '\n';
   std::cout << "min(1,5,3,-4,9)=" << min(1, 5, 3, -4, 9)
             << '\n';
}
```

　　这里有两个 min 函数的重载。第一个是带有两个形参的函数模板，它返回两个形参中较小的一个。第二个是带有参数数量可变的函数模板，它通过展开形参包来递归调用自身。虽然变参函数模板的实现看起来像是某种编译时递归机制(本例中，带有两个形参的重载作为终止条件)，但实际上，它们只依赖于模板实例化以及由提供的实参集生成的函数重载。

　　变参函数模板的实现中，省略号(…)被用于 3 个不同的地方，且含义各不相同，正如我们在示例中所看到的那样。

- 在模板形参列表中指定形参包，如 typename... Args。这称为模板形参包(**template parameter pack**)。模板形参包可用于类型模板形参、非类型模板形参和模板模板形参。
- 在函数形参列表中指定形参包，如 Args... args。这称为函数形参包(**function parameter pack**)。
- 在函数体中展开形参包(如 args...)，例如在调用 min(args...)时可以看到的。这称为形参包展开(**parameter pack expansion**)。其结果是一个由零个或多个值(或表达式)组成的逗号分隔的列表。我们将在下一节详细讨论这个话题。

　　从调用 min(1, 5, 3, -4, 9)开始，编译器实例化了一组分别带有 5 个、4 个、3 个和 2 个实参的重载函数。它们在概念上等价于下列函数。

```
int min(int a, int b)
{
   return a < b ? a : b;
}

int min(int a, int b, int c)
{
   return min(a, min(b, c));
}

int min(int a, int b, int c, int d)
{
   return min(a, min(b, min(c, d)));
}

int min(int a, int b, int c, int d, int e)
{
   return min(a, min(b, min(c, min(d, e))));
}
```

因此，min(1, 5, 3, -4, 9)展开为 min(1, min(5, min(3, min(-4, 9))))。这种操作可能引发对变参模板性能的质疑。但实际上，编译器会进行大量优化，例如尽可能多地把函数内联。其结果是，实际上当开启优化后往往不会实际调用函数。你可以使用在线资源，如 **Compiler Explorer**(https://godbolt.org/)来检视不同编译器在不同选项(优化设定等)下生成的代码。例如，让我们看看下面的代码段(其中 min 是变参函数模板，其实现如前例所示)。

```
int main()
{
    std::cout << min(1, 5, 3, -4, 9);
}
```

将这段代码在 GCC 11.2 中使用 -O 选项进行编译，会生成以下汇编代码。

```
sub     rsp, 8
mov     esi, -4
mov     edi, OFFSET FLAT:_ZSt4cout
call    std::basic_ostream<char, std::char_traits<char>>
            ::operator<<(int)
mov     eax, 0
add     rsp, 8
ret
```

你不必成为汇编专家也能理解其中发生的事情：对 min(1, 5, 3, -4, 9)的调用是在编译期就已经完成，而结果 -4 则直接加载到 ESI 寄存器中。其中没有任何运行期函数调用或计算，因为所有信息在编译期就已经确定。当然，并非总是如此。

下面的代码展示了一个调用 min 函数模板的例子，由于其实参只有在运行期才知道，因此编译器无法在编译期求值。

```
int main()
{
    int a, b, c, d, e;
    std::cin >> a >> b >> c >> d >> e;
    std::cout << min(a, b, c, d, e);
}
```

生成的汇编代码如下(这里仅展示对 min 函数的调用部分)。

```
mov     esi, DWORD PTR [rsp+12]
mov     eax, DWORD PTR [rsp+16]
cmp     esi, eax
cmovg   esi, eax
mov     eax, DWORD PTR [rsp+20]
cmp     esi, eax
cmovg   esi, eax
mov     eax, DWORD PTR [rsp+24]
cmp     esi, eax
cmovg   esi, eax
mov     eax, DWORD PTR [rsp+28]
cmp     esi, eax
cmovg   esi, eax
```

```
mov     edi, OFFSET FLAT:_ZSt4cout
call    std::basic_ostream<char, std::char_traits<char>>
            ::operator<<(int)
```

从上面这段代码中可以看出编译器已经内联了对 min 重载的所有调用。所以这里只剩下一系列将值加载到寄存器的指令、寄存器值的比较，以及基于比较结果的跳转，但没有任何函数调用。

如果禁用编译器优化，确实会出现函数调用。可以使用编译器中特定的宏来跟踪这些在调用 min 函数时发生的调用。GCC 和 Clang 都提供了宏 __PRETTY_FUNCTION__，其中包含函数的签名及其名称。同样，Visual C++也提供了宏 __FUNCSIG__ 来完成相同的工作。这些宏可以在函数体中使用，以打印函数名称和签名。我们可以像下面这样使用它们。

```
template <typename T>
T min(T a, T b)
{
#if defined(__clang__) || defined(__GNUC__) || defined(__GNUG__)
    std::cout << __PRETTY_FUNCTION__ << "\n";
#elif defined(_MSC_VER)
    std::cout << __FUNCSIG__ << "\n";
#endif
    return a < b ? a : b;
}

template <typename T, typename... Args>
T min(T a, Args... args)
{
#if defined(__clang__) || defined(__GNUC__) || defined(__GNUG__)
    std::cout << __PRETTY_FUNCTION__ << "\n";
#elif defined(_MSC_VER)
    std::cout << __FUNCSIG__ << "\n";
#endif
    return min(a, min(args...));
}

int main()
{
    min(1, 5, 3, -4, 9);
}
```

使用 Clang 编译时，程序的执行结果如下。

```
T min(T, Args...) [T = int, Args = <int, int, int, int>]
T min(T, Args...) [T = int, Args = <int, int, int>]
T min(T, Args...) [T = int, Args = <int, int>]
T min(T, T) [T = int]
T min(T, T) [T = int]
T min(T, T) [T = int]
T min(T, T) [T = int]
```

另外，如果用 Visual C++编译，程序的执行结果如下：

```
int __cdecl min<int,int,int,int,int>(int,int,int,int,int)
int __cdecl min<int,int,int,int>(int,int,int,int)
int __cdecl min<int,int,int>(int,int,int)
int __cdecl min<int>(int,int)
int __cdecl min<int>(int,int)
int __cdecl min<int>(int,int)
int __cdecl min<int>(int,int)
```

虽然 Clang/GCC 和 VC++在签名格式上明显不同，但它们展示的内容都是相同的：首先调用的是带有 5 个形参的重载函数，然后是带有 4 个形参的重载函数，接着是带有 3 个形参的重载函数，最后则是带有 2 个形参的重载函数的 4 次调用(这标志着形参展开的结束)。

形参包的展开机制是理解变参模板的关键。因此，我们将在下一节中详细探索这个主题。

3.3 形参包

模板形参包或函数形参包可以接受零个、一个或多个实参。C++标准没有规定实参个数的上限。但在实际中，编译器可能会对实参个数的上限有所限制。C++标准给出了上限的推荐值，但并不强制要求遵从这些限制。这些推荐的上限如下：

- 对于函数形参包，最大实参数量取决于函数调用的实参限制，建议至少为 256 个。
- 对于模板形参包，最大实参数量取决于模板形参的限制，建议至少为 1024 个。

形参包中实参的数量可在编译时通过 sizeof...运算符获取。此运算符能返回一个类型为 std::size_t 的 constexpr 值。让我们通过一些示例展示其用法。

在第一个示例中，sizeof...运算符用于实现变参函数模板 sum 的递归结束模式，并结合 constexpr if 语句。如果形参包中的实参数为零(这意味着只向函数传递了一个实参)，则我们处理的是最后一个实参，直接返回它的值。否则，我们会将第一个实参的值与剩余实参的和相加。其代码实现如下：

```
template <typename T, typename... Args>
T sum(T a, Args... args)
{
   if constexpr (sizeof...(args) == 0)
     return a;
   else
     return a + sum(args...);
}
```

这与下面这种实现变参函数模板的经典方法在语义上是等价的，但更简洁。

```cpp
template <typename T>
T sum(T a)
{
   return a;
}

template <typename T, typename... Args>
T sum(T a, Args... args)
{
   return a + sum(args...);
}
```

注意，sizeof...(args)(函数形参包)和 sizeof...(Args)(模板形参包)虽然都返回了相同的值，但 sizeof...(args) 与 sizeof(args)...并不等价。前者是用于形参包 args 上的 sizeof 运算符，而后者则是形参包 args 在 sizeof 运算符上的展开。代码示例如下：

```cpp
template<typename... Ts>
constexpr auto get_type_sizes()
{
   return std::array<std::size_t,
                     sizeof...(Ts)>{sizeof(Ts)...};
}

auto sizes = get_type_sizes<short, int, long, long long>();
```

本例中，sizeof...(Ts)在编译期求值为 4，而 sizeof(Ts)...则展开为以逗号分隔的形参包：sizeof(short), sizeof(int), sizeof(long), sizeof(long long)。从概念上讲，前面讨论过的函数模板 get_type_sizes 等价于下面带有 4 个模板形参的函数模板。

```cpp
template<typename T1, typename T2,
         typename T3, typename T4>
constexpr auto get_type_sizes()
{
   return std::array<std::size_t, 4> {
      sizeof(T1), sizeof(T2), sizeof(T3), sizeof(T4)
   };
}
```

通常，形参包是函数或模板的最后一个参数。不过，如果编译器能够推导出实参，那么形参包后还可以跟着其他形参，甚至包括其他形参包。看看下面这个例子：

```cpp
template <typename... Ts, typename... Us>
constexpr auto multipacks(Ts... args1, Us... args2)
{
   std::cout << sizeof...(args1) << ','
             << sizeof...(args2) << '\n';
}
```

这个函数要接收两组可能类型不同的元素，并对它们进行处理。可以使用下面示例的方式调用这个函数。

```
multipacks<int>(1, 2, 3, 4, 5, 6);
                // 1,5
multipacks<int, int, int>(1, 2, 3, 4, 5, 6);
                // 3,3
multipacks<int, int, int, int>(1, 2, 3, 4, 5, 6);
                // 4,2
multipacks<int, int, int, int, int, int>(1, 2, 3, 4, 5, 6);
                // 6,0
```

对于第一次调用，函数调用时已经指定了形参包 args1(如 multipacks<int>)，并包含 1。形参包 args2 根据函数实参推导出 2，3，4，5，6。与此类似，在第二次调用中，两个形参包中的实参数量相等，更准确地说 1，2，3 和 4，5，6。在最后一次调用时，第一个形参包包含了所有元素，而第二个形参包是空的。在这些示例中，所有元素都是 int 类型。但在下面的示例中，两个形参包包含不同类型的元素。

```
multipacks<int, int>(1, 2, 4.0, 5.0, 6.0);           // 2,3
multipacks<int, int, int>(1, 2, 3, 4.0, 5.0, 6.0);   // 3,3
```

对于第一次调用，形参包 args1 包含整数 1 和 2，并将形参包 args2 推导为 double 类型值 4.0，5.0，6.0。同样，对于第二次调用，形参包 args1 将包含 1，2，3，形参包 args2 将包含 4.0，5.0，6.0。

但是，如果我们稍稍修改函数模板 multipacks，要求两个形参包的大小相等，那么只有部分前面展示的调用还依然可行。代码示例如下：

```
template <typename... Ts, typename... Us>
constexpr auto multipacks(Ts... args1, Us... args2)
{
    static_assert(
        sizeof...(args1) == sizeof...(args2),
        "Packs must be of equal sizes.");
}

multipacks<int>(1, 2, 3, 4, 5, 6);                          // 错误
multipacks<int, int, int>(1, 2, 3, 4, 5, 6);                // 正确
multipacks<int, int, int, int>(1, 2, 3, 4, 5, 6);           // 错误
multipacks<int, int, int, int, int, int>(1, 2, 3, 4, 5, 6);
                                                            // 错误
multipacks<int, int>(1, 2, 4.0, 5.0, 6.0);                  // 错误
multipacks<int, int, int>(1, 2, 3, 4.0, 5.0, 6.0);          // 正确
```

在本例中，只有第二次调用和第六次调用是有效的。在这两种情况下，推导出的两个形参包都各包含 3 个元素。至于其他情况，正如之前的示例所示，形参包的大小不同，static_assert 语句将在编译时报错。

多形参包并非变参函数模板所特有。只要编译器能够推导出模板实参，多形参包也可用于部分特化中的变参类模板(variadic class template)。为了说明这一点，我们将考虑一个类模板的示例，该模板表示一对函数指针。这个实现允许存储指向任何函数的指针。为了实现这点，我们定义了一个主模板 func_pair，以及一个带有 4 个模板形参的

部分特化。
- 第一个函数的返回类型的类型模板形参
- 第一个函数的形参类型的模板形参包
- 第二个函数的返回类型的第二个类型模板形参
- 第二个函数的形参类型的第二个模板形参包

类模板 func_pair 的代码实现如下。

```
template<typename, typename>
struct func_pair;

template<typename R1, typename... A1,
         typename R2, typename... A2>
struct func_pair<R1(A1...), R2(A2...)>
{
   std::function<R1(A1...)> f;
   std::function<R2(A2...)> g;
};
```

为了演示这个类模板的用法，我们再来看下面这两个函数。

```
bool twice_as(int a, int b)
{
   return a >= b*2;
}

double sum_and_div(int a, int b, double c)
{
   return (a + b) / c;
}
```

现在可以实例化类模板 func_pair，并如下所示调用这两个函数。

```
func_pair<bool(int, int), double(int, int, double)> funcs{
   twice_as, sum_and_div };

funcs.f(42, 12);
funcs.g(42, 12, 10.0);
```

形参包可以在各种语境中展开，这将是我们下一节将要讨论的主题。

理解形参包的展开过程

形参包可以出现在各种语境中，其具体的展开方式可能也与此有关。下面列出了这些可能的语境以及示例。

- 模板形参列表(template parameter list)：用于为模板指定形参。

```
template <typename... T>
struct outer
{
   template <T... args>
   struct inner {};
```

```
};

outer<int, double, char[5]> a;
```

- 模板实参列表(template argument list)：用于为模板指定实参。

```
template <typename... T>
struct tag {};

template <typename T, typename U, typename ... Args>
void tagger()
{
    tag<T, U, Args...> t1;
    tag<T, Args..., U> t2;
    tag<Args..., T, U> t3;
    tag<U, T, Args...> t4;
}
```

- 函数形参列表(function parameter list)：用于为函数模板指定形参。

```
template <typename... Args>
void make_it(Args... args)
{
}

make_it(42);
make_it(42, 'a');
```

- 函数实参列表(function argument list)：当扩展出现在函数调用的圆括号内时，省略号左侧的最完整的表达式或花括号中的初始化列表即为被展开的模式。

```
template <typename T>
T step_it(T value)
{
    return value + 1;
}

template <typename... T>
int sum(T... args)
{
    return (... + args);
}

template <typename... T>
void do_sums(T... args)
{
    auto s1 = sum(args...);
    // sum(1, 2, 3, 4)

    auto s2 = sum(42, args...);
    // sum(42, 1, 2, 3, 4)

    auto s3 = sum(step_it(args)...);
    // sum(step_it(1), step_it(2),... step_it(4))
```

```
}

do_sums(1, 2, 3, 4);
```

- 圆括号初始化器(parenthesized initializer)：当扩展包出现在直接初始化器、函数式转换、成员初始化器、new 表达式和其他类似语境中的圆括号内时，其规则与函数实参列表语境的规则相同。

```
template <typename... T>
struct sum_wrapper
{
    sum_wrapper(T... args)
    {
        value = (... + args);
    }

    std::common_type_t<T...> value;
};

template <typename... T>
void parenthesized(T... args)
{
    std::array<std::common_type_t<T...>,
               sizeof...(T)> arr {args...};
    // std::array<int, 4> {1, 2, 3, 4}

    sum_wrapper sw1(args...);
    // value = 1 + 2 + 3 + 4

    sum_wrapper sw2(++args...);
    // value = 2 + 3 + 4 + 5
}

parenthesized(1, 2, 3, 4);
```

- 花括号初始化器(brace-enclosed initializer)：使用花括号进行初始化操作。

```
template <typename... T>
void brace_enclosed(T... args)
{
    int arr1[sizeof...(args) + 1] = {args..., 0};
    // arr1: {1,2,3,4,0}

    int arr2[sizeof...(args)] = { step_it(args)... };
    // arr2: {2,3,4,5}
}

brace_enclosed(1, 2, 3, 4);
```

- 基类说明符和成员初始化器列表(base specifiers and member initializer list)：形参包展开可以在类声明中指定基类列表。此外，它还可能出现在成员初始化器列表中，因为这可能是调用基类构造函数的必要条件。

```
struct A {};
struct B {};
struct C {};

template<typename... Bases>
struct X : public Bases...
{
    X(Bases const & ... args) : Bases(args)...
    { }
};

A a;
B b;
C c;
X x(a, b, c);
```

- using 声明(**using declaration**)：在需要从一组基类派生的情况下，将基类中的名称引入派生类的定义中可能也很有用。因此，类包展开同样可以出现在 using 声明中。我们可以借助上例对此进行演示。

```
struct A
{
    void execute() { std::cout << "A::execute\n"; }
};

struct B
{
    void execute() { std::cout << "B::execute\n"; }
};

struct C
{
    void execute() { std::cout << "C::execute\n"; }
};

template<typename... Bases>
struct X : public Bases...
{
    X(Bases const & ... args) : Bases(args)...
    {}

    using Bases::execute...;
};

A a;
B b;
C c;
X x(a, b, c);

x.A::execute();
x.B::execute();
x.C::execute();
```

- lambda 捕获(**lambda capture**)：如下例所示，lambda 表达式中的捕获子句可以包含形参包展开。

```
template <typename... T>
void captures(T... args)
{
    auto l = [args...]{
                return sum(step_it(args)...); };
    auto s = l();
}

captures(1, 2, 3, 4);
```

- 折叠表达式(**fold expression**)：本章随后将详细讨论折叠表达式。

```
template <typename... T>
int sum(T... args)
{
    return (... + args);
}
```

- sizeof...运算符：本节前面已介绍过这种情况。以下是另一个示例。

```
template <typename... T>
auto make_array(T... args)
{
    return std::array<std::common_type_t<T...>,
                      sizeof...(T)> {args...};
};

auto arr = make_array(1, 2, 3, 4);
```

- 对齐说明符(**alignment specifier**)：对齐说明符中的形参包展开与在同一声明中应用多个 alignas 说明符的效果相同。这里的形参包既可以是类型包，也可以是非类型包。下面的示例中同时演示了这两种情况。

```
template <typename... T>
struct alignment1
{
    alignas(T...) char a;
};

template <int... args>
struct alignment2
{
    alignas(args...) char a;
};

alignment1<int, double> al1;
alignment2<1, 4, 8> al2;
```

- 属性列表(**attribute list**)：目前暂无编译器支持此特性。

现在我们已经了解了很多形参包及其展开的知识，接下来可以更进一步探索变参类模板。

3.4 变参类模板

类模板同样支持数量可变的模板实参。这是构建标准库中某些类型(如 tuple 和 variant)的关键。在本节中，我们将了解如何编写一个 tuple 类的简单实现。tuple 是一种表示固定大小的异构值集合的类型。

在实现变参函数模板时，我们使用了带有两个重载的递归模式，其中一个用于一般情况，而另一个用于结束递归。不过，实现变参模板也必须采用同样的递归方法，只不过我们需要为此使用特化来达到目的。下面是 tuple 的一个简单实现。

```
template <typename T, typename... Ts>
struct tuple
{
   tuple(T const& t, Ts const &... ts)
       : value(t), rest(ts...)
   {
   }

   constexpr int size() const { return 1 + rest.size(); }

   T              value;
   tuple<Ts...>   rest;
};

template <typename T>
struct tuple<T>
{
   tuple(const T& t)
       : value(t)
   {
   }

   constexpr int size() const { return 1; }

   T value;
};
```

第一个类是主模板，它带有两个模板形参：一个类型模板形参和一个形参包。这意味着在实例化这个模板时，至少需要指定一种类型。主模板的 tuple 有两个成员变量：T 类型的 value 和 tuple<Ts...> 类型的 rest。后者展开后是其余的模板实参。这意味着一个包含 N 个元素的 tuple 将包含第一个元素和第二个 tuple，而第二个 tuple 则依次包含第二个元素和第三个 tuple，那嵌套的第三个 tuple 包含其余的元素，以此类推。这种模式会一直持续到仅包含单个元素的 tuple 为止。这正是部分特化 tuple<T>所定义的，与主模板不同的是这种特化不会再聚合另一个 tuple 对象。

可以使用这个简单的实现编写类似下面的代码。

```
tuple<int> one(42);
tuple<int, double> two(42, 42.0);
```

```
tuple<int, double, char> three(42, 42.0, 'a');

std::cout << one.value << '\n';
std::cout << two.value << ','
          << two.rest.value << '\n';
std::cout << three.value << ','
          << three.rest.value << ','
          << three.rest.rest.value << '\n';
```

虽然这样做可行，但这种通过 rest 成员访问元素的方式(如 three.rest.rest.value)显然非常烦琐。而且 tuple 所含的元素也在增多，以至于用这种方式编程就越困难。因此，我们希望能够借助一些辅助函数来简化对 tuple 元素的访问。下面的代码是基于前面代码的一种改进。

```
std::cout << get<0>(one) << '\n';
std::cout << get<0>(two) << ','
          << get<1>(two) << '\n';
std::cout << get<0>(three) << ','
          << get<1>(three) << ','
          << get<2>(three) << '\n';
```

本例中，get<N>是一个变参函数模板，它接受 tuple 作为实参，并返回 tuple 中索引为 N 的元素的引用，其原型如下。

```
template <size_t N, typename... Ts>
typename nth_type<N, Ts...>::value_type & get(tuple<Ts...>& t);
```

此函数的模板实参由索引和 tuple 类型的形参包构成，但它的实现还需要一些辅助类型。首先，需要知道 tuple 中索引 N 处的元素的类型，这可以通过变参类模板 nth_type 来获取。

```
template <size_t N, typename T, typename... Ts>
struct nth_type : nth_type<N - 1, Ts...>
{
    static_assert(N < sizeof...(Ts) + 1,
                  "index out of bounds");
};

template <typename T, typename... Ts>
struct nth_type<0, T, Ts...>
{
    using value_type = T;
};
```

同样，我们有一个使用递归继承的主模板，以及索引为 0 的特化。该特化为第一个类型模板(即模板实参列表的首项)定义了别名 value_type。该类型仅用于确定 tuple 中元素的类型。我们还需要另一个变参类模板来获取值。代码如下:

```
template <size_t N>
struct getter
{
    template <typename... Ts>
```

```
    static typename nth_type<N, Ts...>::value_type&
    get(tuple<Ts...>& t)
    {
        return getter<N - 1>::get(t.rest);
    }
};

template <>
struct getter<0>
{
    template <typename T, typename... Ts>
    static T& get(tuple<T, Ts...>& t)
    {
        return t.value;
    }
};
```

本例中我们再一次看到了递归模式,通过一个主模板和一个显式特化来实现。这个仅带有一个模板形参的类模板称为 getter,而那个模板形参属于非类型模板形参。它代表 tuple 中我们要访问的元素的索引。该类模板有一个静态成员函数 get,它是一个变参函数模板。主模板中的实现使用元组的 rest 成员作为实参调用 get 函数。另一方面,显式特化的实现会返回 tuple 成员值的引用。

有了上述定义之后,我们就可以为辅助变参函数模板 get 提供具体的实现。该实现依赖于模板类 getter,并调用其变参函数模板 get。

```
template <size_t N, typename... Ts>
typename nth_type<N, Ts...>::value_type &
get(tuple<Ts...>& t)
{
    return getter<N>::get(t);
}
```

这个例子似乎有些复杂,逐步分析它应该能够加深对其的理解。因此,让我们从下面的代码开始。

```
tuple<int, double, char> three(42, 42.0, 'a');
get<2>(three);
```

使用 cppinsights.io 这个网络工具检查代码中的模板实例化。首先查看类模板 tuple,我们有一个主模板和几个特化版本,如下所示。

```
template <typename T, typename... Ts>
struct tuple
{
    tuple(T const& t, Ts const &... ts)
        : value(t), rest(ts...)
    { }

    constexpr int size() const { return 1 + rest.size(); }

    T value;
    tuple<Ts...> rest;
```

```cpp
};

template<> struct tuple<int, double, char>
{
   inline tuple(const int & t,
                const double & __ts1, const char & __ts2)
    : value{t}, rest{tuple<double, char>(__ts1, __ts2)}
    {}

   inline constexpr int size() const;

   int value;
   tuple<double, char> rest;
};

template<> struct tuple<double, char>
{
   inline tuple(const double & t, const char & __ts1)
    : value{t}, rest{tuple<char>(__ts1)}
    {}

   inline constexpr int size() const;

   double value;
   tuple<char> rest;
};

template<> struct tuple<char>
{
   inline tuple(const char & t)
    : value{t}
    {}

   inline constexpr int size() const;

   char value;
};

template<typename T>
struct tuple<T>
{
   inline tuple(const T & t) : value{t}
   { }

   inline constexpr int size() const
   { return 1; }

   T value;
};
```

本例中的 tuple<int, double, char> 结构体包含一个 int 和一个 tuple<double, char>，而后者包含一个 double 和一个 tuple<char>，而这个 tuple<char> 又包含一个 char 值。最后一个类表示 tuple 递归定义的结束。概念上可以用图 3-1 表示。

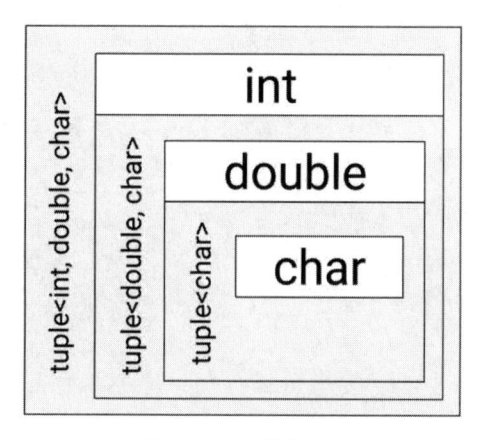

图 3-1　一个简单元组

接下来是类模板 nth_type。同样，我们有一个主模板和几个特化版本。

```
template <size_t N, typename T, typename... Ts>
struct nth_type : nth_type<N - 1, Ts...>
{
    static_assert(N < sizeof...(Ts) + 1,
                  "index out of bounds");
};

template<>
struct nth_type<2, int, double, char> :
    public nth_type<1, double, char>
{ };

template<>
struct nth_type<1, double, char> : public nth_type<0, char>
{ };

template<>
struct nth_type<0, char>
{
    using value_type = char;
};

template<typename T, typename ... Ts>
struct nth_type<0, T, Ts...>
{
    using value_type = T;
};
```

nth_type< 2, int, double, char>的特化派生自 nth_type<1, double, char>，后者派生自 nth_type<0, char>，而 nth_type<0, char>是层次结构中的最后的基类(即递归层次结构的终点)。

nth_type 结构可用作辅助类模板 getter 的返回类型，其实例化过程如下。

```
template <size_t N>
struct getter
{
   template <typename... Ts>
   static typename nth_type<N, Ts...>::value_type&
   get(tuple<Ts...>& t)
   {
      return getter<N - 1>::get(t.rest);
   }
};

template<>
struct getter<2>
{
   template<>
   static inline typename
   nth_type<2UL, int, double, char>::value_type &
   get<int, double, char>(tuple<int, double, char> & t)
   {
      return getter<1>::get(t.rest);
   }
};

template<>
struct getter<1>
{
   template<>
   static inline typename nth_type<1UL, double,
                                     char>::value_type &
   get<double, char>(tuple<double, char> & t)
   {
      return getter<0>::get(t.rest);
   }
};

template<>
struct getter<0>
{
   template<typename T, typename ... Ts>
   static inline T & get(tuple<T, Ts...> & t)
   {
      return t.value;
   }

   template<>
   static inline char & get<char>(tuple<char> & t)
   {
      return t.value;
   }
};
```

最后，我们用于获取 tuple 中某元素值的模板函数 get 的定义如下。

```
template <size_t N, typename... Ts>
typename nth_type<N, Ts...>::value_type &
get(tuple<Ts...>& t)
```

```
    return getter<N>::get(t);
}

template<>
typename nth_type<2UL, int, double, char>::value_type &
get<2, int, double, char>(tuple<int, double, char> & t)
{
    return getter<2>::get(t);
}
```

如果还需要更多次地调用函数 get，将会需要更多 get 的特化。例如，对于 get<1>(three)来说，我们就需要添加以下特化。

```
template<>
typename nth_type<1UL, int, double, char>::value_type &
get<1, int, double, char>(tuple<int, double, char> & t)
{
    return getter<1>::get(t);
}
```

这个示例演示了如何使用主模板和特化模板来实现变参类模板，其中主模板用于一般场景，而特化版本用于终止变参递归。

你可能已经注意到在类型 nth_type<N, Ts...>::value_type 的前缀中使用了关键字 typename，这是一种依赖类型(**dependent type**)。C++20 中不再使用这个关键字，详情请参见第 4 章 "高级模板概念"。

由于变参模板的实现比较烦琐，在 C++17 中，标准增加了折叠表达式(**fold expression**)来尝试简化它。我们将在 3.5 节探讨这一主题。

3.5 折叠表达式

折叠表达式是一种涉及形参包的表达式，它在二元运算符上折叠(或减少)形参包中的元素。我们将通过几个例子理解其工作原理。在本章前面的章节中实现了一个变参函数模板 sum，它返回所提供的全部实参的总和。为方便起见，我们在这里再次将它演示一下。

```
template <typename T>
T sum(T a)
{
    return a;
}

template <typename T, typename... Args>
T sum(T a, Args... args)
{
    return a + sum(args...);
}
```

通过折叠表达式可以将这个需要使用两个重载的实现简化如下。

```
template <typename... T>
int sum(T... args)
{
    return (... + args);
}
```

现在不再需要重载函数了。表达式 (... + args) 即为折叠表达式，它在求值后变为 ((((arg0 + arg1) + arg2) + ...) + argN)。并且这里全部的圆括号都是折叠表达式的一部分，不可省略。可以使用这个新的实现，就像使用最初的实现一样，如下所示。

```
int main()
{
    std::cout << sum(1) << '\n';
    std::cout << sum(1,2) << '\n';
    std::cout << sum(1,2,3,4,5) << '\n';
}
```

总共有 4 种不同类型的折叠表达式，如表 3-1 所示。

表 3-1　折叠表达式的类型

折叠	语法	展开
一元右折叠	(pack op ...)	(arg1 op (... op (argN-1 op argN)))
一元左折叠	(... op pack)	(((arg1 op arg2) op ...) op argN)
二元右折叠	(pack op ... op init)	(arg1 op (... op (argN-1 op (argN op init))))
二元左折叠	(init op ... op pack)	((((init op arg1) op arg2) op ...) op argN)

表 3-1 所用词汇的含义如下。
- 包(pack)是一个包含未展开形参包的表达式，arg1、arg2、argN-1 和 argN 都是该形参包中的实参。
- op 是下列二元运算符中的之一：+ - * / % ^ & | = < > << >> += -= *= /= %= ^= &= |= <<= >>= == != <= >= && || , .* ->*。
- init 是一个不包含未展开形参包的表达式。

在一元折叠表达式中，如果一个形参包不包含任何元素，那么就只能使用少数几种运算符。表 3-2 中列出了这些运算符以及空包的值。

表 3-2　运算符以及相应空包的值

运算符	空包的值
&&(逻辑与)	true
||(逻辑或)	false
,(逗号运算符)	void()

一元折叠表达式和二元折叠表达式的区别在于初始值的使用,只有二元折叠表达式才有初始值。二元折叠表达式中将二元运算符重复了两次(必须是同一运算符)。通过引入初始值,可以将一元右折叠表达式实现的变参模板函数 sum 转换为二元右折叠表达式。代码示例如下:

```
template <typename... T>
int sum_from_zero(T... args)
{
    return (0 + ... + args);
}
```

你或许会认为 sum 与 sum_from_zero 这两个函数模板毫无差异,但实际上并非如此。让我们看看下面示例中的函数调用。

```
int s1 = sum();                   // 错误
int s2 = sum_from_zero();         // 正确
```

如果调用函数 sum 时没有传入实参将产生编译错误,因为一元折叠表达式必须具有非空展开式(本例中为加法运算符)。但是,二元折叠表达式就没有这个问题,因此,调用函数 sum_from_zero 时不传入实参也依然可以正常工作,而此时函数将返回值 0。

在 sum 和 sum_from_zero 这两个例子中,形参包 args 直接出现在折叠表达式中。不过,只要不展开它,那它同样可以成为表达式的一部分。参见以下代码示例:

```
template <typename... T>
void printl(T... args)
{
    (..., (std::cout << args)) << '\n';
}

template <typename... T>
void printr(T... args)
{
    ((std::cout << args), ...) << '\n';
}
```

本例中,形参包 args 是(std::cout << args)表达式的一部分。这不是一个折叠表达式,((std::cout << args), ...)才是折叠表达式。准确地说,这是逗号运算符上的一元左折叠表达式。可以使用 printl 和 printr 函数,如下所示。

```
printl('d', 'o', 'g');  // dog
printr('d', 'o', 'g');  // dog
```

在这两种情况下,打印到控制台的文本都是 dog。这是因为一元左折叠表达式将展开为 (((std::cout << 'd'), std::cout << 'o'), << std::cout << 'g'),而一元右折叠表达式将展开为 (std::cout << 'd', (std::cout << 'o', (std::cout << 'g'))),并且二者都以相同的方式求值。对于内建的逗号运算符而言,这是正确的。但对于那些重载了逗号运算符的类型,其具体行为将取决于运算符的重载方式。只不过重载逗号运算符的情况非常少见(如简化多

维数组的索引)。Boost.Assign 和 SOCI 等库会重载逗号运算符,但一般情况下,我们应避免重载逗号运算符。

下面是一个在折叠表达式内部的表达式中使用形参包的例子。下面的变参函数模板在 std::vector 的末尾插入了多个值。

```
template<typename T, typename... Args>
void push_back_many(std::vector<T>& v, Args&&... args)
{
    (v.push_back(args), ...);
}

push_back_many(v, 1, 2, 3, 4, 5); // v = {1, 2, 3, 4, 5}
```

形参包 args 与 v.push_back(args) 表达式一起使用,该表达式折叠在逗号运算符上。一元左折叠表达式是 (v.push_back(args), ...)。

相较于递归实现的变参模板,折叠表达式有以下优势。

- 编写的代码更少且更简单。
- 更少的模板实例,从而缩短编译时间。
- 代码运行速度可能会更快,因为多个函数调用将被一个表达式取代。但是,在实践中可能看不到这种效果,至少在编译时开启优化后不会。我们已经见识过编译器通过移除函数调用来优化代码的例子。

既然我们已经学习了如何创建变参函数模板和变参类模板,以及如何使用折叠表达式,接下来继续讨论支持变参的其余模板类型,即别名模板和变量模板。我们先来介绍别名模板。

3.6 变参别名模板

所有可以模板化的代码也可以改成参数数量可变的版本。别名模板是一个类型族的别名(即另一个名称)。而变参别名模板则是一个具有模板形参数量可变的类型族的名称。根据目前已经掌握的知识,编写别名模板应该是轻而易举的事。让我们看一个例子:

```
template <typename T, typename... Args>
struct foo
{
};

template <typename... Args>
using int_foo = foo<int, Args...>;
```

类模板 foo 的参数数量是可变的,但它至少需要一个类型模板实参。另一方面,int_foo 只是 foo 类型进行实例化得出的一个类型族的别名,其中第一个类型模板实参是 int。它们可以如下使用:

```
foo<double, char, int> f1;
foo<int, char, double> f2;
int_foo<char, double> f3;
static_assert(std::is_same_v<decltype(f2), decltype(f3)>);
```

本例中，f1、f2 和 f3 分别是不同 foo 类型的实例，因为它们是由 foo 的不同模板实参集进行实例化得出的。但是，f2 和 f3 是同一类型 foo<int, char, double>的实例，因为 int_foo<char, double>只是这个类型的别名。

下面将介绍一个类似但稍显复杂的例子。标准库中包含一个名为 std::integer_sequence 的类模板，它代表编译时的整数序列，并且还包含一组别名模板，用于协助创建各种类型的整数序列。虽然这里演示的只是一个简化的示例，但至少在概念上它们的实现如下。

```
template<typename T, T... Ints>
struct integer_sequence
{};

template<std::size_t... Ints>
using index_sequence = integer_sequence<std::size_t,
                                        Ints...>;

template<typename T, std::size_t N, T... Is>
struct make_integer_sequence :
  make_integer_sequence<T, N - 1, Is...>
{};

template<typename T, T... Is>
struct make_integer_sequence<T, 0, Is...> :
  integer_sequence<T, Is...>
{};

template<std::size_t N>
using make_index_sequence = make_integer_sequence<std::size_t,
                                                  N>;

template<typename... T>
using index_sequence_for =
  make_index_sequence<sizeof...(T)>;
```

这里有 3 个别名模板，如下所示。

- index_sequence：为 size_t 类型创建一个 integer_sequence；这是一个变参别名模板。
- index_sequence_for：根据形参包创建一个 integer_sequence；这也是一个变参别名模板。
- make_index_sequence：为 size_t 类型创建一个 integer_sequence，其值为 0,1,2,…,*N*-1。与前面的模板不同，它不是变参模板的别名。

本章要讨论的最后一个主题是变参变量模板。

3.7 变参变量模板

如前面章节所述，变量模板也可以是参数数量可变的。但是，变量不能递归地定义，也不能像类模板那样进行特化。折叠表达式可以简化从可变数量的实参生成表达式的过程，这在创建变参变量模板时非常有用。

在下面的示例中，我们定义了变参变量模板 Sum，该模板在编译时使用作为非类型模板实参的所有整数的和进行初始化。

```
template <int... R>
constexpr int Sum = (... + R);

int main()
{
    std::cout << Sum<1> << '\n';
    std::cout << Sum<1,2> << '\n';
    std::cout << Sum<1,2,3,4,5> << '\n';
}
```

这与使用折叠表达式编写的求和函数类似。但是，在那个例子中，用于相加的数字是作为函数实参提供的。而本例中，它们则作为模板实参提供给变量模板。两者的区别主要在于语法上；在启用优化的情况下，这两种情况生成的汇编代码很可能是一样的，因此性能也相同。

变参变量模板遵循与其他类型模板相同的模式，尽管使用这种技巧的场景却相对较少。最后，让我们通过总结来结束本章关于 C++ 中变参模板的学习。

3.8 总结

本章探讨了一类重要的模板——变参模板，它们是具有数量可变的模板实参的模板。我们可以创建变参函数模板、变参类模板、变参变量模板和变参别名模板，其中创建变参函数模板和变参类模板的技术有所不同，但均涉及某种形式的编译时递归。前者可以通过函数重载来实现，而后者可以通过模板特化来实现。折叠表达式有助于将数量可变的实参展开为单一表达式，从而避免使用函数重载，并且可以创建某些类别的变参变量模板，如我们之前所见的例子。

在下一章中，我们将学习一系列更加高级的特性，这些高级特性可以帮助你巩固模板知识。

3.9 问题

1. 变参模板是什么？它们为什么有用？
2. 什么是形参包？
3. 形参包可以在什么语境下展开？
4. 什么是折叠表达式？
5. 使用折叠表达式有什么优势？

第 II 部分　高级模板特性

在这部分中，你将探索多种高级特性，包括名称绑定和依赖名称、模板递归、模板实参推导和转发引用。在这里，你将学习类型特征，它可以帮助我们查询类型信息，并使用各种语言特性执行条件编译。此外，你还将学习如何使用 C++20 的概念和约束来指定模板实参的要求，并探索标准概念库的内容。

包含以下章节:
- 第 4 章　高级模板的概念
- 第 5 章　类型特征和条件编译
- 第 6 章　概念和约束

第4章
高级模板的概念

在前面的章节中，我们学习了C++模板的核心基础知识。此时，你应该能够编写一些不太复杂的模板。然而，关于模板还有更多的细节，本章将专门讨论这些更高级的主题。

在本章中，我们将学习以下主题：
- 理解名称绑定和依赖名称
- 探索模板递归
- 理解模板实参推导
- 学习转发引用和完美转发
- 使用 decltype 说明符和 std::declval 类型运算符
- 理解模板中的友元关系

完成本章之后，你将对这些高级模板概念有更深入的了解，并能够理解和编写更复杂的模板代码。

我们将从名称绑定和依赖名称开始本章的学习之旅。

4.1 理解名称绑定和依赖名称

名称绑定(**name binding**)是指查找一个模板中使用的每个名称的声明的过程。模板中使用了两种名称：依赖名称(**dependent name**)和非依赖名称(**non-dependent name**)。前者是依赖于模板形参的类型或值的名称，模板形参的值可以是类型、非类型或模板形参。不依赖于模板形参的名称称为非依赖名称。对于依赖名称和非依赖名称，名称查找的执行方式不同。

- 对于依赖名称，它在模板实例化时执行。
- 对于非依赖名称，它在模板定义时执行。

我们将先研究非依赖名称。如前所述，名称查找发生在模板定义时。它位于模板定义之前。为了理解这是如何工作的，让我们考虑以下示例。

```cpp
template <typename T>
struct parser;                    // [1] 模板声明
void handle(double value)         // [2] handle(double) 定义
{
   std::cout << "processing a double: " << value << '\n';
}

template <typename T>
struct parser                     // [3] 模板定义
{
   void parse()
   {
      handle(42);                 // [4] 非依赖名称
   }
};

void handle(int value)            // [5] handle(int) 定义
{
   std::cout <<"processing an int:"<<value <<'\n';
}

int main()
{
   parser<int> p;                 // [6] 模板实例化
   p.parse();
}
```

右侧注释标记了几处说明。在[1]处，声明了一个名为 parser 的类模板。在[2]处，定义了一个名为 handle 的函数，该函数以 double 作为实参。类模板的定义见[3]处。该类包含一个名为 run 的方法，该方法在[4]处调用一个名为 handle 的函数，该函数的实参为 42。

名称 handle 是一个非依赖名称，因为它不依赖于任何模板形参。因此，此时执行名称查找和绑定。handle 必须是一个在[3]处已知的函数，并在[2]处定义的函数是唯一匹配的。在类模板定义之后，在[5]处，我们定义了函数 handle 的重载，它接受一个整数作为实参。这是 handle(42)的最佳匹配，但它出现在执行名称绑定之后，因此将被忽略。在 main 函数中，在[6]处，我们有一个 int 类型的 parser 类模板的实例化。在调用 parse 函数时，processing a double: 42 将打印到控制台输出。

下一个例子旨在向你介绍依赖名称的概念。让我们先看看以下代码：

```cpp
template <typename T>
struct handler                    // [1] 模板定义
{
```

```
    void handle(T value)
    {
        std::cout << "handler<T>: " << value << '\n';
    }
};

template <typename T>
struct parser                           // [2] 模板定义
{
    void parse(T arg)
    {
        arg.handle(42);                 // [3] 依赖名称
    }
};

template <>
struct handler<int>                     // [4] 模板特化
{
    void handle(int value)
    {
        std::cout << "handler<int>: " << value << '\n';
    }
};

int main() {
    handler<int> h;                     // [5] 模板实例化
    parser<handler<int>> p;             // [6] 模板实例化
    p.parse(h);
}
```

该例子与前一个稍有不同。parser 类模板十分相似，但 handle 函数成为另一个类模板的成员。让我们逐一分析。

在注释中[1]处有一个名为 handler 的类模板的定义。这里包含一个名为 handle 的单一公共方法，该方法接受一个 T 类型的实参并将其值打印到控制台。然后，在[2]处有名为 parser 的类模板定义。这与前一个相似，除了一个关键点：在[3]处，它对其实参调用了一个名为 handle 的方法。因为该实参类型是模板形参 T，所以它使 handle 成为一个依赖名称。在模板实例化时执行依赖名称查找，因此此时 handle 不受约束。继续看代码[4]处，int 类型的 handle 类模板有一个模板特化。作为特化，这与依赖名称更匹配。因此，当模板实例化发生在[6]处时，handler<int>::handle 是绑定到[3]处使用的依赖名称的名称。运行此程序将在控制台上打印 handler<int>: 42。

现在既然已知道了名称绑定是如何发生的，让我们梳理一下它与模板实例化的关系。

4.1.1 两阶段名称查找

上一节的关键要点是，依赖名称(那些依赖于模板形参的名称)和非依赖名称(那些不依赖于模板形参的名称，以及当前模板实例化中定义的名称和模板名称)的名称查找方式不同。当编译器处理一个模板定义时，它需要确定一个名称是依赖的还是非依赖的。更多的名称查找取决于这种情况，要么发生在模板定义时(对于非依赖名称)，要么发生在模板实例化时(对于依赖名称)。因此，一个模板的实例化分为以下两个阶段。

- 第一阶段发生在定义时，此时检查模板语法并将名称分为依赖或非依赖。
- 第二阶段发生在实例化时，此时模板实参被模板形参替换。此时会对依赖名称进行名称绑定。

该过程分两步，称为两阶段名称查找(**two-phase name lookup**)。为了更好地理解它，我们看以下例子。

```
template <typename T>
struct base_parser
{
  void init()
  {
     std::cout << "init\n";
  }
};

template <typename T>
struct parser : base_parser<T>
{
  void parse()
  {
     init();          // 错误: 标识符未找到
     std::cout << "parse\n";
  }
};

int main()
{
  parser<int> p;
  p.parse();
}
```

此代码有两个类模板：base_parser 和 parser。base_parser 包含一个名为 init 的公共方法；parser 从 base_parser 派生并包含一个名为 parse 的公共方法。parse 成员函数调用一个名为 init 的函数，目的是在此处调用它的基类方法 init。但是，编译器将报告一个错误，因为它无法找到 init。发生这种情况的原因是 init 是一个非依赖名称(因为它不依赖于模板形参)。因此，在定义 parser 模板时必须知道它。尽管存在 base_parser<T>::init，但编译器不能假设它是我们想要调用的，因为主模板 base_parser 可稍后特化，init 可以被定义为其他东西(例如一个类型、变量或另一个函数，或者它可能完全缺失)。因此，名称查找不会在基类中发生，只会在其封闭作用域内发生，并且 parser 中没有名为 init 的函数。

将 init 设置为依赖名称，可以解决此问题。前面加上 this->或 base_parser<T>::，即可实现。将 init 转换为依赖名称，其名称绑定从模板定义时移动到模板实例化时。在以下代码中，通过 this 指针调用 init 来解决。

```
template <typename T>
struct parser : base_parser<T>
{
  void parse()
  {
    this->init();          // 正确

    std::cout << "parse\n";
  }
};
```

接着看这个例子，我们考虑一下：在定义 parser 类模板后可为 int 类型提供 base_parser 的特化。如下所示：

```
template <>
struct base_parser<int>
{
  void init()
  {
     std::cout << "specialized init\n";
  }
};
```

此外，看一下 parser 类模板的使用。

```
int main() {
  parser<int> p1;
  p1.parse();

  parser<double> p2;
  p2.parse();
}
```

运行此程序，以下文本将打印到控制台。

```
specialized init
parse
init
parse
```

此行为的原因为 p1 是 parser<int> 的实例，它的基类 base_parser<int> 有一个特化，实现了 init 函数并将 specialized init 打印到控制台。另一方面，p2 是 parser<double> 的实例。由于 double 类型的 base_parser 的特化不可用，因此主模板中的 init 函数将被调用，这只会将 init 打印到控制台。

关于这个更广泛主题的下一个内容是使用类型作为依赖名称。接下来介绍它是如何工作的。

4.1.2 依赖类型名称

在前面看到的例子中，依赖名称是一个函数或一个成员函数。

但是在某些情况下，依赖名称是一种类型。以下例子证明了这一点：

```
template <typename T>
struct base_parser
{
  using value_type = T;
};

template <typename T>
struct parser : base_parser<T>
{
  void parse()
  {
    value_type v{};                       // [1] 错误
    // 或者
    base_parser<T>::value_type v{};       // [2] 错误

    std::cout << "parse\n";
  }
};
```

在这个代码段中，base_parser 是一个类模板，它为 T 定义了一个名为 value_type 的类型别名。从 base_parser 派生的 parser 类模板，需要在其 parser 方法中使用此类型。但是，value_type 和 base_parser<T>::value_type 都不起作用，编译器将报错。value_type 不起作用，是因为它是一个非依赖名称，因此不会在基类中查找，只会在封闭作用域中查找。base_parser<T>::value_type 也不起作用，因为编译器不能假定这实际上是一个类型。base_parser 特化可能会随之而来，value_type 将被定义为除类型之外的其他东西。

为了解决此问题，需要告诉编译器该名称引用了一个类型。否则，默认情况下，编译器假定它不是一个类型。这是在定义时使用 typename 关键字完成的，如下所示。

```
template <typename T>
struct parser : base_parser<T>
{
  void parse()
  {
    typename base_parser<T>::value_type v{}; // [3] 正确

    std::cout << "parse\n";
  }
};
```

实际上，此规则有两个例外情况：
- 当指定基类时
- 当初始化类成员时

我们来看下面的例子：

```
struct dictionary_traits
{
   using key_type = int;
   using map_type = std::map<key_type, std::string>;
   static constexpr int identity = 1;
};

template <typename T>
struct dictionary : T::map_type               // [1]
{
   int start_key { T::identity };             // [2]
   typename T::key_type next_key;             // [3]
}

int main() {
   dictionary<dictionary_traits> d;
}
```

dictionary_traits 是用作 dictionary 类模板的模板实参的一个类。这个类派生自 T::map_type(见第[1]行)，但这里不需要使用关键字 typename。dictionary 类定义了一个名为 start_key 的成员，它是一个用 T::identity 值初始化的 int(见第[2]行)。同样，这里不需要关键字 typename。但是，如果我们希望定义类型 T::key_type 的另一个成员(见第[3]行)，则需要使用 typename。

C++20 降低了使用 typename 的要求，使类型名的使用更容易。编译器现在能够推导出在多种上下文中引用了一个类型名称。例如，如之前在第[3]行所做的那样定义一个成员变量，不再需要在前缀中添加 typename 关键字。

在 C++20 中，typename 在下列上下文中是隐式的(可由编译器推导)。
- 在使用声明时
- 在数据成员的声明中
- 在函数形参的声明或定义中
- 在尾部指定的返回类型中
- 在模板的类型形参的默认实参中
- 在 static_cast、const_cast、reinterpret_cast 或 dynamic_cast 语句的类型 id 中

以下代码说明了其中一些上下文：

```
template <typename T>
struct dictionary : T::map_type
{
```

```
    int start_key{ T::identity };
    T::key_type next_key;                                  // [1]

    using value_type = T::map_type::mapped_type;           // [2]

    void add(T::key_type const&, value_type const&) {}    // [3]
};
```

标为[1]、[2]和[3]的代码行，用 C++20 以前的版本需要使用关键字 typename 指示类型名称(如 T::key_type 或 T::map_type::mapped_type)。当使用 C++20 编译时，这不再是必要的。

注意：

在第 2 章"模板基础"中，我们看到关键字 typename 和 class 可用于引入类型模板形参，并且它们是可互换的。这里的关键字 typename 虽然有类似的作用，但不能用关键字 class 替换。

不仅类型可以是依赖名称，其他模板也可以。我们将在 4.1.3 节中讨论这个主题。

4.1.3 依赖模板名称

在某些情况下，依赖名称是一个模板，如函数模板或类模板。然而，编译器的默认行为是将依赖名称解释为非类型，这会导致有关比较运算符 < 使用的错误。通过以下例子证明这一点。

```
template <typename T>
struct base_parser
{
    template <typename U>
    void init()
    {
        std::cout << "init\n";
    }
};

template <typename T>
struct parser : base_parser<T>
{
    void parse()
    {
        // base_parser<T>::init<int>();            // [1] 错误
        base_parser<T>::template init<int>();      // [2] 正确

        std::cout << "parse\n";
    }
};
```

这类似前面的代码，但 base_parser 的 init 函数也是模板。试图使用 base_parser<T>::init<int>()调用它，如[1]处所示，会导致编译错误。因此，必须使用关键字 template 告诉编译器依赖名称是模板。如[2]处所示。

关键字 template 只能跟在作用域解析运算符(::)、通过指针的成员访问(->)和成员访问(.)后面。正确用法有 X::template foo<T>()、this->template foo<T>()和 obj.template foo<T>()。

依赖名称不必是一个函数模板。它也可以是一个类模板，如下所示。

```
template <typename T>
struct base_parser
{
  template <typename U>
  struct token {};
};

template <typename T>
struct parser : base_parser<T>
{
  void parse()
  {
    using token_type =
       base_parser<T>::template token<int>; // [1]
    token_type t1{};

    typename base_parser<T>::template token<int> t2{};
                                                // [2]

    std::cout << "parse\n";
  }
};
```

token 类是 base_parser 类模板的内部类模板。它既可以在[1]行中使用，其中定义了类型别名(然后用于实例化对象)，也可以在[2]行中直接用于声明变量。注意，在[1]中，关键字 typename 不是必需的，因为 using 声明表示正处理一个类型,而在[2]中是必需的，否则编译器会认为它是一个非类型名称。

在观察到的当前模板实例化的一些上下文中，关键字 typename 和 template 可以省略。我们将在 4.1.4 节讨论。

4.1.4 当前实例化

在类模板定义的上下文中，若编译器能够推导出一些依赖名称(如一个嵌套类的名称)来引用当前实例化，那么就可以避免使用关键字 typename 和 template 来区分依赖名称。这意味着一些错误在定义时就能够被更早地识别出来，而不是在实例化时才被发现。

根据 C++标准 13.8.2.1 小节"依赖类型"，允许引用当前实例所有名称的完整列表，如表 4-1 所示。

表 4-1 允许引用当前实例所有名称的完整列表

上下文	名称
类模板定义	嵌套类 类模板成员 嵌套类的成员 模板的注入类名 嵌套类的注入类名
主类模板定义或主类模板成员的定义	类模板的名称跟着主模板的模板实参列表,其中每个实参都与其对应的形参相等
嵌套类或类模板的定义	用作当前实例化成员的嵌套类名
部分特化的定义或部分特化成员的定义	类模板名称跟着部分特化的模板实参列表,其中每个实参都与其对应的形参相等

以下是将名称视为当前实例化一部分的规则。
- 非限定名(不在作用域解析运算符:: 的右侧)位于当前实例化或其非依赖基中。
- 若限定符(位于作用域解析运算符:: 左侧的部分)命名当前实例化,并且位于当前实例化或其非依赖基中,则为限定名(位于作用域解析运算符:: 的右侧)。
- 在类成员访问表达式中使用的名称,其中对象表达式是当前实例化,该名称位于当前实例化或其非依赖基中。

注意:

据称,若基类是依赖类(依赖于模板形参)并且不在当前实例化中,那么它就是依赖类。反之,基类被称为非依赖类。

这些规则可能看似有些费解。因此,通过一些例子理解它们,如下所示。

```
template <typename T>
struct parser
{
   parser* p1;            // parser 是当前实例化
   parser<T>* p2;         // parser<T>是当前实例化
   ::parser<T>* p3;       // ::parser<T>是当前实例化
   parser<T*> p4;         // parser<T*>不是当前实例化

   struct token
   {
      token* t1;                     // token 是当前实例化
      parser<T>::token* t2;          // parser<T>::token 是当前实例化
      typename parser<T*>::token* t3;
                     // parser<T*>::token 不是当前实例化
   };
};
```

```
};
template <typename T>
struct parser<T*>
{
    parser<T*>* p1;      // parser<T*>是当前实例化
    parser<T>*  p2;      // parser<T>不是当前实例化
};
```

在主模板 parser 中，名称 parser、parser<T>和::parser<T>都指向当前实例化。但是，parser<T*>则没有。类 token 是主模板 parser 的嵌套类。在该类作用域内，token 和 parser<T>::token 都表示当前实例化。parser<T*>::token 则不表示当前实例化。此代码还包含指针类型 T*的主模板的部分特化。在这种部分特化的上下文中，parser<T*> 是当前实例化，但 parser<T>不是。

依赖名称是模板编程的一个重要方面。本节的关键点是，名称分为依赖(依赖于模板形参)和非依赖(不依赖于模板形参)。名称绑定发生在非依赖类型定义时和依赖类型实例化时。在某些情况下，需要使用关键字 typename 和 template 消除名称使用的歧义，并告诉编译器名称指的是一个类型或一个模板。然而，在类模板定义的上下文中，编译器能够找出一些依赖名称指向当前实例化，这使其能够更早地发现错误。

在 4.2 节中，我们将深入讨论一个已涉及的主题，即模板递归。

4.2 探索模板递归

在第 3 章 "变参模板" 中，我们讨论了变参模板，并看到它们是用一种类似递归的机制实现的。事实上，它们分别是重载函数和类模板特化。但是，创建递归模板是可行的。为了演示它是如何工作的，将介绍如何实现一个阶乘函数的编译时版本。这通常采用递归方式，可能以如下代码所示的方式实现。

```
constexpr unsigned int factorial(unsigned int const n)
{
    return n > 1 ? n * factorial(n - 1) : 1;
}
```

这应该很好理解：返回将函数实参与递归调用该函数时使用递减后的实参所返回的值相乘的结果，或者若实参为 0 或 1，则返回 1。实参(和返回值)的类型是 unsigned int，以避免对负整数调用它。

为了在编译期计算阶乘函数的值，需要定义一个类模板，它包含一个保存函数值的数据成员。实现如下：

```
template <unsigned int N>
struct factorial
{
```

```
      static constexpr unsigned int value =
         N * factorial<N - 1>::value;
};

template <>
struct factorial<0>
{
      static constexpr unsigned int value = 1;
};

int main()
{
      std::cout << factorial<4>::value << '\n';
}
```

第一个定义是主模板。它有一个非类型模板形参，表示需要计算的其阶乘的值。此类包含一个名为 value 的静态 constexpr 数据成员，它用一个结果值进行初始化：即，通过将实参 N 和递减后的实参实例化的阶乘类模板的值进行相乘。递归需要一个结束条件，这是由值 0(非类型模板实参)的显式特化提供的，在此情况下成员值初始为 1。

当在主函数中遇到 factorial<4>::value 的实例化时，编译器会生成从 factorial<4> 到 factorial<0> 的所有递归实例化。这些实例化如下所示：

```
template<>
struct factorial<4>
{
   inline static constexpr const unsigned int value =
      4U * factorial<3>::value;
};

template<>
struct factorial<3>
{
   inline static constexpr const unsigned int value =
      3U * factorial<2>::value;
};

template<>
struct factorial<2>
{
   inline static constexpr const unsigned int value =
      2U * factorial<1>::value;
};

template<>
struct factorial<1>
{
   inline static constexpr const unsigned int value =
      1U * factorial<0>::value;
};

template<>
struct factorial<0>
{
```

```
    inline static constexpr const unsigned int value = 1;
};
```

根据这些实例化，编译器可以计算数据成员 factorial<N>::value 的值。应再次提到的是，当启用优化时，这段代码甚至不会生成，但结果常量将直接用于生成的汇编代码中。

阶乘类模板的实现相对简单，类模板基本上只是静态数据成员 value 的包装器。事实上，可以通过使用变量模板完全避免它。这可以定义如下：

```
template <unsigned int N>
inline constexpr unsigned int factorial = N * factorial<N - 1>;

template <>
inline constexpr unsigned int factorial<0> = 1;

int main()
{
    std::cout << factorial<4> << '\n';
}
```

factorial 类模板和 factorial 变量模板的实现有着惊人的相似性。对于后者，我们基本上已去掉了数据成员值，并称之为 factorial。另一方面，如此使用可能更方便，因为它不必像 factorial<4>::value 那样访问数据成员值。

还有第三种在编译期计算阶乘的方法：使用函数模板。可以这么实现，如下：

```
template <unsigned int n>
constexpr unsigned int factorial()
{
    return n * factorial<n - 1>();
}

template<> constexpr unsigned int factorial<1>() {
                                                return 1; }
template<> constexpr unsigned int factorial<0>() {
                                                return 1; }

int main()
{
    std::cout << factorial<4>() << '\n';
}
```

可以看到有一个主模板递归调用 factorial 函数模板，这里对值 1 和 0 有两个完全特化，均返回 1。

这 3 种不同的方法中哪一种最好可能存在争议。尽管如此，阶乘模板递归实例化的复杂性仍然保持不变。不过，这取决于模板的性质。以下代码展示了复杂性增加的例子：

```
template <typename T>
struct wrapper {};

template <int N>
struct manyfold_wrapper
```

```
{
    using value_type =
        wrapper<
            typename manyfold_wrapper<N - 1>::value_type>;
};

template <>
struct manyfold_wrapper<0>
{
    using value_type = unsigned int;
};

int main()
{
    std::cout <<
      typeid(manyfold_wrapper<0>::value_type).name() << '\n';
    std::cout <<
      typeid(manyfold_wrapper<1>::value_type).name() << '\n';
    std::cout <<
      typeid(manyfold_wrapper<2>::value_type).name() << '\n';
    std::cout <<
      typeid(manyfold_wrapper<3>::value_type).name() << '\n';
}
```

此例中有两个类模板。第一个模板称为 wrapper，它具有空实现(事实上它包含什么并不重要)，但它表示某个类型上的包装器类(或更确切地说，为某类型的一个值)。第二个模板称为 manyfold_wrapper。这表示一个类型被多次包装，因此命名为 manyfold_wrapper。包装次数上限没有结束条件，但下限有起始条件。值 0 的完全特化定义了一个名为 value_type 的成员类型，用于 unsigned int 类型。因此，manyfold_wrapper<1> 为 wrapper<unsigned int>定义了一个名为 value_type 的成员类型，manyfold_wrapper<2> 为 wrapper<wrapper<unsigned int>> 定义了名为 value_type 的成员类型等。因此，执行 main 函数将向控制台输出以下内容。

```
unsigned int
struct wrapper<unsigned int>
struct wrapper<struct wrapper<unsigned int> >
struct wrapper<struct wrapper<struct wrapper<unsigned int> > >
```

C++标准没有限制递归嵌套的模板实例化数，但建议最小限制为1024。但是，这仅是一个建议而非要求。因此，不同编译器实现了不同的限制。**VC++ 16.11** 编译器限制为 500，**GCC 12** 限制为 900，**Clang 13** 限制为 1024。超过此限制时编译器将报错。以下是一些例子。

在 VC++中：

```
fatal error C1202: recursive type or function dependency
context too complex
```

在 GCC 中：

```
fatal error: template instantiation depth exceeds maximum of
900 (use '-ftemplate-depth=' to increase the maximum)
```

在 Clang 中：

```
fatal error: recursive template instantiation exceeded maximum
depth of 1024
use -ftemplate-depth=N to increase recursive template
instantiation depth
```

对于 GCC 和 Clang，编译器选项 -ftemplate-depth=N 可用于增加嵌套模板实例化的最大值。此选项不适用于 Visual C++ 编译器。

递归模板帮助我们在编译时以递归方式解决一些问题。无论是使用递归函数模板、变量模板还是类模板，这取决于你想要解决的问题，也可能取决于你的偏好。不过，你应牢记模板递归的工作深度是有限制的。尽管如此，还应谨慎使用模板递归。

本章将要讨论的下一个高级主题是函数和类的模板实参推导。我们接下来从前者开始。

4.3 函数模板实参推导

本书的前面简要讨论了一个事实，即编译器有时可以从函数调用的上下文中推导出模板实参，从而避免显式指定它们。模板实参推导的规则更为复杂，我们将在本节中探讨这一主题。

我们从一个简单例子开始讨论：

```
templatemplate <typename T>
void process(T arg)
{
   std::cout << "process " << arg << '\n';
}

int main()
{
   process(42);            // [1] T 为 int
   process<int>(42);       // [2] T 为 int，多余的
   process<short>(42);     // [3] T 为 short
}
```

在此代码段中，process 是一个具有单一类型模板形参的函数模板。调用 process(42) 和 process<int>(42) 是相同的，因为在第一种情况下，编译器能够从传递给函数的实参值中推导出类型模板形参 T 的类型为 int。

当编译器试图推导模板实参时，它会将模板形参的类型与用于调用函数的实参类型

进行匹配。有一些规则控制着此类匹配。编译器可以匹配以下类型。

- T、T const、T volatile 形式的类型(const volatile 限定、非限定)。

```
struct account_t
{
   int number;
};

template <typename T>
void process01(T) { std::cout << "T\n"; }

template <typename T>
void process02(T const) { std::cout << "T const\n"; }

template <typename T>
void process03(T volatile) { std::cout << "T volatile\n"; }

int main()
{
   account_t ac{ 42 };
   process01(ac);  // T
   process02(ac);  // T const
   process03(ac);  // T volatile
}
```

- 指针(T*)，左值引用(T&)和右值引用(T&&)。

```
template <typename T>
void process04(T*) { std::cout << "T*\n"; }

template <typename T>
void process04(T&) { std::cout << "T&\n"; }

template <typename T>
void process05(T&&) { std::cout << "T&&\n"; }

int main()
{
   account_t ac{ 42 };
   process04(&ac);    // T*
   process04(ac);     // T&
   process05(ac);     // T&&
}
```

- 数组，如T[5]或C[5][n]，其中C是类类型，n是非类型模板实参。

```
template <typename T>
void process06(T[5]) { std::cout << "T[5]\n"; }

template <size_t n>
void process07(account_t[5][n])
{ std::cout << "C[5][n]\n"; }

int main()
{
```

```
    account_t arr1[5] {};
    process06(arr1);    // T[5]

    account_t ac{ 42 };
    process06(&ac);     // T[5]

    account_t arr2[5][3];
    process07(arr2);    // C[5][n]
}
```

- 指向函数的指针，形式为 T(*)()、C(*)(T)和 T(*)(U)，其中 C 是类类型，T 和 U 是类型模板形参。

```
template<typename T>
void process08(T(*)()) { std::cout << "T (*)()\n"; }

template<typename T>
void process08(account_t(*)(T))
{ std::cout << "C (*) (T)\n"; }

template<typename T, typename U>
void process08(T(*)(U)) { std::cout << "T (*)(U)\n"; }

int main()
{
    account_t (*pf1)()    = nullptr;
    account_t (*pf2)(int) = nullptr;
    double    (*pf3)(int) = nullptr;
    process08(pf1);    // T (*)()
    process08(pf2);    // C (*)(T)
    process08(pf3);    // T (*)(U)
}
```

- 指向成员函数的指针，具有以下形式之一：T(C::*)()、T(C::*)(U)、T(U::*)()、T(U::*)(V)、C(T::*)()、C(T::*)(U)以及 D(C::*)(T)，其中 C 和 D 是类类型，T、U 和 V 是类型模板形参。

```
struct account_t
{
    int number;

    int get_number() { return number; }
    int from_string(std::string text) {
        return std::atoi(text.c_str()); }
};

struct transaction_t
{
    double amount;
};

struct balance_report_t {};

struct balance_t
{
```

```cpp
    account_t account;
    double     amount;

    account_t get_account()    { return account; }
    int get_account_number() { return account.number; }
    bool can_withdraw(double const value)
       {return amount >= value; };
    transaction_t withdraw(double const value) {
       amount -= value; return transaction_t{ -value }; }
    balance_report_t make_report(int const type)
  {return {}; }
};

template<typename T>
void process09(T(account_t::*)())
{ std::cout << "T (C::*)()\n"; }

template<typename T, typename U>
void process09(T(account_t::*)(U))
{ std::cout << "T (C::*)(U)\n"; }

template<typename T, typename U>
void process09(T(U::*)())
{ std::cout << "T (U::*)()\n"; }

template<typename T, typename U, typename V>
void process09(T(U::*)(V))
{ std::cout << "T (U::*)(V)\n"; }

template<typename T>
void process09(account_t(T::*)())
{ std::cout << "C (T::*)()\n"; }

template<typename T, typename U>
void process09(transaction_t(T::*)(U))
{ std::cout << "C (T::*)(U)\n"; }

template<typename T>
void process09(balance_report_t(balance_t::*)(T))
{ std::cout << "D (C::*)(T)\n"; }

int main()
{
   int (account_t::* pfm1)() = &account_t::get_number;
   int (account_t::* pfm2)(std::string) =
      &account_t::from_string;
   int (balance_t::* pfm3)() =
      &balance_t::get_account_number;
   bool (balance_t::* pfm4)(double) =
      &balance_t::can_withdraw;
   account_t (balance_t::* pfm5)() =
      &balance_t::get_account;
   transaction_t(balance_t::* pfm6)(double) =
      &balance_t::withdraw;
   balance_report_t(balance_t::* pfm7)(int) =
      &balance_t::make_report;
```

```
    process09(pfm1);       // T (C::*)()
    process09(pfm2);       // T (C::*)(U)
    process09(pfm3);       // T (U::*)()
    process09(pfm4);       // T (U::*)(V)
    process09(pfm5);       // C (T::*)()
    process09(pfm6);       // C (T::*)(U)
    process09(pfm7);       // D (C::*)(T)
}
```

- 指向数据成员的指针，如 T C::*、C T::*和 T U::*，其中 C 是类类型，T 和 U 是类型模板形参。

```
template<typename T>
void process10(T account_t::*)
{ std::cout << "T C::*\n"; }

template<typename T>
void process10(account_t T::*)
{ std::cout << "C T::*\n"; }

template<typename T, typename U>
void process10(T U::*) { std::cout << "T U::*\n"; }

int main()
{
    process10(&account_t::number);   // T C::*
    process10(&balance_t::account);  // C T::*
    process10(&balance_t::amount);   // T U::*
}
```

- 至少包含一个类型模板形参的实参列表的模板；一般形式为 C<T>，其中 C 是类类型，T 是类型模板形参。

```
template <typename T>
struct wrapper
{
    T data;
};

template<typename T>
void process11(wrapper<T>) { std::cout << "C<T>\n"; }

int main()
{
    wrapper<double> wd{ 42.0 };
    process11(wd); // C<T>
}
```

- 至少包含一个非类型模板实参的实参列表的模板；一般形式为 C<i>，其中 C 是类类型，i 是非类型模板实参。

```
template <size_t i>
struct int_array
{
```

```
    int data[i];
};

template<size_t i>
void process12(int_array<i>) { std::cout << "C<i>\n"; }

int main()
{
    int_array<5> ia{};
    process12(ia);  // C<i>
}
```

- 一个模板模板实参,其实参列表至少包含一个类型模板形参;一般形式为 TT<T>,其中 TT 是模板模板形参,T 是类型模板。

```
template<template<typename> class TT, typename T>
void process13(TT<T>) { std::cout << "TT<T>\n"; }

int main()
{
    wrapper<double> wd{ 42.0 };
    process13(wd);      // TT<U>
}
```

- 一个模板模板实参,其实参列表至少包含一个非类型模板实参;一般形式为 TT<i>,其中 TT 是模板模板形参,i 是非类型模板实参。

```
template<template<size_t> typename TT, size_t i>
void process14(TT<i>) { std::cout << "TT<i>\n"; }
int main()
{
    int_array<5> ia{};
    process14(ia);      // TT<i>
}
```

- 一个模板模板实参,其实参列表中没有依赖于模板形参的模板实参;其形式为 TT<C>,其中 TT 是模板模板形参,C 是类类型。

```
template<template<typename> typename TT>
void process15(TT<account_t>) { std::cout << "TT<C>\n"; }

int main()
{
    wrapper<account_t> wa{ {42} };
    process15(wa);      // TT<C>
}
```

虽然编译器能够推导出许多类型的模板形参,如前所述,但它能做的也很有限。下面说明了这些局限性。

- 编译器无法从非类型模板实参的类型推导出类型模板实参的类型。在以下例子中,process 是一个具有两个模板形参的函数模板:一个名为 T 的类型模板参数和一个类型为 T 的非类型模板参数 i。在调用该函数时,使用了一个包含 5 个

double 类型元素的数组，但编译器无法确定 T 的类型，尽管它是指定数组大小的值的类型。在 C++17 之前，编译器无法从非类型模板实参的类型推导出类型模板实参的类型。然而，自 C++17 起，由于引入了类型推导特性，该示例可以成功编译。代码如下：

```
template <typename T, T i>
void process(double arr[i])
{
   using index_type = T;
   std::cout << "processing " << i
             << " doubles" << '\n';

   std::cout << "index type is "
             << typeid(T).name() << '\n';
}

int main()
{
   double arr[5]{};
   process(arr);          // 错误
   process<int, 5>(arr);  // 正确
}
```

- 编译器无法由默认值的类型确定模板实参的类型。这在前面代码中由函数模板 process 举例说明，它有一个单一类型模板形参，但有两个函数形参，都是 T 类型且均有默认值。

  因为编译器无法从函数形参的默认值推导出类型模板形参 T 的类型，process() 调用(无任何实参)失败。process<int>()调用则成功，因为模板实参是显式提供的。process(6)调用也成功，由于可以从提供的实参中推导出第一个函数形参的类型，因此也能推导出类型模板实参。

```
template <typename T>
void process(T a = 0, T b = 42)
{
   std::cout << a << "," << b << '\n';
}

int main()
{
   process();           // [1] 错误
   process<int>();      // [2] 正确
   process(10);         // [3] 正确
}
```

- 尽管编译器可以从指向函数的指针或指向成员函数的指针推导出函数模板实参，但正如之前所见，该功能有一些限制：它无法从指向函数模板的指针推导出实参，也无法从指向具有多个匹配所需类型的重载函数集的函数指针推导出实参。

在前面的代码中，函数模板 invoke 得到一个指向有两个实参的函数指针，第一个形参是类型模板形参 T，第二个形参是 int，并返回 void。该函数模板无法传递指向 alpha 的指针(参见[1]处)，因为它是函数模板，也由于它有多个重载可以匹配类型 T 而无法传递给 beta(参见[2]处)。但是，允许用指向 gamma 的指针调用它(参见[3]处)，它将正确推导出第二个重载的类型。

```
template <typename T>
void invoke(void(*pfun)(T, int))
{
    pfun(T{}, 42);
}

template <typename T>
void alpha(T, int)
{ std::cout << "alpha(T,int)" << '\n'; }

void beta(int, int)
{ std::cout << "beta(int,int)" << '\n'; }
void beta(short, int)
{ std::cout << "beta(short,int)" << '\n'; }

void gamma(short, int, long long)
{ std::cout << "gamma(short,int,long long)" << '\n'; }
void gamma(double, int)
{ std::cout << "gamma(double,int)" << '\n'; }

int main()
{
    invoke(&alpha);   // [1] 错误
    invoke(&beta);    // [2] 错误
    invoke(&gamma);   // [3] 正确
}
```

- 编译器的另一限制是数组第一维的实参推导。原因为这部分不是函数形参类型的组成部分。此限制的例外情况是当维度指向一个引用或一个指针类型时。以下代码说明了这些限制：
    - 由于编译器无法推导非类型模板实参 Size 的值，[1]处调用 process1()错误，因为它指向数组的第一维。
    - [2]处调用 process2()正确，因为非类型模板形参 Size 指向了数组的第二维。
    - 另一方面，process3()([3]处)和 process4()([4]处)的调用均成功，因为函数实参为引用，或为指向一维数组的指针。

```
template <size_t Size>
void process1(int a[Size])
{ std::cout << "process(int[Size])" << '\n'; };

template <size_t Size>
void process2(int a[5][Size])
```

```
{ std::cout << "process(int[5][Size])" << '\n'; };

template <size_t Size>
void process3(int(&a)[Size])
{ std::cout << "process(int[Size]&)" << '\n'; };

template <size_t Size>
void process4(int(*a)[Size])
{ std::cout << "process(int[Size]*)" << '\n'; };

int main()
{
   int arr1[10];
   int arr2[5][10];

   process1(arr1);      // [1] 错误
   process2(arr2);      // [2] 正确
   process3(arr1);      // [3] 正确
   process4(&arr1);     // [4] 正确
}
```

- 若在函数模板形参列表中的表达式里使用了非类型模板实参，则编译器无法推导其值。

在以下代码段中，ncube 是一个类模板，其非类型模板形参 N 表示维数。函数模板 process 也有一个非类型模板形参 N，但它是在其单一形参类型的模板形参列表中的表达式里使用的。因此，编译器无法从函数实参([1]处)的类型推导 N 值，它必须被明确指定([2]处)。

```
template <size_t N>
struct ncube
{
   static constexpr size_t dimensions = N;
};

template <size_t N>
void process(ncube<N - 1> cube)
{
   std::cout << cube.dimensions << '\n';
}

int main()
{
   ncube<5> cube;
   process(cube);          // [1] 错误
   process<6>(cube);       // [2] 正确
}
```

本节讨论的模板实参推导的所有规则也适用于变参函数模板。但是，所讨论的一切都是基于函数模板的上下文。模板实参推导也适用于类模板，我们将在 4.4 节进一步探讨。

4.4 类模板实参推导

在 C++17 之前，模板实参推导只适用于函数而不适用于类。这意味着，当必须实例化类模板时，必须为其提供所有模板实参。下列代码显示了几个例子：

```
template <typename T>
struct wrapper
{
   T data;
};

std::pair<int, double> p{ 42, 42.0 };
std::vector<int>       v{ 1,2,3,4,5 };
wrapper<int>           w{ 42 };
```

通过利用函数模板的模板实参推导，一些标准类型提供了辅助函数，它们可以在不需要显式指定模板实参的情况下创建类型的实例。这些例子有用于 std::pair 的 std::make_pair 和用于 std::unique_ptr 的 std::make_unique。这些辅助函数模板与 auto 关键字配合使用，避免了为类模板指定模板实参的需要。示例如下：

```
auto p = std::make_pair(42, 42.0);
```

尽管不是所有标准类模板都有创建实例的辅助函数，但编写自己的模板并不难。在下面的代码中可以看到 make_vector 函数模板用于创建 std::vector<T> 实例，以及 make_wrapper 函数模板用于创建 wrapper<T>实例。

```
template <typename T, typename... Ts,
          typename Allocator = std::allocator<T>>
auto make_vector(T&& first, Ts&&... args)
{
   return std::vector<std::decay_t<T>, Allocator> {
      std::forward<T>(first),
      std::forward<Ts>(args)...
   };
}

template <typename T>
constexpr wrapper<T> make_wrapper(T&& data)
{
   return wrapper{ data };
}

auto v = make_vector(1, 2, 3, 4, 5);
auto w = make_wrapper(42);
```

C++17 标准通过为类模板提供模板实参推导简化了它们的使用。因此，从 C++17 开始，本节中给出的第一段代码可简化为：

```
std::pair      p{ 42, 42.0 };     // std::pair<int, double>
std::vector    v{ 1,2,3,4,5 };    // std::vector<int>
wrapper        w{ 42 };           // wrapper<int>
```

这是可能的，因为编译器能够从初始化器的类型中推导出模板实参。在本例中，编译器从变量的初始化表达式中推导出模板实参。同时编译器也能够从 new 表达式和函数风格转换表达式中推导出模板实参。示例如下：

```
template <typename T>
struct point_t
{
   point_t(T vx, T vy) : x(vx), y(vy) {}
private:
   T x;
   T y;
};

auto p = new point_t(1, 2);     // [1] point<int>
                                // new 表达式

std::mutex mt;
auto l = std::lock_guard(mt);   // [2]
// std::lock_guard<std::mutex>
// 函数风格转换表达式
```

模板实参推导在类模板中的工作方式与函数模板不同，但它依赖于后者。当编译器在变量声明或函数风格转换中遇到类模板名时，它会继续构建一组所谓的**推导指引**。

存在一些虚构函数模板表示虚构类类型(fictional class type)的构造函数签名。用户还可以提供推导指引，这些指引将添加到编译器生成的指引列表中。如果在构造的虚构函数模板集上重载解析失败(返回类型不是匹配过程的一部分，因为这些函数表示构造函数)，则程序格式不正确并生成错误。否则，所选函数模板特化的返回类型将变为推导出的类模板特化。

为了更好地理解这些内容，我们看一下推导指引的实际模样。下面的代码可以看出编译器为 std::pair 类生成的一些指引。实际列表更长，为简洁起见，这里只列出了其中一些。

```
template <typename T1, typename T2>
std::pair<T1, T2> F();

template <typename T1, typename T2>
std::pair<T1, T2> F(T1 const& x, T2 const& y);

template <typename T1, typename T2, typename U1,
          typename U2>
std::pair<T1, T2> F(U1&& x, U2&& y);
```

这组隐式推导的指引是由类模板的构造函数生成的。它包括默认构造函数、拷贝构造函数、移动构造函数和所有转换构造函数，实参以严格的顺序拷贝。如果构造函数是显式的，那么推导指引也是显式的。但是，如果类模板没有任何用户自定义的构造函数，则将为假定的默认构造函数创建一个推导指引。假定的拷贝构造函数的推导指引始终会被创建。

源代码中可以提供用户自定义的推导指引。语法类似于具有尾返回类型(trailing return type)但无 auto 关键字的函数。推导指引可以是函数或函数模板。需要记住,这些必须在它们所应用的类模板相同的名空间中提供。因此,如果希望为 std::pair 类添加用户自定义的推导指引,则必须在 std 名空间中完成。见下面的例子:

```
namespace std
{
   template <typename T1, typename T2>
   pair(T1&& v1, T2&& v2) -> pair<T1, T2>;
}
```

目前已给出的推导指引均是函数模板。但如前所述,它们不一定是函数模板。它们也可以是普通函数。以下例子说明了这一点:

```
std::pair  p1{1, "one"};       // std::pair<int, const char*>
std::pair  p2{"two", 2};       // std::pair<const char*, int>
std::pair  p3{"3", "three"};
                   // std::pair<const char*, const char*>
```

使用编译器生成的推导指引,std::pair 类推导出的类型是:p1 为 std::pair<int,const char*>,p2 为 std::pair<const char*,int>,p3 为 std::pair<const char*,const char*>。换句话说,编译器在使用字符串字面量时推导出的类型是 const char*(正如人们所期望的)。我们可以告诉编译器通过提供一些用户自定义的推导指引来推导 std::string 而不是 const char*。如下所示:

```
namespace std
{
   template <typename T>
   pair(T&&, char const*) -> pair<T, std::string>;

   template <typename T>
   pair(char const*, T&&) -> pair<std::string, T>;

   pair(char const*, char const*) ->
       pair<std::string, std::string>;
}
```

注意,前两个是函数模板,但第三个是普通函数。有了这些指引,从前面例子中推导出的 p1、p2 和 p3 类型分别为 std::pair<int, std::string>、std::pair<std::string, int>和 std::pair<std::string, std::string>。

让我们再看一个用户自定义指引的例子,这次是针对用户自定义类。考虑以下类模板,它用于建模一个范围。

```
template <typename T>
struct range_t
{
   template <typename Iter>
   range_t(Iter first, Iter last)
```

```
        {
            std::copy(first, last, std::back_inserter(data));
        }
private:
        std::vector<T> data;
};
```

这种实现没有太多意义，但事实上，它足以满足预期。我们考虑你希望从一个整数数组中构造一个范围对象，如下所示。

```
int arr[] = { 1,2,3,4,5 };
range_t r(std::begin(arr), std::end(arr));
```

执行此代码将报错。不同编译器生成的错误消息不同。也许 Clang 的错误信息最能描述问题。

```
error: no viable constructor or deduction guide for deduction
of template arguments of 'range_t'
    range_t r(std::begin(arr), std::end(arr));
    ^
note: candidate template ignored: couldn't infer template
argument 'T'
        range_t(Iter first, Iter last)
        ^
note: candidate function template not viable: requires 1
argument, but 2 were provided
    struct range_t
```

但无论实际的错误消息是什么，其含义都是相同的：range_t 的模板实参推导失败。为了推导可以正常进行，需要提供用户自定义的推导指引，如下所示。

```
template <typename Iter>
range_t(Iter first, Iter last) ->
    range_t<
        typename std::iterator_traits<Iter>::value_type>;
```

该推导指引所指示的是，当遇到使用两个迭代器实参调用构造函数时，模板形参 T 的值应被推导为迭代器特征的值类型。迭代器特征将在第 5 章"类型特征和条件编译"中讨论。因此，有了这个推导指引，前面的代码段可以正常运行，编译器按预期将变量 r 的类型推导为 range_t<int>。

本节开头提供了以下例子，其中 w 的类型被推导为 wrapper<int>。

```
wrapper w{ 42 }; // wrapper<int>
```

在 C++17 中，如果没有用户自定义的推导指引，这实际上是不正确的。原因在于，wrapper<T> 为一个聚合类型，而在 C++17 中，类模板实参推导无法从聚合初始化中起作用。因此，为了使前面的代码正常工作，需要提供以下推导指引。

```
template <typename T>
wrapper(T) -> wrapper<T>;
```

幸运的是，在 C++20 中，不再需要这样的用户自定义推导指引。此标准版本支持聚合类型(只要任何依赖的基类没有虚函数或虚基类，并且变量是从非空的初始化器列表中进行初始化)。

类模板实参推导仅在未提供模板实参的情况下有效。因此，以下 p1 和 p2 的声明均有效，并且将发生类模板实参推导；对于 p2，推断的类型是 std::pair<int,std::string>(假设之前用户自定义的指引可用)。但是，由于没有发生类模板实参推导，p3 和 p4 的声明均产生了错误，尽管存在模板实参列表(<>和<int>)，但它不包含所有必需的实参：

```
std::pair<int, std::string> p1{ 1, "one" };    // 正确
std::pair p2{ 2, "two" };                       // 正确
std::pair<> p3{ 3, "three" };                   // 错误
std::pair<int> p4{ 4, "four" };                 // 错误
```

类模板实参推导可能不会总是产生预期的结果。我们来看以下例子：

```
std::vector v1{ 42 };
std::vector v2{ v1, v1 };
std::vector v3{ v1 };
```

v1 的推导类型是 std::vector<int>，v2 的推导类型是 std::vector<std::vector<int>>。但是，编译器应将 v3 的类型推导成什么呢？有两个选项：std::vector<std::vector<int>>和 std::vector<int>。如果你期望是前者，你会失望地发现编译器实际上推导出了后者。这是因为推导依赖于实参的数量和类型。

当实参数量大于 1 时，它将使用接受初始化器列表的构造函数。对于 v2 变量，即 std::initializer_list<std::vector<int>>。当实参数量为 1 时，则考虑实参的类型。如果考虑到这种显式情况，实参的类型是 std::vector(的特化)，则使用拷贝构造函数，推断的类型为实参的声明类型。这正是变量 v3 的情况，其中推断的类型是 std::vector<int>。否则，将使用接受初始化器列表(具有单一元素)的构造函数，如变量 v1 的情况，其推断类型为 std::vector<int>。这些可以通过 cppinsights.io 工具更好地可视化，它显示了以下生成的代码(用于前面的代码)。注意，为了简洁起见，分配器实参已被删除。

```
std::vector<int> v1 =
   std::vector<int>{std::initializer_list<int>{42}};

std::vector<vector<int>> v2 =
   std::vector<vector<int>>{
      std::initializer_list<std::vector<int>>{
         std::vector<int>(v1),
         std::vector<int>(v1)
      }
   };

std::vector<int> v3 = std::vector<int>{v1};
```

类模板实参推导是 C++17 的实用特性，并在 C++20 中对聚合类型进行了改进。它

有助于在编译器能够推导出不必要的显式模板实参时避免编写这些参数，即使在某些情况下，编译器可能需要用户自定义的推导指引才能推导。它还避免了创建工厂函数的需要，如 std::make_pair 或 std::make_tuple，这些是在模板实参推导用于类模板之前从中受益的一种有效方法。

有关模板实参推导的内容远不止我们目前讨论的这些。

函数模板实参推导存在一种特殊情况，称为转发引用。我们接下来讨论它。

4.5 转发引用

移动语义(**move semantic**)是 C++11 语言中增加的最重要的特性之一，它通过避免不必要的拷贝提高性能。移动语义由另一个称为右值引用(**rvalue reference**)的 C++11 特性提供支持。在讨论这些之前，值得一提的是，在 C++中有如下两种值：

- 左值(**lvalue**)是指向一个内存位置的值，因此，可以使用&运算符得到它们的地址。左值允许出现在赋值表达式的左右侧。
- 右值(**rvalue**)为非左值的值。其定义恰恰相反。右值不指向内存位置，不允许使用 & 运算符得到它们的地址。右值是字面量和临时对象，只出现在赋值表达式的右侧。

注意：

在 C++11 中，还有其他一些值类别，如 glvalue、prvalue 和 xvalue。在这里讨论它们对当前主题受益不多。不过，你可以访问 https://en.cppreference.com/w/cpp/language/value_category 来了解更多有关它们的信息。

引用是已有对象或函数的别名。正如有两种值一样，在 C++11 中也有两种引用：

- 左值引用(**lvalue reference**)，以&表示，如&x，是对左值的引用。
- 右值引用(**rvalue reference**)，以&&表示，如&&x，是对右值的引用。

我们看一些例子以便更好地理解它们。

```
struct foo
{
   int data;
};

void f(foo& v)
{ std::cout << "f(foo&)\n"; }

void g(foo& v)
{ std::cout << "g(foo&)\n"; }

void g(foo&& v)
{ std::cout << "g(foo&&)\n"; }
```

```
void h(foo&& v)
{ std::cout << "h(foo&&)\n"; }

foo x = { 42 };      // x 为左值
foo& rx = x;         // rx 为左值
```

这里有 3 个函数：f、g 和 h。f 接受一个左值引用(即 int&)；g 有两个重载，一个用于左值引用，另一个用于右值引用(即 int&&)；h 接受一个右值引用。同时还有两个变量 x 和 rx。本例中 x 是左值，其类型为 foo。我们可以使用 &x 获取它的地址。rx 是一个左值引用，其类型为 foo&。现在看看如何调用函数 f、g 和 h。

```
f(x);            // f(foo&)
f(rx);           // f(foo&)
f(foo{42});      // 错误：非 const 引用
                 // 只能绑定到左值
```

由于 x 和 rx 均是左值，因此允许将它们传递给 f，因为此函数接受一个左值引用。但是，foo{42} 为一个临时对象，因为它在调用 f 的上下文之外并不存在。这意味着，它是一个右值，如果将其传递给 f 将导致编译错误，因为函数形参的类型是 foo&，非常量引用只能绑定到左值。如果将 f 函数更改为 f(int const &v)，这可以正常工作。我们接下来讨论函数 g：

```
g(x);            // g(foo&)
g(rx);           // g(foo&)
g(foo{ 42 });    // g(foo&&)
```

在前面的代码中，使用 x 或 rx 调用 g 将解析为第一个重载，它接受一个左值引用。但是，使用 foo{42}(一个临时对象，因此是右值)调用它，将解析为第二个重载，它接受一个右值引用。如果对 h 函数进行相同的调用，将发生什么？

```
h(x);             // 错误，无法将左值绑定到右值引用
h(rx);            // 错误
h(foo{ 42 });     // h(foo&&)
h(std::move(x));  // h(foo&&)
```

该函数接受一个右值引用。尝试传递 x 或 rx 给它将导致编译错误，因为无法绑定左值到右值引用。表达式 foo{42} 是一个右值，可以作为实参传递。若 x 的语义从左值改为右值，也可以将其传递给函数 h。这可以通过 std::move 完成。该函数实际上不会移动任何东西；它只是进行从左值到右值的转换。

然而，重要的是要理解将右值传递给函数有两个目的：对象是临时的，在调用之外不存在，允许函数对它做任何事情；或者函数应接管已接收对象的所有权。这是移动构造函数和移动赋值运算符的目的，而且很少看到其他函数接受右值引用。前面最后一个例子的函数 h 中，形参 v 是一个左值，但它绑定到一个右值。变量 x 在调用 h 之外存在，

但通过 std::move 传递给它后则变成了一个右值。在调用 h 返回后，它仍作为左值存在，但你应假定函数 h 对它进行了某些操作，其状态可以是任意状态。

因此，右值引用的一个目的是启用移动语义。但它还有另一个目的，即启用完美转发(**perfect forwarding**)。为了理解这一点，考虑前面函数 g 和 h 修改后的情况，代码如下。

```
void g(foo& v)   { std::cout << "g(foo&)\n"; }
void g(foo&& v)  { std::cout << "g(foo&&)\n"; }

void h(foo& v)   { g(v); }
void h(foo&& v)  { g(v); }
```

本例中，函数 g 的实现与前面看到的完全一致。然而，函数 h 有两个重载，一个接受左值引用并调用函数 g，另一个接受右值引用也调用函数 g。换句话说，函数 h 只是将实参转发给函数 g。代码如下：

```
foo x{ 42 };
h(x);            // g(foo&)
h(foo{ 42 });    // g(foo&)
```

由此可以期望，调用 h(x) 将导致调用接受左值引用的函数 g 重载，而调用 h(foo{42}) 将导致调用接受右值引用的函数 g 重载。但是，事实上，它们都会调用函数 g 的第一个重载，因此最终会将 g(foo&) 输出到控制台。一旦你了解了引用的工作原理，就很容易理解：在上下文 h(foo&& v) 中，形参 v 实际上是左值(它有名称，可以取其地址)，因此用它调用函数 g 会调用接受左值引用的重载。为了使其工作符合预期，我们需要修改函数 h 的实现，如下所示。

```
void h(foo& v)   { g(std::forward<foo&>(v)); }
void h(foo&& v)  { g(std::forward<foo&&>(v)); }
```

std::forward 是一个用于正确转发值的函数。它的作用如下：
- 若实参是左值引用，那么函数行为类似调用 std::move(将语义从左值更改为右值)。
- 若实参是右值引用，那么它什么也不做。

目前已讨论的所有内容都与本书主题"模板"无关。但是，函数模板也可用于接受左值引用和右值引用，了解它们在非模板场景中的工作原理十分重要。这是由于在模板中右值引用的工作方式稍有不同，有时它们是右值引用，但有时它们则是左值引用。

体现这种行为的引用称为转发引用(**forwarding reference**)。然而，它们通常被称为通用引用(**universal reference**)。此术语是 Scott Meyers 在 C++11 之后创造的，当时标准中还没有这种引用类型的术语。为了解决这一不足，并由于 C++ 标准委员会认为"通用引用"一词没有恰当描述它们的语义，因此，在 C++14 中将这些转发引用称为转发引用。但是，这两个术语在文献中均同样存在。为了尊重标准术语，我们在本书中将它们称为转发引用。

在开始讨论转发引用前,请考虑以下重载函数模板和类模板。

```cpp
template <typename T>
void f(T&& arg)                    // 转发引用
{ std::cout << "f(T&&)\n"; }

template <typename T>
void f(T const&& arg)              // 右值引用
{ std::cout << "f(T const&&)\n"; }

template <typename T>
void f(std::vector<T>&& arg)       // 右值引用
{ std::cout << "f(vector<T>&&)\n"; }

template <typename T>
struct S
{
    void f(T&& arg)                // 右值引用
    { std::cout << "S.f(T&&)\n"; }
};
```

可以按以下方式调用它们:

```cpp
int x = 42;
f(x);                       // [1] f(T&&)
f(42);                      // [2] f(T&&)

int const cx = 100;
f(cx);                      // [3] f(T&&)
f(std::move(cx));           // [4] f(T const&&)

std::vector<int> v{ 42 };
f(v);                       // [5] f(T&&)
f(std::vector<int>{42});    // [6] f(vector<T>&&)

S<int> s;
s.f(x);                     // [7] 错误
s.f(42);                    // [8] S.f(T&&)
```

从这段代码中,可以注意到:

- [1]和[2]处使用左值或右值调用 f 将解析为第一个重载 f(T&&)。
- [3]处使用常量左值调用 f 也将解析为第一个重载,但使用[4]处的常量右值调用 f 将解析为第二个重载 f(T const&&),因为它更匹配。
- [5]处使用左值 std::vector 对象调用 f 将解析为第一个重载,但[6]处使用右值 std::vector 对象调用 f 则将解析为第三个重载 f(vector<T>&&),因为它更匹配。
- [7]处使用左值调用 S::f 是错误的,因为左值不能绑定到右值引用,但[8]处使用右值调用它则是正确的。

本例中所有函数 f 的重载都接受右值引用。然而,第一个重载中的&&并不一定意味着右值引用。如果传递了右值，则表示右值引用；如果传递了左值，则表示左值引用。这种引用称为**转发引用**。但是，转发引用仅存在于对模板形参的右值引用的上下文中。它必须具有 T&& 的形式，无其他形式。T const&&或 std::vector<T>&& 并不是转发引用，而是常见的右值引用。同样，类模板 S 的 f 函数成员中的 T&&也是右值引用，因为 f 不是模板，而是类模板的非模板成员函数，因此转发引用的此规则不适用。

转发引用是函数模板实参推导的一个特例，之前在本章中已讨论过此话题。它们的目的是通过模板启用完美转发，这是由一个名为引用折叠(**reference collapsing**)的 C++11 新特性实现的。在介绍它们如何解决完美转发问题之前，我们先来讨论以下内容。

在 C++11 之前，不能将引用作为另一个引用的引用。但是，在 C++11 中，对于 typedef 和模板来说，这是可能的。以下是一个例子：

```
using lrefint = int&;
using rrefint = int&&;
int x = 42;
lrefint&  r1 = x; // r1 的类型是 int&
lrefint&& r2 = x; // r2 的类型是 int&
rrefint&  r3 = x; // r3 的类型是 int&
rrefint&& r4 = 1; // r4 的类型是 int&&
```

规则很简单：右值引用一个右值引用会折叠为一个右值引用；所有其他组合都将合并为一个左值引用。如表 4-2 所示。

表 4-2　引用折叠规则

类型	引用类型	变量类型
T&	T&	T&
T&	T&&	T&
T&&	T&	T&
T&&	T&&	T&&

表 4-3 所示的任何其他组合都不涉及引用折叠规则。上述规则仅适用于两种类型均为引用的情况。

表 4-3　非引用折叠规则

类型	引用类型	变量类型
T	T	T
T	T&	T&
T	T&&	T&&
T&	T	T&
T&&	T	T&&

转发引用不仅适用于模板,也适用于自动推导规则。当存在 auto&&时,它表示转发引用。这同样不适用于其他任何情况,如 auto const&&这样的 const volatile 限定形式。以下是一些示例:

```
int x = 42;
auto&& rx = x;           // [1] int&
auto&& rc = 42;          // [2] int&&
auto const&& rcx = x;    // [3] 错误

std::vector<int> v{ 42 };
auto&& rv = v[0];        // [4] int&
```

在前两个示例中,rx 和 rc 都是转发引用,分别绑定到左值和右值。但是,rcx 是一个右值引用,因为 auto const&&不表示转发引用。因此,尝试将其绑定到左值是错误的。同样,rv 是一个转发引用,它被绑定到一个左值。

如前所述,转发引用的目的是启用完美转发。我们之前已经在非模板上下文中看到了完美转发的概念。但是,它的工作方式类似于模板。为了证明它,将函数 h 重新定义为模板函数。它看起来是这样的:

```
void g(foo& v)   { std::cout << "g(foo&)\n"; }
void g(foo&& v)  { std::cout << "g(foo&&)\n"; }

template <typename T> void h(T& v)   { g(v); }
template <typename T> void h(T&& v)  { g(v); }

foo x{ 42 };
h(x);              // g(foo&)
h(foo{ 42 });      // g(foo&)
```

函数 g 重载的实现是相同的,但函数 h 的重载现在是函数模板。但是,使用一个左值和一个右值调用函数 h 实际上将解析为对函数 g 的重复调用,第一个重载使用一个左值。这是由于在函数 h 的上下文中,v 是一个左值,因此将其传递给函数 g 将使用左值调用重载。

该问题的解决方案与我们在讨论模板之前看到的是相同的。但是,有一个区别:我们不再需要两个重载,而是需要单一的接受转发引用的重载。

```
template <typename T>
void h(T&& v)
{
    g(std::forward<T>(v));
}
```

此实现使用 std::forward 将左值作为左值传递,将右值作为右值传递。它同样适用于变参函数模板。以下是创建 std::unique_ptr 对象的 std::make_unique 函数的概念实现。

```
template<typename T, typename... Args>
std::unique_ptr<T> make_unique(Args&&... args)
{
```

```
    return std::unique_ptr<T>(
            new T(std::forward<Args>(args)...));
}
```

总结本节内容,转发引用(也称为**通用引用**)基本上是函数模板实参的特殊推导规则。它们基于引用折叠规则,目的是启用完美转发。通过保留其值语义将引用传递给另一个函数:右值应作为右值传递,左值应作为左值传递。

接下来讨论 decltype 说明符。

4.6 decltype 说明符

C++11 引入该说明符,用于返回一个表达式的类型。它通常和 auto 说明符共同使用于模板中。它们可共同用于声明函数模板的返回类型,该类型依赖于其模板实参;或者用于声明一个函数的返回类型,该函数封装另一个函数并返回执行被封装函数的结果。

decltype 说明符在模板代码中的使用不受限制。它可以与不同的表达式一起使用,并且根据表达式产生不同的结果。规则如下:

(1) 若表达式是标识符或类成员访问,则结果是表达式命名的实体类型。若实体不存在,或者它是一个具有重载集的函数(存在多个同名函数),则编译器将报错。

(2) 若表达式是函数调用或重载运算符函数,则结果是函数的返回类型。若重载运算符被封装在圆括号中,则它们将被忽略。

(3) 若表达式是左值,则结果类型是对表达式类型的左值引用。

(4) 若表达式是其他,则结果类型就是表达式的类型。

为了更好地理解以上规则,我们先来看一组示例。在示例中,我们将考虑在 decltype 表达式中使用的下列函数和变量。

```
int f() { return 42; }
int g() { return 0; }
int g(int a) { return a; }

struct wrapper
{
   int val;
   int get() const { return val; }
};

int a = 42;
int& ra = a;
const double d = 42.99;
long arr[10];
long l = 0;
char* p = nullptr;
char c = 'x';
```

```
wrapper w1{ 1 };
wrapper* w2 = new wrapper{ 2 };
```

下列代码清单显示了 decltype 说明符的多种用途。每种情况适用的规则以及推导的类型在每行注释上均有说明。

```
decltype(a) e1;                // R1, int
decltype(ra) e2 = a;           // R1, int&
decltype(f) e3;                // R1, int()
decltype(f()) e4;              // R2, int
decltype(g) e5;                // R1, error
decltype(g(1)) e6;             // R2, int
decltype(&f) e7 = nullptr;     // R4, int(*)()
decltype(d) e8 = 1;            // R1, const double
decltype(arr) e9;              // R1, long[10]
decltype(arr[1]) e10 = 1;      // R3, long&
decltype(w1.val) e11;          // R1, int
decltype(w1.get()) e12;        // R1, int
decltype(w2->val) e13;         // R1, int
decltype(w2->get()) e14;       // R1, int
decltype(42) e15 = 1;          // R4, int
decltype(1 + 2) e16;           // R4, int
decltype(a + 1) e17;           // R4, int
decltype(a = 0) e18 = a;       // R3, int&
decltype(p) e19 = nullptr;     // R1, char*
decltype(*p) e20 = c;          // R3, char&
decltype(p[0]) e21 = c;        // R3, char&
```

我们不会详细阐述所有这些声明。根据指定规则，这些声明中的大多数都相对容易遵循。然而，有几点需要注意，以便澄清一些推导出的类型。

- decltype(f)只命名具有重载集的函数，因此规则 1 适用。decltype(g)也命名了一个函数，但它有一个重载集。因此，规则1适用，编译器将产生一个错误。
- decltype(f()) 和 decltype(g(1))都对表达式使用函数调用，因此第二条规则适用，即使函数 g 有一个重载集，声明也是正确的。
- decltype(&f) 使用函数 f 的地址，因此第四条规则适用，产生 int(*)()。
- decltype(1+2)和 decltype(a+1)使用返回一个右值的重载运算符+，因此第四条规则适用。其结果是 int。但是，decltype(a =1)使用返回左值的赋值运算符，因此第三条规则适用，产生左值引用 int&。

decltype 说明符定义了一个未求值的上下文(**unevaluated context**)。这意味着不会对和说明符一起使用的表达式进行计算，因为此说明符仅查询其操作数的属性。以下代码中体现了这一点，即赋值 a=1 与 decltype 说明符一起用于声明变量 e，但在声明之后，a 值即为初始化它的值。

```
int a = 42;
decltype(a = 1) e = a;
std::cout << a << '\n';    // 输出 42
```

涉及模板实例化，此规则有一个例外情况。当和 decltype 说明符一起使用的表达式包含一个模板时，模板会在编译时计算表达式之前被实例化。

```
template <typename T>
struct wrapper
{
   T data;
};

decltype(wrapper<double>::data) e1;  // double

int a = 42;
decltype(wrapper<char>::data, a) e2; // int&
```

e1 的类型是 double，wrapper<double> 被实例化以便进行推导。另一方面，e2 的类型是 int&(因为变量 a 是一个左值)。但是，即使类型仅从变量 a 推导出来(由于使用了逗号运算符)，wrapper<char> 在这里也会被实例化。

前面提到的规则并不是用于确定类型的唯一规则。还有一些规则用于数据成员访问。如下所示：

- 在 decltype 表达式中使用的对象的 const 或 volatile 说明符不会对推导出的类型产生影响。
- 对象或指针表达式是左值还是右值不会影响推导出的类型。
- 若数据成员访问表达式用圆括号括起来，如 decltype((expression))，则前两条规则不适用。对象的 const 或 volatile 限定符确实会影响推导出的类型，包括对象值。

以下代码演示了此清单中的前两条规则。

```
struct foo
{
   int          a = 0;
   volatile int b = 0;
   const int    c = 42;
};

foo f;
foo const cf;
volatile foo* pf = &f;

decltype(f.a) e1 = 0;        // int
decltype(f.b) e2 = 0;        // int volatile
decltype(f.c) e3 = 0;        // int const

decltype(cf.a) e4 = 0;       // int
decltype(cf.b) e5 = 0;       // int volatile
decltype(cf.c) e6 = 0;       // int const

decltype(pf->a) e7 = 0;      // int
decltype(pf->b) e8 = 0;      // int volatile
decltype(pf->c) e9 = 0;      // int const
```

```
decltype(foo{}.a) e10 = 0;   // int
decltype(foo{}.b) e11 = 0;   // int volatile
decltype(foo{}.c) e12 = 0;   // int const
```

每种情况的推导类型见右侧注释。当表达式用圆括号括起来时，这两条规则是相反的。代码如下：

```
foo f;
foo const cf;
volatile foo* pf = &f;

int x = 1;
int volatile y = 2;
int const z = 3;

decltype((f.a)) e1 = x;         // int&
decltype((f.b)) e2 = y;         // int volatile&
decltype((f.c)) e3 = z;         // int const&

decltype((cf.a)) e4 = x;        // int const&
decltype((cf.b)) e5 = y;        // int const volatile&
decltype((cf.c)) e6 = z;        // int const&

decltype((pf->a)) e7 = x;       // int volatile&
decltype((pf->b)) e8 = y;       // int volatile&
decltype((pf->c)) e9 = z;       // int const volatile&

decltype((foo{}.a)) e10 = 0;    // int&&
decltype((foo{}.b)) e11 = 0;    // int volatile&&
decltype((foo{}.c)) e12 = 0;    // int const&&
```

本例中，和 decltype 一起用于声明变量 e1 到 e9 的所有表达式都是左值，因此推导出的类型是左值引用。另一方面，用于声明变量 e10、e11 和 e12 的表达式是右值；因此，推导出的类型是右值引用。此外，cf 是一个常量对象，foo::a 的类型为 int。因此，结果类型为 const int&。同样，foo::b 的类型为 volatile int；因此，结果类型是 const volatile int&。

这些只是这段代码中的一些例子，其他例子都遵循相同的推导规则。

由于 decltype 是一个类型说明符，因此会忽略冗余的 const 和 volatile 限定符以及引用说明符。下面的例子证实了这一点：

```
int a = 0;
int& ra = a;
int const c = 42;
int volatile d = 99;

decltype(ra)& e1 = a;           // int&
decltype(c) const e2 = 1;       // int const
decltype(d) volatile e3 = 1;    // int volatile
```

到目前为止，我们已经在本节中学习了 decltype 说明符的工作原理。但是，它的实际目的是在模板中使用,其中函数返回值取决于其模板实参,这在实例化前是未知的。为了更好地理解,我们来看一个例子,即返回至少两个值的函数模板。

```
template <typename T>
T minimum(T&& a, T&& b)
{
   return a < b ? a : b;
}
```

可以这样使用它:

```
auto m1 = minimum(1, 5);           // 正确
auto m2 = minimum(18.49, 9.99);    // 正确
auto m3 = minimum(1, 9.99);
                   // 错误,实参类型不同
```

前两个调用都是正确的,因为提供的实参类型都相同。然而,第三次调用将产生编译错误,因为实参的类型不同。为了实现这一点,需要将整数值转换为 double。然而,还有一种选择:可以编写一个函数模板,它接受两个可能不同类型的实参,并返回这两个实参中的最小值。如下所示:

```
template <typename T, typename U>
??? minimum(T&& a, U&& b)
{
   return a < b ? a : b;
}
```

问题在于,其返回类型是什么?这可以有不同的实现,依赖于所使用的标准库版本。

C++11 中可使用带有尾返回类型的 auto,并使用 decltype 说明符从表达式中推导出返回类型。如下所示:

```
template <typename T, typename U>
auto minimum(T&& a, U&& b) -> decltype(a < b ? a : b)
{
   return a < b ? a : b;
}
```

在 C++14 及更新版本可以对此进行简化。尾返回类型不再是必需的。代码简化为:

```
template <typename T, typename U>
decltype(auto) minimum(T&& a, U&& b)
{
   return a < b ? a : b;
}
```

代码可以更加精简,只需要将 auto 用于返回类型,如下所示。

```
template <typename T, typename U>
auto minimum(T&& a, U&& b)
{
   return a < b ? a : b;
}
```

虽然 decltype(auto) 和 auto 在本例中看上去效果一致，但实际情况并非总是如此。如果 T 和 U 都是左值，decltype(auto)将得到左值结果，这与 auto 不同！考虑以下例子，一个返回引用的函数，另一个调用它的函数完美转发了实参。

```
template <typename T>
T const& func(T const& ref)
{
   return ref;
}

template <typename T>
auto func_caller(T&& ref)
{
   return func(std::forward<T>(ref));
}

int a = 42;
decltype(func(a))         r1 = func(a);              // int const&
decltype(func_caller(a))  r2 = func_caller(a);       // int
```

函数 func 返回一个引用，func_caller 应该对这个函数进行完美转发。通过使用 auto 作为返回类型，它在前面代码中被推导为 int(见变量 r2)。为了能够完美转发返回类型，必须使用 decltype(auto)，如下所示。

```
template <typename T>
decltype(auto) func_caller(T&& ref)
{
   return func(std::forward<T>(ref));
}

int a = 42;
decltype(func(a))         r1 = func(a);              // int const&
decltype(func_caller(a))  r2 = func_caller(a);       // int const&
```

此处的结果符合预期，r1 和 r2 的类型都是 int const&。

正如我们所见，decltype 是一个类型说明符，用于推导表达式的类型。它可以用于不同的上下文，但其目的是让模板确定函数的返回类型，并保证其完美转发。跟 decltype 一起出现的另一特性是 std::declval，我们将在 4.7 节介绍。

4.7　std::declval 类型运算符

std::declval 是一个对类型进行操作的工具函数，包含在头文件 <utility> 中。它与我们所见的 std::move 和 std::forward 等函数属于同一种类。它很简单：它向其类型模板实参添加了一个右值引用。函数声明如下：

```
template<class T>
typename std::add_rvalue_reference<T>::type declval() noexcept;
```

此函数没有定义，因此无法直接调用。它只用于**未求值的上下文**(decltype、sizeof、typeid 和 noexcept)。这些是仅在编译时使用的上下文，在运行时不求值。std::declval 的目的是促使依赖类型求值，适用于那些无默认构造函数的类型，或是虽有默认构造函数但无法访问(因为它是私有的或受保护的)的类型。

为了理解其工作原理，考虑一个类模板，它可以组合两个不同类型的值，我们希望创建一个类型别名，表示将加号运算符应用于这两种类型的两个值后的结果。如何定义这样的类型别名？我们来看以下形式：

```
template <typename T, typename U>
struct composition
{
   using result_type = decltype(???);
};
```

允许使用 decltype 说明符，但需要提供一个表达式。不能写成 decltype(T+U)，因为 T 和 U 是类型，不是值。我们可以调用默认构造函数，因此可以使用表达式 decltype(T{}+U{})。这对于 int 和 double 等内建类型可以很好地工作，如下所示。

```
static_assert(
   std::is_same_v<double,
                  composition<int, double>::result_type>);
```

它也可以用于带有(可访问的)默认构造函数的类型。但它不适用于无默认构造函数的类型。下面的类型 wrapper 就是这样一个例子：

```
struct wrapper
{
   wrapper(int const v) : value(v){}

   int value;

   friend wrapper operator+(int const a, wrapper const& w)
   {
      return wrapper(a + w.value);
   }

   friend wrapper operator+(wrapper const& w, int const a)
   {
      return wrapper(a + w.value);
   }
};

// 错误，没有合适的默认构造函数可用
static_assert(
   std::is_same_v<wrapper,
                  composition<int,wrapper>::result_type>);
```

这里的解决方案是使用 std::declval()。类模板组合的实现将有如下变化：

```
template <typename T, typename U>
struct composition
```

```
   using result_type = decltype(std::declval<T>() +
                                std::declval<U>());
};
```

经此修改,之前显示的两个静态断言在编译时将不会有任何错误。此函数避免了使用特定值确定表达式类型的需要。它生成一个 T 类型的值,无须调用默认构造函数。它返回右值引用的原因是允许处理无法从函数返回的类型,如数组和抽象类型。

之前的 wrapper 类定义包含两个友元运算符。当涉及模板时,友元关系有一些特殊性。我们将在 4.8 节讨论它。

4.8 理解模板中的友元关系

定义一个类时,可以使用 protected 和 private 访问说明符限制对其成员数据和成员函数的访问。如果一个成员是私有的,则只能在类内访问它。如果一个成员是受保护的,则可以从具有公共或受保护访问权限的派生类中访问它。但是,类可以在关键字 friend 的帮助下将其私有或受保护成员的访问权限授予其他函数或类。这些被授予特殊访问权限的函数或类称为友元(**friend**)。我们来看一个简单的例子:

```
struct wrapper
{
   wrapper(int const v) :value(v) {}
private:
   int value;

   friend void print(wrapper const & w);
};

void print(wrapper const& w)
{ std::cout << w.value << '\n'; }

wrapper w{ 42 };
print(w);
```

wrapper 类有一个名为 value 的私有数据成员。有一个名为 print 的自由函数,它接受一个 wrapper 类型的实参,并将已封装的值打印到控制台。然而,为了能够访问它,该函数被声明为 wrapper 类的友元。

这里不会关注友元关系对非模板的作用方式。你应熟悉此功能,以便在模板上下文中继续讨论它。涉及模板时,情况变得有些复杂。我们将借助一些例子研究该问题。让我们从以下例子开始:

```
struct wrapper
{
   wrapper(int const v) :value(v) {}
private:
   int value;
```

```
    template <typename T>
    friend void print(wrapper const&);

    template <typename T>
    friend struct printer;
};

template <typename T>
void print(wrapper const& w)
{ std::cout << w.value << '\n'; }

template <typename T>
struct printer
{
   void operator()(wrapper const& w)
   { std::cout << w.value << '\n'; }
};

wrapper w{ 42 };
print<int>(w);
print<char>(w);
printer<int>()(w);
printer<double>()(w);
```

函数 print 是一个函数模板。它有一个类型模板形参，但实际上并没有在任何地方使用。这似乎有些奇怪，但它是一个有效的代码，需要通过指定模板实参调用它。然而，它有助于我们阐明一个观点：print 的任何模板实例化，无论模板实参如何，都可以访问 wrapper 类的私有成员。注意用于将其声明为 wrapper 类的友元语法：它使用模板语法。这同样适用于类模板 printer。它被声明为 wrapper 类的友元，任何模板实例化，无论模板实参如何，都可以访问它的私有成员。

如果我们只希望限制对这些模板的某些实例的访问，又该怎么办？比如如何只对 int 类型进行特化？可以将这些特化声明为友元，如下所示。

```
struct wrapper;

template <typename T>
void print(wrapper const& w);

template <typename T>
struct printer;

struct wrapper
{
   wrapper(int const v) :value(v) {}
private:
   int value;

   friend void print<int>(wrapper const&);
   friend struct printer<int>;
};
```

```
template <typename T>
void print(wrapper const& w)
{ std::cout << w.value << '\n'; /* 错误 */ }

template <>
void print<int>(wrapper const& w)
{ std::cout << w.value << '\n'; }

template <typename T>
struct printer
{
   void operator()(wrapper const& w)
   { std::cout << w.value << '\n'; /* 错误 */ }
};

template <>
struct printer<int>
{
   void operator()(wrapper const& w)
   { std::cout << w.value << '\n'; }
};

wrapper w{ 43 };
print<int>(w);
print<char>(w);
printer<int>()(w);
printer<double>()(w);
```

此代码段中，wrapper 类与前面的相同。对于 print 函数模板和 printer 类模板，我们都有一个主模板和 int 类型的完全特化。只有 int 实例化被声明为 wrapper 类的友元。试图访问主模板中 wrapper 类的私有部分会引发编译错误。

在这些例子中，向其私有部分授予友元关系的类是一个非模板类。但是类模板也可以声明友元。让我们看看在这种情况下它是如何工作的。

从一个类模板和一个非模板函数的例子开始。

```
template <typename T>
struct wrapper
{
   wrapper(T const v) :value(v) {}
private:
   T value;

   friend void print(wrapper<int> const&);
};

void print(wrapper<int> const& w)
{ std::cout << w.value << '\n'; }
void print(wrapper<char> const& w)
{ std::cout << w.value << '\n'; /* 错误 */ }
```

在该实现中，wrapper 类模板声明了一个接受 wrapper<int> 作为形参的 print 函数的重载作为友元。因此，在这个重载函数中，可以访问私有数据成员 value，但在任何其他重载中则无法访问。当友元函数或类是一个模板并且只希望一个特化来访问私有部分时，也会发生类似的情况。我们来看以下代码：

```cpp
template <typename T>
struct printer;

template <typename T>
struct wrapper
{
   wrapper(T const v) :value(v) {}
private:
   T value;

   friend void print<int>(wrapper<int> const&);
   friend struct printer<int>;
};

template <typename T>
void print(wrapper<T> const& w)
{ std::cout << w.value << '\n'; /* 错误 */ }

template<>
void print(wrapper<int> const& w)
{ std::cout << w.value << '\n'; }

template <typename T>
struct printer
{
   void operator()(wrapper<T> const& w)
   { std::cout << w.value << '\n'; /* 错误 */ }
};
template <>
struct printer<int>
{
   void operator()(wrapper<int> const& w)
   { std::cout << w.value << '\n'; }
};
```

wrapper 类模板的这种实现为 print 函数模板和 printer 类模板的 int 特化赋予了友元关系。尝试访问主模板(或任何其他特化)中的私有数据成员 value 将引发编译错误。

如果目的是 wrapper 类模板获得对 print 函数模板或 printer 类模板的任何实例化的友元访问，那么语法如下所示。

```cpp
template <typename T>
struct printer;

template <typename T>
struct wrapper
{
   wrapper(T const v) :value(v) {}
private:
   T value;
```

```
    template <typename U>
    friend void print(wrapper<U> const&);

    template <typename U>
    friend struct printer;
};
template <typename T>
void print(wrapper<T> const& w)
{  std::cout << w.value << '\n'; }

template <typename T>
struct printer
{
   void operator()(wrapper<T> const& w)
   {  std::cout << w.value << '\n';  }
};
```

请注意，在声明友元时，语法是 template <typename U>而非 template <typename T>。模板形参名称 U 可以是除 T 之外的任何名称。这将掩盖 wrapper 类模板的模板形参的名字，而这将是一个错误。请记住，使用此语法，任何 print 或 printer 的特化都可以访问 wrapper 类模板的任何特化的私有成员。如果希望只有满足 wrapper 类模板实参的友元的特化才能访问其私有部分，则必须使用以下语法。

```
template <typename T>
struct wrapper
{
   wrapper(T const v) :value(v) {}
private:
   T value;

   friend void print<T>(wrapper<T> const&);
   friend struct printer<T>;
};
```

这与我们之前看到的类似，当时只授予 int 的特化访问，但现在适用于与 T 匹配的任何特化。

除了这些情况，类模板还可以向类型模板形参授予友元关系。下面的例子阐述了这一点：

```
template <typename T>
struct connection
{
   connection(std::string const& host, int const port)
      :ConnectionString(host + ":" + std::to_string(port))
   {}
private:
   std::string ConnectionString;
   friend T;
};
```

```
struct executor
{
    void run()
    {
        connection<executor> c("localhost", 1234);

        std::cout << c.ConnectionString << '\n';
    }
};
```

connection 类模板有一个名为 ConnectionString 的私有数据成员。类型模板形参 T 是类的友元。executor 类使用 connection<executor> 实例化，这意味着 executor 类型是模板实参，它受益于与 connection 类的友元关系，因此它可以访问私有数据成员 ConnectionString。

正如所有这些例子中所看到的，与模板的友元关系与非模板实体之间的友元关系略有不同。记住，友元可以访问类的所有非公有成员。因此，友元应谨慎使用。另一方面，如果你需要授予一些私有成员访问权限，而非全部，这可以从委托人-律师模式 (**client-attorney pattern**)获得帮助。此模式允许你控制对类私有部分的访问粒度。可以从以下网址了解到关于该模式的更多信息：https://en.wikibooks.org/wiki/More_C%2B%2B_Idioms/Friendship_and_the_Attorney-Client。

4.9 总结

本章讨论了一系列高级主题。我们从名称绑定和依赖名称开始，学习了如何使用 typename 和 template 关键字来告诉编译器我们引用的是哪种依赖名称。然后，我们学习了递归模板以及如何使用不同方法为递归函数实现编译时版本。

本章介绍了函数模板和类模板的实参推导，以及如何在用户自定义的推导指引的帮助下帮助编译器完成后者(类模板)。本章涵盖的一个重要主题是转发引用以及它们如何帮助我们实现完美转发。在本章最后还学习了 decltype 类型说明符、std::declvalue 类型工具，以及友元关系在类模板上下文中的工作原理。

第 5 章将开始使用目前积累的有关模板的知识进行模板元编程，这大致上是编写编译期计算的代码。

4.10 问题

1. 何时进行名称查找？
2. 什么是推导指引？

3. 什么是转发引用？
4. decltype 的作用是什么？
5. std::declval 的作用是什么？

第5章
类型特征和条件编译

类型特征(**type trait**)是一种重要的元编程技术，允许在编译时检查类型的属性或执行类型的转换。类型特征自身就是模板，可以把它们看作元类型。了解类型的性质、支持的操作及其各种属性等信息是执行模板代码条件编译的关键。在编写模板库时，它也十分有用。

在本章中，你将学习以下内容：
- 理解和定义类型特征
- 理解 SFINAE 及其目的
- 用 enable_if 类型特征启用 SFINAE
- 使用 constexpr if
- 探索标准库类型特征
- 查看使用类型特征的实际例子

在本章结束时，你将很好地了解什么是类型特征，它们的用途，以及 C++标准库中提供了哪些类型特征。

我们将从了解什么是类型特征以及它们如何帮助我们开始本章的学习之旅。

5.1 理解和定义类型特征

简而言之，**类型特征**是包含一个常量值的小型类模板，其值表示我们对某个类型所提问题的答案。举一个此类问题的例子：这种类型是浮点类型吗？构建提供类型信息的类型特征的技术依赖于模板特化：我们定义一个主模板以及一个或多个特化。

让我们看看如何构建一个类型特征，以便在编译时告诉我们一个类型是否为浮点类型。

```
template <typename T>
struct is_floating_point
{
   static const bool value = false;
};

template <>
struct is_floating_point<float>
{
   static const bool value = true;
};

template <>
struct is_floating_point<double>
{
   static const bool value = true;
};

template <>
struct is_floating_point<long double>
{
   static const bool value = true;
};
```

这里有两个要注意的事项:
- 我们定义了一个主模板以及几个完全特化,每个浮点类型对应一个。
- 主模板有一个使用 false 值初始化的 static const 布尔成员;完全特化会将此成员值设置为 true。

构建类型特征不过如此。is_floating_point<T> 是一个类型特征,它告诉我们一个类型是否是浮点类型。代码如下所示:

```
int main()
{
   static_assert(is_floating_point<float>::value);
   static_assert(is_floating_point<double>::value);
   static_assert(is_floating_point<long double>::value);
   static_assert(!is_floating_point<int>::value);
   static_assert(!is_floating_point<bool>::value);
}
```

上述代码证明我们已正确地构建了类型特征。但它并没有展示一个真实的使用场景。为了使这种类型特征变得真正有用,需要在编译时用它处理所提供的信息。

假设希望构建一个函数来处理浮点数值。有多种浮点类型,如 float、double 和 long double。为了避免编写多个实现,将其构建为模板函数。但是,这也意味着实际上可以将其他类型作为模板实参传递,因此需要一种方法防止这种情况发生。一个简单的解决方案是使用前面看到的 static_assert() 语句,如果用户提供的值不是浮点数值,则编译器会报错。代码如下所示:

```
template <typename T>
void process_real_number(T const value)
```

```
{
    static_assert(is_floating_point<T>::value);

    std::cout << "processing a real number: " << value
              << '\n';
}

int main()
{
    process_real_number(42.0);
    process_real_number(42);   // 错误：静态断言失败
}
```

这个例子很简单，但它演示了如何使用类型特征进行条件编译。除了使用 static_assert() 之外还有其他方法，我们将在本章中对其进行深入探讨。现在介绍第二个例子。

假设我们有一些类，它们定义了用于写入输出流的操作。这基本上是一种序列化形式。然而，一些类通过重载 operator<< 来支持这些操作，其他类则通过名为 write 的成员函数的帮助。下列代码显示了两个这样的类：

```
struct widget
{
    int          id;
    std::string name;

    std::ostream& write(std::ostream& os) const
    {
        os << id << ',' << name << '\n';
        return os;
    }
};

struct gadget
{
    int          id;
    std::string name;

    friend std::ostream& operator <<(std::ostream& os,
                                     gadget const& o);
};

std::ostream& operator <<(std::ostream& os,
                          gadget const& o)
{
    os << o.id << ',' << o.name << '\n';
    return os;
}
```

在本例中，widget 类包含一个成员函数 write。但是，对于 gadget 类，流运算符<< 被重载用于相同的功能。我们可使用这些类编写如下代码：

```
widget w{ 1, "one" };
w.write(std::cout);
```

```
gadget g{ 2, "two" };
std::cout << g;
```

但是,我们的目标是定义一个函数模板,以便我们能以相同的方式处理它们。换句话说,我们应能够编写以下代码,而不是使用 write 或运算符 <<。

```
serialize(std::cout, w);
serialize(std::cout, g);
```

这会引发一些问题。首先,这个函数模板是什么样子的?其次,我们如何知道一个类型是否提供了 write 方法,或者是否重载了运算符<< ?第二个问题的答案是类型特征。可以构建一个类型特征来帮助我们在编译时回答后一个问题。这个类型特征的代码如下:

```
template <typename T>
struct uses_write
{
   static constexpr bool value = false;
};

template <>
struct uses_write<widget>
{
   static constexpr bool value = true;
};
```

这非常类似我们之前定义的类型特征。uses_write 告诉我们一个类型是否定义了 write 成员函数。主模板将名为 value 的数据成员设置为 false,但 widget 类的完全特化将其设置为 true。为了避免冗长的语法 uses_write<T>::value,我们还可定义变量模板,将语法简化为 uses_write_v<T>的形式。此变量模板如下:

```
template <typename T>
inline constexpr bool uses_write_v = uses_write<T>::value;
```

为了简化练习,这里假定不提供 write 成员函数的类型可以重载输出流运算符。实际上情况并非如此,但为了简单起见,我们将基于此假设进行构建。

定义函数模板 serialize 的下一步是定义更多的类模板,以提供用于序列化所有类的统一 API。然而,它们将遵循相同的路径——主模板提供一种序列化形式,而完全特化提供另一种不同形式。代码如下:

```
template <bool>
struct serializer
{
   template <typename T>
   static void serialize(std::ostream& os, T const& value)
   {
      os << value;
   }
};
```

```
template<>
struct serializer<true>
{
   template <typename T>
   static void serialize(std::ostream& os, T const& value)
   {
      value.write(os);
   }
};
```

serializer 类模板有单个模板形参,它是非类型模板形参。它同时也是匿名模板形参,因为在实现中从未使用过它。此类模板包含单个成员函数。它实际上是一个具有单个类型模板形参的成员函数模板。此参数定义了将序列化的值类型。主模板使用运算符<<将值输出到提供的流中。另一方面,serializer 类模板的完全特化使用成员函数 write 执行相同的操作。注意,我们将完全特化 serializer 类模板,而非 serialize 成员函数模板。

目前唯一剩下的就是实现所需的自由函数 serialize。它的实现将基于函数 serializer<T>::serialize。如下所示:

```
template <typename T>
void serialize(std::ostream& os, T const& value)
{
   serializer<uses_write_v<T>>::serialize(os, value);
}
```

此函数模板的声明与 serializer 类模板中的 serialize 成员函数的声明相同。在主模板和完全特化之间的选择是通过变量模板 uses_write_v 完成的,它提供了一种简便的方法以访问 uses_write 类型特征的值数据成员。

在这些例子中,我们看到了如何实现类型特征,并如何使用它们在编译时提供的信息来对类型施加限制或在两种实现之间进行选择。另一种类似目的的元编程技术是 SFINAE,我们将在接下来的章节中介绍。

5.2 探索 SFINAE 及其目的

当我们编写模板时,有时需要限制其模板实参。例如,有一个函数模板,它应适用于任意数字类型,因此是整型和浮点型,但不应适用于其他任意类型。或者说,可能有一个类模板,它应该只接受实参的平凡类型(trivial type)。

也有一些情况,可能有重载的函数模板,每个模板只适用于某些类型。例如,一个重载应适用于整型,而另一个重载仅适用于浮点型。有不同的实现方法,我们将在本章和下一章中进行探讨。

但是,类型特征以某方式或多或少涉及这些。本章将讨论的第一个特性是 SFINAE。下一章将讨论由概念表示的另一种优于 SFINAE 的方法。

SFINAE 代表"替换失败不是错误"(Substitution Failure Is Not An Error)。当编译器遇到函数模板的使用时,它会替换实参以实例化模板。如果此时发生错误,则不会将其视为代码不当,而只视为推导失败。接着会将该函数从重载集中移除,而不会报错。只有当重载集中匹配不到时,才会发生错误。

若没有具体例子,会很难真正理解 SFINAE。因此,下面我们将通过几个例子讨论 SFINAE。

每个标准容器,如 std::vector、std::array 和 std::map,不仅有迭代器以访问其元素,还可以修改容器(如在迭代器指向的元素后插入)。因此,这些容器具有返回指向容器的首元素和尾后元素(the one-past-last element)的迭代器的成员函数。这些函数分别名为 begin 和 end。

还有其他函数,如 cbegin 和 cend、rbegin 和 rend、crbegin 和 crend,但这些都超出了本章的探讨范围。在 C++11 中还有自由函数 std::begin 和 std::end,它们的作用也相同。但是,这些不仅适用于标准容器,也适用于数组。这样做的一个好处是使数组能够使用基于范围的 for 循环。问题是如何实现这个非成员函数以便同时与容器和数组一起使用?当然,这里需要两个函数模板的重载。下面的代码是可能的实现方式:

```
template <typename T>
auto begin(T& c) { return c.begin(); }    // [1]

template <typename T, size_t N>
T* begin(T(&arr)[N]) {return arr; }       // [2]
```

第一个重载调用成员函数 begin 并返回值。因此,此重载仅限于具有成员函数 begin 的类型;否则,将出现编译错误。第二个重载只是返回指向数组首元素的指针。这仅限于数组类型;其他情况都将出现编译错误。我们可以如下使用这些重载:

```
std::array<int, 5> arr1{ 1,2,3,4,5 };
std::cout << *begin(arr1) << '\n';        // [3] 打印 1

int arr2[]{ 5,4,3,2,1 };
std::cout << *begin(arr2) << '\n';        // [4] 打印 5
```

如果编译这段代码,不仅不会出现错误,甚至不会出现警告。那是因为 SFINAE。当解析对 begin(arr1) 的调用时,编译器将 std::array<int, 5> 替换为第一个重载([1]处)会成功,但替换第二个重载([2]处)则会失败。此时,编译器不会报错而是忽略它,因此它使用单一实例化构建了一个重载集,可以成功地找到调用的匹配项。同样,在解析对 begin(arr2) 的调用时,使用 int[5] 替换第一个重载失败并会被忽略,但替换第二个重载成功并被添加到重载集中,最终找到一个合适的调用匹配项。因此,两个调用均成功。如果两个重载中有一个不存在,begin(arr1) 或 begin(arr2) 将无法与函数模板匹配,编译器将报错。

SFINAE 仅适用于函数的所谓"直接上下文"(immediate context)。它基本上是指模板声明(包括模板形参列表、函数返回类型和函数形参列表)。因此,它不适用于函数体。我们来看一个示例,代码如下。

```
template <typename T>
void increment(T& val) { val++; }

int a = 42;
increment(a);   // 正确

std::string s{ "42" };
increment(s);   // 错误
```

在函数模板 increment 的直接上下文中,对类型 T 没有限制。但是,在函数体中,形参 val 会使用后缀 operator++ 递增。这意味着,用任何未实现后缀 operator++ 的类型替换 T 都会失败。但是,这种失败是一个错误,编译器不会忽略它。

C++标准(许可证使用链接:http://creativecommons.org/licenses/by-sa/3.0/)定义了被视为SFINAE错误的错误清单(**C++20** 标准版本第13.10.2节,模板实参推导)。这些SFINAE错误为如下情形。

- 创建 void 数组、引用数组、函数数组、大小为负的数组、大小为 0 的数组和大小为非整数的数组。
- 在作用域解析运算符::的左侧使用不是类或枚举的类型(如 T::value_type,T 是数字类型)。
- 创建指向引用的指针。
- 创建对 void 的引用。
- 创建一个指向 T 成员的指针,其中 T 不是类类型。
- 使用一个类型的成员,但该类型不包含该成员。
- 在需要类型的地方使用该类型的成员,但该成员不是类型。
- 在需要模板的地方使用一个类型的成员,但该成员不是模板。
- 在需要使用非类型的地方使用一个类型的成员,但该成员不是非类型。
- 创建具有 void 类型形参的函数类型。
- 创建一个返回数组类型或其他函数类型的函数类型。
- 在模板实参表达式或函数声明中使用的表达式中执行无效转换。
- 向非类型模板形参提供无效类型。
- 实例化一个包含多个不同长度包的包扩展。

此清单中的最后一个错误是在 C++11 中与变参模板一起引入的。其他则是在 C++11 之前定义的。我们不会继续列举所有这些错误,但我们可以再看一些例子。第一个错误是尝试创建一个大小为零的数组。假设我们想要两个函数模板重载,一个处理偶数大小的数组,一个则处理奇数大小的数组。代码实现如下所示:

```cpp
template <typename T, size_t N>
void handle(T(&arr)[N], char(*)[N % 2 == 0] = 0)
{
   std::cout << "handle even array\n";
}

template <typename T, size_t N>
void handle(T(&arr)[N], char(*)[N % 2 == 1] = 0)
{
   std::cout << "handle odd array\n";
}

int arr1[]{ 1,2,3,4,5 };
handle(arr1);

int arr2[]{ 1,2,3,4 };
handle(arr2);
```

模板实参和第一个函数形参与在数组的 begin 重载中所看到的类似。但是，handle 的这些重载有一个默认值为 0 的第二个匿名形参。此形参的类型是指向 char 类型数组的指针，其大小由表达式 N%2==0 和 N%2==1 指定。对于每个可能的数组，其中一个为真，另一个为假。因此，第二个形参要么是 char(*)[1]，要么是 char(*)[0]，后者是 SFINAE 错误(尝试创建大小为零的数组)。因此，有了 SFINAE，我们能够调用其他重载中的任何一个而不会产生编译错误。

我们将在本节中讨论的最后一个例子将展示尝试使用不存在的类成员时的 SFINAE。从以下代码开始讨论：

```cpp
template <typename T>
struct foo
{
   using foo_type = T;
};

template <typename T>
struct bar
{
   using bar_type = T;
};

struct int_foo : foo<int> {};
struct int_bar : bar<int> {};
```

这里有两个类，foo 和 bar，foo 有一个名为 foo_type 的成员类型，bar 有一个名为 bar_type 的成员类型。还有派生自它们的类。目标是编写两个函数模板，一个处理 foo 的类层次结构，另一个处理 bar 的类层次结构。一个可能的实现如下：

```cpp
template <typename T>
decltype(typename T::foo_type(), void()) handle(T const& v)
{
   std::cout << "handle a foo\n";
}
```

```
template <typename T>
decltype(typename T::bar_type(), void()) handle(T const& v)
{
    std::cout << "handle a bar\n";
}
```

  这两个重载都有单一模板形参和单一 T const&类型的函数形参。它们均返回相同的类型，即 void。表达式 decltype(typename T::foo_type(),void()) 可能需要一些思考才能更好地理解。第 4 章"高级模板概念"中介绍过 decltype。记住，这是一个类型说明符，用于推导表达式的类型。此处使用了逗号运算符，所以第一个实参求值后被丢弃，因此 decltype 只会从 void() 中推导出类型，该类型是 void。然而，实参 typename T::foo_type() 和 typename T::bar_type() 确实使用了一个内部类型，该类型只存在于 foo 或 bar 中。这就是 SFINAE，其代码如下所示。

```
int_foo fi;
int_bar bi;
int x = 0;
handle(fi); // 正确
handle(bi); // 正确
handle(x);  // 错误
```

  我们使用 int_foo 值调用 handle 将匹配第一个重载，而第二个重载由于替换失败而被丢弃。同样，使用 int_bar 值调用 handle 将匹配第二个重载，而第一个重载由于替换失败而被丢弃。但是，使用 int 调用 handle 将导致两个重载的替换失败，因此替换 int 的最终重载集将为空，这意味着没有与调用匹配的重载集。因此，将出现编译错误。

  SFINAE 并不是实现条件编译的最佳方式。但是，在现代 C++中，它可能最好与名为 enable_if 的类型特征一起使用。这就是接下来要讨论的内容。

5.3 使用 enable_if 类型特征启用 SFINAE

  C++标准库是一系列子库的集合。其中之一是类型支持库。此库定义了诸如 std::size_t、std::nullptr_t 和 std::byte 等类型，以及使用诸如 std::type_info 等类进行运行时类型识别的支持，还有一组类型特征。类型特征分为两类：
- 类型特征，允许我们在编译时查询类型的属性。
- 类型特征，允许我们在编译时执行类型转换(如添加或移除 const 限定符，或从类型中添加或移除指针或引用)。这些类型特征也被称为元函数(**metafunction**)。

  第二类中的一个类型特征是 std::enable_if。它用于启用 SFINAE 并从函数的重载集中移除候选项。代码如下所示：

```
template<bool B, typename T = void>
struct enable_if {};
```

```
template<typename T>
struct enable_if<true, T> { using type = T; };
```

有一个主模板，有两个模板形参，一个是布尔非类型模板，另一个是默认实参为 void 的类型形参。这个主模板是一个空类。此外，还有一个针对非类型模板形参为 true 的部分特化。但是，这个特化定义了一个名为 type 的成员类型，它是模板形参 T 的别名模板。

enable_if 元函数旨在与一个布尔表达式一起使用。当此布尔表达式为 true，它定义一个名为 type 的成员类型。当布尔表达式为 false，则不会定义此成员类型。让我们看看它的工作原理。

还记得 5.1 节"理解和定义类型特征"中的例子吗？5.1 节中一些类提供了一个 write 方法来将其内容写入输出流，还有一些类为同一目的重载了 operator<<。此外，我们定义了一个名为 uses_write 的类型特征，并编写了一个函数模板 serialize，使我们能够以统一的方式序列化这两种类型的对象（widget 和 gadget）。但是，实现过程相当复杂。使用 enable_if 可以简化该函数的实现。一种可能的代码实现如下：

```
template <typename T,
          typename std::enable_if<
              uses_write_v<T>>::type* = nullptr>
void serialize(std::ostream& os, T const& value)
{
   value.write(os);
}

template <typename T,
          typename std::enable_if<
              !uses_write_v<T>>::type*=nullptr>
void serialize(std::ostream& os, T const& value)
{
   os << value;
}
```

此实现中有两个重载的函数模板，它们都有两个模板形参。第一个形参是名为 T 的类型模板形参。第二个形参是指针类型的匿名非类型模板形参，其默认值为 nullptr。只有当 uses_write_v 变量结果为 true 时，才使用 enable_if 定义名为 type 的成员。因此，对于具有成员函数 write 的类，替换第一个重载成功，但替换第二个重载则失败，因为 typename * = nullptr 不是有效形参。对于重载了 operator<< 的类，情况则正好相反。

enable_if 元函数可用于多种场景：
- 定义一个模板形参，它具有默认实参，前文提到过。
- 定义一个函数形参，它具有默认实参。
- 指定函数的返回类型。

出于这个原因，之前提到过的 serialize 重载实现仅仅是其中一种可能方式。使用

enable_if 定义具有默认实参的函数形参，类似例子如下所示。

```
template <typename T>
void serialize(
   std::ostream& os, T const& value,
   typename std::enable_if<
            uses_write_v<T>>::type* = nullptr)
{
   value.write(os);
}

template <typename T>
void serialize(
   std::ostream& os, T const& value,
   typename std::enable_if<
            !uses_write_v<T>>::type* = nullptr)
{
   os << value;
}
```

这里可以看到，基本上将形参从模板形参列表移动到函数形参列表。其他不变，用法也相同，代码如下。

```
widget w{ 1, "one" };
gadget g{ 2, "two" };

serialize(std::cout, w);
serialize(std::cout, g);
```

第三种选择是使用 enable_if 包装函数的返回类型。此实现仅是略有不同(默认实参对返回类型无意义)。代码示例如下：

```
template <typename T>
typename std::enable_if<uses_write_v<T>>::type serialize(
   std::ostream& os, T const& value)
{
   value.write(os);
}

template <typename T>
typename std::enable_if<!uses_write_v<T>>::type serialize(
   std::ostream& os, T const& value)
{
   os << value;
}
```

在该实现中，若 uses_write_v<T> 为 true 则定义返回类型。否则将发生替换失败，SFINAE 生效。

尽管在所有这些例子中，enable_if 类型特征用于在函数模板的重载解析期间启用 SFINAE，但此类型特征也可用于限制类模板的实例化。下面的例子有名为 integral_wrapper 的类，它只使用整数类型进行实例化，还有称为 floating_wrapper 的类，它只使用浮点类型进行实例化。

```
template <
   typename T,
   typename=typenamestd::enable_if_t<
                     std::is_integral_v<T>>>
struct integral_wrapper
{
   T value;
};

template <
   typename T,
   typename=typename std::enable_if_t<
                     std::is_floating_point_v<T>>>
struct floating_wrapper
{
   T value;
};
```

这两个类模板都有两个类型模板形参。第一个名为 T，但第二个是匿名的，它有一个默认实参。此实参的值是否通过 enable_if 类型特征定义要取决于布尔表达式的值。

该实现展示了：

- 一个名为 std::enable_if_t 的别名模板，这是访问 std::enable_if<B, T>::type 成员类型的便捷方法。其定义如下：

```
template <bool B, typename T = void>
using enable_if_t = typename enable_if<B,T>::type;
```

- 两个变量模板 std::is_integral_v 和 std::is_floating_point_v，它们是访问数据成员 std::is_integral<T>::value 和 std::is_floating_point<T>::value 的便捷方法。std::is_integral 和 std::is_floating_point 类是标准库中的类型特征，用于检查类型是整型还是浮点型。

前面显示的两个 wrapper 类模板可以如以下代码所示地使用。

```
integral_wrapper w1{ 42 };      // 正确
integral_wrapper w2{ 42.0 };    // 错误
integral_wrapper w3{ "42" };    // 错误

floating_wrapper w4{ 42 };      // 错误
floating_wrapper w5{ 42.0 };    // 正确
floating_wrapper w6{ "42" };    // 错误
```

只有两个实例有效：w1 是用 int 类型实例化的 integral_wrapper；w5 是用 double 类型实例化的 floating_wrapper。其他均会产生编译错误。

应该指出的是，这些例子仅适用于 C++20 中提供的 integral_wrapper 和 floating_wrapper 的定义。对于该标准的早期版本，即使是 w1 和 w5 的定义也会产生编译错误，因为编译器无法推导模板实参。为了使它们正常工作，需要修改类模板以包含一个构造函数，代码如下所示。

```
template <
   typename T,
   typename=typenamestd::enable_if_t<
                        std::is_integral_v<T>>>
struct integral_wrapper
{
   T value;

   integral_wrapper(T v) : value(v) {}
};

template <
   typename T,
   typename=typename std::enable_if_t<
                        std::is_floating_point_v<T>>>
struct floating_wrapper
{
   T value;

   floating_wrapper(T v) : value(v) {}
};
```

虽然 enable_if 有助于使用更简单、更易读的代码来实现 SFINAE，但它仍十分复杂。幸运的是，在 **C++17** 中，有一个更好的替代方案是使用 constexpr if。我们接下来探讨它。

5.4 使用 constexpr if

C++17 的一个特性使 SFINAE 变得更容易。它被称为 constexpr if，是 if 语句的编译时版本。它有助于使用更简单的版本以替换复杂的模板代码。让我们从函数 serialize 的 C++17 实现开始讨论，该函数可以对 widget 和 gadget 进行统一的序列化。

```
template <typename T>
void serialize(std::ostream& os, T const& value)
{
   if constexpr (uses_write_v<T>)
      value.write(os);
   else
      os << value;
}
```

constexpr if 的语法是 if constexpr(condition)。条件必须是编译时表达式。当表达式求值时没有执行短路逻辑。这意味着，若表达式的形式为 a && b 或 a || b，那么 a 和 b 都必须是符合格式的。

constexpr if 允许在编译时基于表达式的值丢弃分支。当例子中的 uses_write_v 变量为 true 时，else 分支被丢弃，第一个分支主体被保留。反之，情况则正好相反。因此，这里最终对 widget 和 gadget 类进行了以下特化。

```
template<>
void serialize<widget>(std::ostream & os,
                      widget const & value)
{
   if constexpr(true)
   {
      value.write(os);
   }
}

template<>
void serialize<gadget>(std::ostream & os,
                      gadget const & value)
{
   if constexpr(false)
   {
   }
   else
   {
      os << value;
   }
}
```

当然，编译器很可能会进一步简化这段代码。因此，最终，这些特化将简化如下：

```
template<>
void serialize<widget>(std::ostream & os,
                      widget const & value)
{
   value.write(os);
}

template<>
void serialize<gadget>(std::ostream & os,
                      gadget const & value)
{
   os << value;
}
```

最终结果与使用 SFINAE 和 enable_if 实现的结果一样，但这里编写的实际代码更简单，并且更易理解。

constexpr if 是简化代码的绝佳工具，第 3 章"变参模板"中的 3.3 节"形参包"中已经见过它了，即当实现了一个名为 sum 的函数时。这里再次展示它：

```
template <typename T, typename... Args>
T sum(T a, Args... args)
{
   if constexpr (sizeof...(args) == 0)
      return a;
   else
      return a + sum(args...);
}
```

在本例中，constexpr if 帮助我们避免了两个重载，一个用于通用情况，另一个用于结束递归。本书中已介绍的另一个例子是 constexpr if 可简化实现,即第 4 章的 4.2 节"探索模板递归"中的 factorial 函数模板。该函数如下:

```
template <unsigned int n>
constexpr unsigned int factorial()
{
   return n * factorial<n - 1>();
}

template<>
constexpr unsigned int factorial<1>() { return 1; }
template<>
constexpr unsigned int factorial<0>() { return 1; }
```

使用 constexpr if,这里可以用一个单一的模板替换掉所有这些特化版本,并让编译器负责提供正确的特化。此函数的 C++17 版本可能如下所示:

```
template <unsigned int n>
constexpr unsigned int factorial()
{
   if constexpr (n > 1)
      return n * factorial<n - 1>();
   else
      return 1;
}
```

constexpr if 语句在许多情况下都很有用。本节最后一个例子是名为 are_equal 的函数模板,它用于判断提供的两个实参是否相等。通常,你会认为使用 operator== 应该足以判断两个值是否相等。在大多数情况下确实都是如此,但浮点数值除外。因为只有一些浮点数可以无精度损失地存储(像 1、1.25、1.5 这样的数字,以及小数部分是 2 的逆幂之精确和的任意其他数字),所以在比较浮点数时需要特别谨慎。通常,这个问题可以通过确保两个浮点数值间的差值小于某阈值来解决。因此,这种函数的可能实现如下所示。

```
template <typename T>
bool are_equal(T const& a, T const& b)
{
   if constexpr (std::is_floating_point_v<T>)
      return std::abs(a - b) < 0.001;
   else
      return a == b;
}
```

当类型 T 是浮点类型时,我们将两个数字之差的绝对值与所选阈值进行比较。否则,就使用 operator==。此函数不仅可用于算术类型,还可用于任何其他重载了相等运算符的类型。

```
are_equal(1, 1);                                    // 正确
are_equal(1.999998, 1.999997);                      // 正确
```

```
are_equal(std::string{ "1" }, std::string{ "1" });  // 正确
are_equal(widget{ 1, "one" }, widget{ 1, "two" });  // 错误
```

可使用 int、double 和 std::string 类型的实参调用 are_equal 函数模板。但是，尝试对 widget 类型的值执行相同的操作将触发编译错误，因为 operator==没有此类型的重载。

到目前为止，在本章中，我们已经了解了什么是类型特征，以及执行条件编译的不同方法。我们还看到了标准库中可用的一些类型特征。在本章的第 II 部分，将介绍该标准库在类型特征方面提供的内容。

5.5 探索标准库类型特征

标准库提供一系列类型特征，用于查询类型的属性以及对类型执行转换。这些类型特征位于头文件<type_traits>，作为类型支持库的一部分。有几种类型特征，包括以下几类：

- 查询类型类别(主类别或复合类别)
- 查询类型属性
- 查询支持的操作
- 查询类型关系
- 修改 const/volatile 说明符、引用、指针或符号
- 各种转换

尽管研究每种类型特征超出了本书的范围，但我们将探索所有这些类别，看看它们包含的内容。接下来列出构成每个类别的类型特征。这些列表和有关每种类型特征的详细信息可参见 C++标准(见本章 5.10 节"延伸阅读"，获取免费草案版本链接)，也可参见 cppreference.com 网站：https://en.cppreference.com/w/cpp/header/type_traits (许可证使用链接：http://creativecommons.org/licenses/by-sa/3.0/)。

我们将从查询类型类别的类型特征开始。

5.5.1 查询类型类别

到目前为止，在本书中我们使用了几个类型特征，如 std::is_integral、std::is_floating_point 和 std::is_arithmetic。它们只是用于查询主类型和复合类型类别的一些标准库类型特征。表 5-1 列出了此类类型特征的全集。

表 5-1 用于查询主类型和复合类型类别的标准库类型特征的全集

名称	说明
is_void	检查类型是否为 void 类型
is_null_pointer	检查类型是否为 std::nullptr_t 类型

(续表)

名称	说明
is_integral	检查类型是否为整型，包括有符号、无符号、const/volatile 限定的变体。它们是： • bool、char、char8_t(C++20)、char16_t、char32_t、wchar_t、short、int、long 和 long long • 任何实现定义的扩展整数类型
is_floating_point	检查类型是否为浮点类型，包括 const/volatile 限定的变体。可能的类型有 float、double、long double
is_array	检查类型是否为数组类型
is_enum	检查类型是否为枚举类型
is_union	检查类型是否为联合类型
is_class	检查类型是否为类类型，但不是联合类型
is_function	检查类型是否为函数类型。这不包括 lambda 表达式、具有重载调用运算符的类、指向函数的指针以及 std::function 类型
is_pointer	检查类型是否为指向对象的指针、指向函数的指针，或是 const/volatile 限定的变体。这不包括指向成员对象的指针或指向成员函数的指针
is_member_pointer	检查类型是否为指向非静态成员对象的指针，或指向非静态成员函数的指针
is_member_object_pointer	检查类型是否为非静态成员对象指针
is_member_function_pointer	检查类型是否为非静态成员函数指针
is_lvalue_reference	检查类型是否为左值引用类型
is_rvalue_reference	检查类型是否为右值引用类型
is_reference	检查类型是否为引用类型。这可以是左值或右值引用类型
is_fundamental	检查类型是否为基本类型。基本类型包含算术类型、void 类型和 std::nullptr_t 类型
is_scalar	检查类型是否为标量类型或其 const/volatile 限定符版本。标量类型包括： • 算术类型 • 指针类型 • 成员指针类型 • 枚举类型 • std::nullptr_t 类型
is_object	检查类型是否为 const/volatile 限定符版本的对象类型。对象类型不是函数类型、引用类型或 void 类型

(续表)

名称	说明
is_compound	检查类型是否为复合类型或复合类型的任何 const/volatile 限定的变体。复合类型是非基本类型。它们是： • 数组类型 • 函数类型 • 类类型 • 联合类型 • 对象指针和函数指针类型 • 成员对象指针和成员函数指针类型 • 引用类型 • 枚举类型

所有这些类型特征在 C++11 中都是可用的。从 C++17 开始，每个类型特征都有一个变量模板来简化对名为 value 的布尔成员的访问。对于名为 is_abc 的类型特征，存在名为 is_abc_v 的变量模板。对于所有具有一个名为 value 的布尔成员的类型特征都是如此。这些变量的定义非常简单。以下代码展示了 is_arithmetic_v 变量模板的定义：

```
template< class T >
inline constexpr bool is_arithmetic_v =
   is_arithmetic<T>::value;
```

这里有使用其中一些类型特征的例子，代码如下。

```
template <typename T>
std::string as_string(T value)
{
   if constexpr (std::is_null_pointer_v<T>)
      return "null";
   else if constexpr (std::is_arithmetic_v<T>)
      return std::to_string(value);
   else
      static_assert(always_false<T>);
}

std::cout << as_string(nullptr) << '\n'; // 打印 null
std::cout << as_string(true) << '\n';    // 打印 1
std::cout << as_string('a') << '\n';     // 打印 a
std::cout << as_string(42) << '\n';      // 打印 42
std::cout << as_string(42.0) << '\n';    // 打印 42.000000
std::cout << as_string("42") << '\n';    // 错误
```

函数模板 as_string 返回一个字符串，其中包含作为实参传递的值。它仅适用于算术类型和返回值为"null"的 nullptr_t。

你一定注意到了 static_assert(always_false<T>)语句，并好奇这个 always_false<T> 表达式究竟是什么。它是一个计算结果为 false 的 bool 类型的变量模板。它的定义很简单，如下所示。

```
template<class T>
constexpr bool always_false = std::false_type::value;
```

这很有必要，因为语句 static_assert(false)会使程序非良构(ill-formatted)。这样做的原因是，它的条件不依赖于模板实参而是求值为 false。当模板中 constexpr if 的子句无法生成可用的特化时，程序是非良构的(并且无须诊断)。为了避免这种情况，static_assert 语句的条件必须依赖于模板实参。使用 static_assert(always_false<T>)，编译器在模板实例化之前不会知道这将计算为 true 或 false。

我们接下来要介绍的类型特征是用于查询类型属性。

5.5.2　查询类型属性

查询类型属性的类型特征如表 5-2 所示。

表 5-2　用于查询类型属性的类型特征

名称	C++版本	说明
is_const	C++11	检查类型是否为 const 限定的(const 或 const volatile)
is_volatile	C++11	检查类型是否为 volatile 限定的(volatile 或 const volatile)
is_trivial	C++11	检查类型是否为平凡类型或 const/volatile 限定的变量。以下是平凡类型： • 标量类型或标量类型的数组 • 具有普通默认构造函数或此一类数组的平凡可复制类
is_trivially_copyable	C++11	检查类型是否为平凡可复制的。以下是平凡可复制的类型： • 标量类型或标量类型的数组 • 平凡可复制的类或此一类数组
is_standard_layout	C++11	检查类型是否为标准布局类型或 const/volatile 限定的变体。以下是此类类型： • 标量类型或标量类型的数组 • 标准布局类或此一类的数组
is_empty	C++11	检查类型是否为空类型。空类型是类类型(不是联合)，没有非静态数据成员(大小为 0 的位字段除外)，没有虚函数，没有虚基类，也没有非空基类
is_polymorphic	C++11	检查类型是否为多态类型。多态类型是继承至少一个虚函数的类类型(不是联合)

(续表)

名称	C++版本	说明
is_abstract	C++11	检查类型是否为抽象类型。抽象类型是继承至少一个虚纯函数(virtual pure function)的类类型(不是联合)
is_final	C++14	检查类型是否为用 final 说明符声明的类类型
is_aggregate	C++17	检查类型是否为聚合类型
is_signed	C++11	检查类型是否为浮点类型或有符号整型
is_unsigned	C++11	检查类型是否为无符号整型或 bool 型
is_bounded_array	C++20	检查类型是否为有界数组类型(如 int[5])
is_unbounded_array	C++20	检查类型是否为无界数组类型(如 int[])
is_scoped_enum	C++23	检查类型是否为有作用域的枚举类型
has_unique_object_representation	C++17	检查类型是否为平凡可复制的，并且任何两个具有相同值的该类型的对象也拥有相同的对象表示

尽管其中大多数可能很容易理解，但有两个初看似乎是一样的。它们是 is_trivial 和 is_trivially_copyable。对于标量类型或标量类型的数组，这两者都是正确的。它们也适用于平凡可复制的类或这一类的数组，但对于具有平凡默认构造函数的可复制类，只有 is_trivial 才为 true。

根据 C++20 标准第 11.4.4.1 小节，若一个默认构造函数不是用户提供的，并且该类没有虚成员函数、虚基类、没有具有默认初始化器的非静态成员，它的每个直接基类都有一个平凡的默认构造函数，并且类类型的每个非静态成员也有一个平凡的默认构造函数，那么它就是平凡的。为了更好地理解这一点，代码如下所示。

```
struct foo
{
    int a;
};

struct bar
{
    int a = 0;
};

struct tar
{
    int a = 0;
    tar() : a(0) {}
};

std::cout << std::is_trivial_v<foo> << '\n'; // true
std::cout << std::is_trivial_v<bar> << '\n'; // false
std::cout << std::is_trivial_v<tar> << '\n'; // false
```

```
std::cout << std::is_trivially_copyable_v<foo>
          << '\n';                                    // true
std::cout << std::is_trivially_copyable_v<bar>
          << '\n';                                    // true
std::cout << std::is_trivially_copyable_v<tar>
          << '\n';                                    // true
```

本例有 3 个相似的类。它们分别是 foo、bar 和 tar，都是平凡可复制的。然而，只有 foo 类是平凡类，因为它有一个平凡的默认构造函数。bar 类有一个带有默认初始值设定项的非静态成员，tar 类则有一个用户自定义的构造函数，它们则是非平凡的。

除了平凡可复制性外，还可以通过其他类型特征查询其他操作。我们将在下节讨论。

5.5.3 查询支持的操作

查询支持的操作的类型特征如表 5-3 所示。

表5-3 支持查询操作的类型特征

名称	说明
is_constructible is_trivially_constructible is_nothrow_constructible	检查类型是否具有可以接受特定实参的构造函数
is_default_constructible is_trivially_default_constructible is_nothrow_default_constructible	检查类型是否具有默认构造函数
is_copy_constructible is_trivially_copy_constructible is_nothrow_copy_constructible	检查类型是否具有拷贝构造函数
is_move_constructible is_trivially_move_constructible is_nothrow_move_constructible	检查类型是否具有移动构造函数
is_assignable is_trivially_assignable is_nothrow_assignable	检查类型是否具有特定实参的赋值运算符
is_copy_assignable is_trivially_copy_assignable is_nothrow_copy_assignable	检查类型是否具有拷贝赋值运算符
is_move_assignable is_trivially_move_assignable is_nothrow_move_assignable	检查类型是否具有移动赋值运算符

(续表)

名称	说明
is_destructible is_trivially_destructible is_nothrow_destructible	检查类型是否具有未删的析构函数
has_virtual_destructor	检查类型是否具有虚析构函数
is_swappable_with is_swappable is_nothrow_swappable_with is_nothrow_swappable	检查是否可以交换同类型或不同类型的对象

除了最后一个子集是在 C++17 中引入的，其他部分在 C++11 中都有。每种类型特征都有多个变体，包括用于检查平凡的操作或用 noexcept 声明为不抛出异常的操作的变体。

现在介绍查询类型之间关系的类型特征。

5.5.4 查询类型之间的关系

在该类别中，我们可找到一些用于查询类型之间关系的类型特征。这些类型特征如表 5-4 所示。

表5-4 用于查询类型之间关系的类型特征

名称	C++版本	说明
is_same	C++11	检查两种类型是否相同，包括可能的 const/volatile 限定符
is_base_of	C++11	检查类型是否派生自另一个类型
is_convertible is_nothrow_convertible	C++11 C++14	检查类型是否可转换为另一个类型
is_invocable is_invocable_r is_nothrow_invocable is_nothrow_invocable_r	C++17	检查类型是否可被使用指定的实参类型调用
is_layout_compatible	C++20	检查两种类型是否有兼容的布局。如果两个类是同类型(忽略 const/volatile 限定符)，或者它们的公共初始序列包含所有非静态数据成员和位字段，或者是具有相同底层类型的枚举，那么这两个类在布局上是兼容的
is_pointer_inconvertible_base_of	C++20	检查类型是否是另一个类型的不可转换基指针

在这些类型特征中,最常用的也许是 std::is_same。这种类型特征在判断两种类型是否相同时非常有用。记住,此类型特征考虑了 const 和 volatile 限定符;因此,例如 int 和 int const 就不是同一类型。

可以使用这种类型特征来扩展前面提到的 as_string 函数实现。记住,如果你使用实参 true 或 false 调用它,它会打印 1 或 0,而不是 true/false。这里可以为 bool 类型添加一个显式检查,并返回一个包含这两个值之一的字符串,如下所示。

```
template <typename T>
std::string as_string(T value)
{
   if constexpr (std::is_null_pointer_v<T>)
      return "null";
   else if constexpr (std::is_same_v<T, bool>)
      return value ? "true" : "false";
   else if constexpr (std::is_arithmetic_v<T>)
      return std::to_string(value);
   else
      static_assert(always_false<T>);
}

std::cout << as_string(true) << '\n';    // 打印 true
std::cout << as_string(false) << '\n';   // 打印 false
```

目前为止所看到的所有类型特征都用于查询有关类型的一些信息。我们接下来将讨论对类型执行修改的类型特征。

5.5.5　修改 const/volatile 说明符、引用、指针或符号

对类型执行转换的类型特征也称为元函数。这些类型特征提供了一个名为 type 的成员类型(typedef),它表示转换后的类型。这些类型特征包括表 5-5 所示的类型特征。

表 5-5　用于执行类型转换的类型特征(元函数)

名称	说明
add_cv add_const add_volatile	将 const、volatile 或两者的说明符添加到类型中
remove_cv remove_const remove_volatile	从类型中删除 const、volatile 或两者的说明符
add_lvalue_reference add_rvalue_reference	向类型添加左值或右值引用
remove_reference	从类型中删除引用(左值或右值)

(续表)

名称	说明
remove_cvref	从类型中删除 const 和 volatile 说明符以及引用(左值或右值)。它结合了 remove_cv 和 remove_reference 特性
add_pointer	向类型添加指针
remove_pointer	从类型中删除指针
make_signed make_unsigned	将一个整型(bool 除外)或枚举类型转换为对应的有符号的或无符号类型。支持的整型有 short、int、long、long long、char、wchar_t、char8_t、char16_t 和 char32_t
remove_extent remove_all_extents	从数组类型中删除一个或所有扩展

除了 C++20 添加的 remove_cvref，表 5-5 中列出的所有其他类型特征在 C++11 中均可用。这些并不是标准库中所有的元函数，更多的元函数将在下一节中列出。

5.5.6 各种转换

除了前面列出的元函数外，还有其他类型特征用于执行类型转换。其中最重要的一些在表 5-6 中列出。

表 5-6 用于执行类型转换的其他类型特征

名称	C++版本	说明
enable_if	C++11	允许从重载解析中删除函数重载或模板特化
conditional	C++11	通过基于编译时布尔条件选择成员类型，将名为 type 的成员类型定义为两种可能类型之一
decay	C++11	对类型应用转换(对于数组类型，将数组转换为指针；对于引用类型，将左值转换为右值；对于函数类型，将函数转换为函数指针)，去除 const/volatile 限定符，结果的类型定义 type 作为自身的类型定义 type
common_type	C++11	从一组类型中确定通用类型
common_reference	C++20	从一组类型中确定通用引用类型
underlaying_type	C++11	确定枚举类型的底层类型
void_t	C++17	将类型序列映射到 void 类型的类型别名
type_identity	C++20	提供成员类型定义 type 作为类型实参 T 的别名

在这个列表中，我们已讨论过 enable_if。这里还有一些其他值得举例说明的类型特征。我们先介绍 std::decay，为此，让我们考虑以下稍微修改过的 as_string 函数实现，

代码如下。

```
template <typename T>
std::string as_string(T&& value)
{
   if constexpr (std::is_null_pointer_v<T>)
      return "null";
   else if constexpr (std::is_same_v<T, bool>)
      return value ? "true" : "false";
   else if constexpr (std::is_arithmetic_v<T>)
      return std::to_string(value);
   else
      static_assert(always_false<T>);
}
```

唯一的变化是我们向函数传递实参的方式。我们不是通过值传递,而是通过右值引用传递。如果你还记得第 4 章 "高级模板概念",这就是转发引用。我们仍然可以通过传递右值(如字面量)进行调用,但传递左值会触发编译错误。

```
std::cout << as_string(true) << '\n';    // 正确
std::cout << as_string(42) << '\n';      // 正确

bool f = true;
std::cout << as_string(f) << '\n';       // 错误

int n = 42;
std::cout << as_string(n) << '\n';       // 错误
```

最后两个调用将触发 static_assert 语句的失败。实际的类型模板实参是 bool& 和 int&。因此,std::is_same<bool, bool&> 将用 false 初始化 value 成员。同样,std::is_arithmetic<int&> 也如此。为了对这些类型进行求值,我们需要忽略引用以及 const 和 volatile 限定符。帮助我们实现这一点的类型特征是 std::decay,它执行了多个转换,正如表 5-6 所述。其概念性实现如下:

```
template <typename T>
struct decay
{
private:
    using U = typename std::remove_reference_t<T>;
public:
    using type = typename std::conditional_t<
        std::is_array_v<U>,
        typename std::remove_extent_t<U>*,
        typename std::conditional_t<
            std::is_function<U>::value,
            typename std::add_pointer_t<U>,
            typename std::remove_cv_t<U>
        >
    >;
};
```

从这段代码可以看出，std::decay 是通过其他元函数实现的，包括 std::conditional，这是基于编译时表达式在两种类型之间进行选择的关键。实际上，这种类型特征会被多次使用，如果你需要基于多个条件进行选择，你可以这样做。

通过 std::decay，可以修改 as_string 函数的实现，去除引用和 const/volatile 限定符。

```cpp
template <typename T>
std::string as_string(T&& value)
{
   using value_type = std::decay_t<T>;

   if constexpr (std::is_null_pointer_v<value_type>)
      return "null";
   else if constexpr (std::is_same_v<value_type, bool>)
      return value ? "true" : "false";
   else if constexpr (std::is_arithmetic_v<value_type>)
      return std::to_string(value);
   else
      static_assert(always_false<T>);
}
```

通过修改此处所示的实现，我们使之前调用 as_string 的编译问题不再出错。

我们在 std::decay 的实现中看到了 std::conditional 的重复使用。这是一个相当容易使用的元函数，可简化很多实现。在第 2 章"模板基础"的 2.8 节"定义别名模板"中，我们看到了一个例子，即构建的一个名为 list_t 的列表类型。这个成员别名模板称为 type，若列表的大小为 1，则别名为模板类型 T；如果列表的大小大于 1，则别名为 std::vector<T>。我们再看一下这段代码。

```cpp
template <typename T, size_t S>
struct list
{
   using type = std::vector<T>;
};

template <typename T>
struct list<T, 1>
{
   using type = T;
};

template <typename T, size_t S>
using list_t = typename list<T, S>::type;
```

通过 std::conditional 可以大大简化此实现，如下所示。

```cpp
template <typename T, size_t S>
using list_t =
   typename std::conditional<S ==
               1, T, std::vector<T>>::type;
```

不需要依赖类模板特化来定义这样的列表类型。整个解决方案可以简化为定义一个别名模板。可以通过一些 static_assert 语句来验证它是否如预期执行，如下所示。

```
static_assert(std::is_same_v<list_t<int, 1>, int>);
static_assert(std::is_same_v<list_t<int, 2>,
                             std::vector<int>>);
```

举例说明每个标准类型特征的用法，那就超出了本书的范围。但是，5.6 节将会提供一些更复杂的例子，它们需要使用多个标准库的类型特征。

5.6 使用类型特征的实际例子

我们在 5.5 节中探讨了标准库提供的各种类型特征。为每一个类型特征寻找示例是困难且不必要的。但是，展示一些可以使用多种类型特征解决问题的例子却是值得的。我们接下来将开始介绍它们。

5.6.1 实现拷贝算法

我们将要介绍的第一个示例问题是 std::copy 标准库算法(位于头文件 <algorithm>)的可能实现。记住，我们将看到的不是实际的实现，而是帮助我们更多地了解类型特征使用的一个可能的实现。该算法声明如下：

```
template <typename InputIt, typename OutputIt>
constexpr OutputIt copy(InputIt first, InputIt last,
                        OutputIt d_first);
```

注意，这个函数仅在 C++20 中是 constexpr，但可以在这个上下文中探讨它。它的作用是将[first,last]范围内的所有元素拷贝到以 d_first 开头的另一个范围中。还有一个重载，它接受一个执行策略和一个版本 std::copy_if，它将复制所有满足谓词条件的元素，但这些对于我们的例子来说并不重要。此功能的简单实现如下：

```
template <typename InputIt, typename OutputIt>
constexpr OutputIt copy(InputIt first, InputIt last,
                        OutputIt d_first)
{
   while (first != last)
   {
      *d_first++ = *first++;
   }
   return d_first;
}
```

但是，在某些情况下，可以通过简单地拷贝内存来优化此实现。但是，要达到这个目的，必须满足以下条件。

- InputIt 和 OutputIt 这两种迭代器类型都必须是指针。
- InputIt 和 OutputIt 这两个模板形参必须指向相同的类型(忽略 const/volatile 限定符)。

- InputIt 指向的类型必须有一个平凡的拷贝赋值运算符。

这里可以使用下列标准库类型特征来检查这些条件。

- std::is_same(和 std::is_same_v 变量)检查两种类型是否相同。
- std::is_pointer(和 std::is_pointer_v 变量)检查类型是否为指针类型。
- std::is_trivially_copy_assignable(和 std::is_trivially_copy_assignable_v 变量)检查类型是否具有平凡的拷贝赋值运算符。
- std::remove_cv(和 std::remove_cv_t 别名模板)从类型中删除 const/volatile 限定符。

让我们看看如何实现这一点。首先，需要一个具有通用实现的主模板，然后是一个具有优化实现的指针类型的特化。这里可以使用类模板和成员函数模板来实现，如下所示。

```cpp
namespace detail
{
   template <bool b>
   struct copy_fn
   {
      template<typename InputIt, typename OutputIt>
      constexpr static OutputIt copy(InputIt first,
                                    InputIt last,
                                    OutputIt d_first)
      {
         while (first != last)
         {
            *d_first++ = *first++;
         }
         return d_first;
      }
   };

   template <>
   struct copy_fn<true>
   {
      template<typename InputIt, typename OutputIt>
      constexpr static OutputIt* copy(
         InputIt* first, InputIt* last,
         OutputIt* d_first)
      {
         std::memmove(d_first, first,
                      (last - first) * sizeof(InputIt));
         return d_first + (last - first);
      }
   };
}
```

为了在源和目标地址之间拷贝内存，在这里使用 std::memmove，即使对象重叠，它也能拷贝数据。这些实现在一个名为 detail 的名空间中提供，因为它们是由 copy 函数依次使用的实现细节，而不是由用户直接使用的。这种通用拷贝算法的实现方式如下所示。

```cpp
template<typename InputIt, typename OutputIt>
constexpr OutputIt copy(InputIt first, InputIt last,
                        OutputIt d_first)
{
   using input_type = std::remove_cv_t<
      typename std::iterator_traits<InputIt>::value_type>;
   using output_type = std::remove_cv_t<
      typename std::iterator_traits<OutputIt>::value_type>;

   constexpr bool opt =
      std::is_same_v<input_type, output_type> &&
      std::is_pointer_v<InputIt> &&
      std::is_pointer_v<OutputIt> &&
      std::is_trivially_copy_assignable_v<input_type>;

   return detail::copy_fn<opt>::copy(first, last, d_first);
}
```

可以在这里看到，选择一个或另一个特化的决定是基于使用一个上述类型特征确定的 constexpr 布尔值。使用此拷贝功能的例子显示在以下代码中。

```cpp
std::vector<int> v1{ 1, 2, 3, 4, 5 };
std::vector<int> v2(5);

// 调用通用的实现版本
copy(std::begin(v1), std::end(v1), std::begin(v2));

int a1[5] = { 1,2,3,4,5 };
int a2[5];

// 调用优化的实现版本
copy(a1, a1 + 5, a2);
```

记住，这并不是你在标准库实现中找到的通用算法 copy 的真正定义，它们经过了进一步优化。但是，这是一个好例子，它展示了如何使用类型特征解决实际问题。

为了简单起见，在看起来像是全局名空间处定义了 copy 函数。这么做是糟糕的。一般来说，代码(尤其是在库中)，是按名空间分组的。在 GitHub 上附带的本书源代码中，你会发现这个函数被定义在一个名为 n520 的名空间中(这只是一个唯一的名称，与主题无关)。当调用定义的 copy 函数时，实际上需要使用完全限定名(包括名空间名称)，如下所示。

```cpp
n520::copy(std::begin(v1),std::end(v1),std::begin(v2));
```

如果没有这个限定，一个名为实参依赖查找(**Argument-Dependent Lookup**，**ADL**)的程序将被启动。这将导致调用 copy 的解析结果为 std::copy 函数，因为要传递的实参位于 std 名空间中。更多关于 ADL 的信息，请参阅 https://en.cppreference.com/w/cpp/language/adl。

现在，我们来看另一个例子。

5.6.2 构建同质的变参函数模板

对于第二个例子,我们希望构建一个变参函数模板,它只接受一个或多个可以隐式转换为通用类型的实参。从下列框架定义开始:

```
template<typename... Ts>
void process(Ts&&... ts) {}
```

这样做的问题是,以下所有函数调用均可用(记住,此函数体为空,因此不会由于对某些类型执行无效的操作而出现错误)。

```
process(1, 2, 3);
process(1, 2.0, '3');
process(1, 2.0, "3");
```

第一个例子传递 3 个 int 值。第二个例子传递一个 int、一个 double 和一个 char; int 和 char 都可以隐式转换为 double,所以这应该没问题。但是,第三个例子传递了一个 int、一个 double 和一个 char const*,最后一个类型不能隐式转换为 int 或 double。因此,最后一个调用应该会触发编译错误,但却没有。

为了做到这一点,需要确保当函数实参的通用类型不可用时,编译器会报错。为此,可以使用 static_assert 语句或 std::enable_if 和 SFINAE。然而,我们确实需要弄清楚是否存在一个通用类型。借助 std::common_type 类型特征来实现,这是可能的。

std::common_type 是元函数,它定义了所有类型实参之间的通用类型,所有类型都可以隐式转换为通用类型。因此,std::common_type<int, double, char>::type 将别名为 double 类型。使用这个类型特征可以构建另一个类型特征,告诉我们是否存在一个通用类型。这可以实现,如下所示。

```
template <typename, typename... Ts>
struct has_common_type : std::false_type {};

template <typename... Ts>
struct has_common_type<
        std::void_t<std::common_type_t<Ts...>>,
        Ts...>
  : std::true_type {};

template <typename... Ts>
constexpr bool has_common_type_v =
   sizeof...(Ts) < 2 ||
   has_common_type<void, Ts...>::value;
```

该代码的实现是基于几个其他的类型特征。首先,有 std::false_type 和 std::true_type 这对类型。它们分别是 std::bool_constant<false> 和 std::bool_constant<true> 的类型别名。std::bool_constant 类在 C++17 中可用,它是 std::integral_constant 类针对 bool 类型特化的别名模板。最后的类模板封装了指定类型的静态常量。其概念性实现如下(尽管也提供了一些操作):

```
template<class T, T v>
struct integral_constant
{
   static constexpr T value = v;
   using value_type = T;
};
```

正如本章一些例子所见到的，这有助于对需要定义布尔编译时值的类型特征的定义进行简化。

在实现 has_common_type 类时使用的第三个类型特征是 std::void_t。该类型特征定义了参数数量可变的类型和 void 类型之间的映射。我们使用它构建一个通用类型(若存在)和 void 类型之间的映射。这使我们能够利用 SFINAE 来特化 has_common_type 类模板。

最后，定义了名为 has_common_type_v 的变参模板，以简化 has_common_type 特征的使用。

所有这些都可以用来修改 process 函数模板的定义，以确保它只允许具有通用类型的实参。这可以实现，如下所示。

```
template<typename... Ts,
         typename = std::enable_if_t<
                       has_common_type_v<Ts...>>>
void process(Ts&&... ts)
{ }
```

因此，诸如 process(1, 2.0, "3") 之类的调用将产生编译错误，因为没有针对这组实参的重载的 process 函数。

如前所述，有不同的方式可以使用 has_common_type 特征实现定义的目标。其中一种方式是此处展示的使用 std::enable_if，但也能够使用 static_assert。但是，使用概念是更好的方式，我们将在第 6 章中介绍。

5.7　总结

本章探讨了类型特征的概念，它是定义了关于类型的元信息或类型的转换操作的小型类。首先，我们研究了如何实现类型特征以及它们如何帮助我们。接着，我们学习了 **SFINAE**，即"**替换失败不是错误**"。这是一种能够为模板形参提供约束的技术。

然后，我们看到了如何在 C++17 中使用 enable_if 和 constexpr if 更好地实现这一目的。在本章的第二部分，我们研究了标准库中可用的类型特征，并演示了如何使用其中的一些例子。我们以几个实际使用的例子结束了这一章，这些例子展示了如何使用多种类型特征解决特定问题。

在第 6 章中，我们将通过了解 C++20 的概念和约束来继续学习约束模板形参的主题。

5.8 问题

1. 什么是类型特征？
2. 什么是 SFINAE？
3. 什么是 constexpr if？
4. std::is_same 的作用是什么？
5. std::conditional 的作用是什么？

第6章 概念和约束

C++20 标准通过概念和约束为模板元编程提供了一系列重要改进。**约束**是定义模板形参要求的现代方式，而概念是约束的具名集合。**概念**为传统的模板编写方式带来了几个好处，主要是提高了代码可读性、改善了诊断信息，并减少了编译时间。

在本章中，我们将讨论以下主题：
- 理解概念的必要性
- 定义概念
- 探索 requires 表达式
- 组合约束
- 学习带约束的模板顺序
- 约束非模板成员函数
- 约束类模板
- 约束变量模板和模板别名
- 学习更多指定约束的方法
- 使用概念约束 auto 形参
- 探索标准概念库

到本章结束时，你将对 C++20 概念有很好的理解，并对标准库提供的概念有一个概览。

我们将从讨论概念的开发背景及其主要好处开始。

6.1 理解概念的必要性

正如本章简介中简要提到的，概念提供了一些重要的好处。可以说，最重要的是代码可读性和更好的错误信息。在我们学习如何使用概念之前，让我们回顾一个之前看到的例子，看看它与编程的这两个方面的关系。

```
template <typename T>
T add(T const a, T const b)
{
   return a + b;
}
```

这个简单的函数模板接受两个实参并返回它们的和。事实上，它并不返回和，而是返回对两个实参应用加法运算符的结果。用户定义的类型可以重载这个运算符并执行一些特定的操作。术语"和"只有在讨论数学类型时才有意义，比如整数类型、浮点类型、`std::complex` 类型、矩阵类型、向量类型等。

例如，对于字符串类型，加法运算符可能意味着连接。而对于大多数类型，重载它是没有意义的。因此，仅通过查看函数声明，而不检查其主体，我们实际上无法确定这个函数可以接受什么样的输入以及它做什么。我们可以如下调用这个函数：

```
add(42, 1);         // [1]
add(42.0, 1.0);     // [2]
add("42"s, "1"s);   // [3]
add("42", "1");     // [4] 错误：两个指针不能相加
```

前三个调用都是正确的；第一个调用相加两个整数，第二个相加两个 `double` 值，第三个连接两个 `std::string` 对象。然而，第四个调用将产生编译错误，因为 T 类型的模板形参替换成了 `const char *`，而加法运算符没有为指针类型重载。

这个 add 函数模板的目的是只允许传递算术类型的值，即整数和浮点类型。在 C++20 之前，可以通过几种方式实现这一点。

一种方法是使用 `std::enable_if` 和 SFINAE，就像我们在上一章看到的那样。一种实现是这样：

```
template <typename T,
   typename = typename std::enable_if_t
      <std::is_arithmetic_v<T>>>
T add(T const a, T const b)
{
   return a + b;
}
```

首先要注意的是可读性降低了。第二个类型模板形参很难阅读，需要良好的模板知识才能理解。然而，这次标记为[3]和[4]的调用都会产生编译错误。不同的编译器会发出不同的错误消息。以下是三大主要编译器的输出。

- 在 **VC++ 17** 中，输出为：

```
error C2672: 'add': no matching overloaded function found
error C2783: 'T add(const T,const T)': could not deduce
template argument for '<unnamed-symbol>'
```

- 在 GCC 12 中，输出为：

```
prog.cc: In function 'int main()':
prog.cc:15:8: error: no matching function for call
to 'add(std::__cxx11::basic_string<char>, std::__
cxx11::basic_string<char>)'
   15 |     add("42"s, "1"s);
      |     ~~~^~~~~~~~~~~~
prog.cc:6:6: note: candidate: 'template<class T, class> T
add(T, T)'
    6 |   T add(T const a, T const b)
      |     ^~~
prog.cc:6:6: note:   template argument deduction/
substitution failed:
In file included from /opt/wandbox/gcc-head/include/
c++/12.0.0/bits/move.h:57,
                 from /opt/wandbox/gcc-head/include/
c++/12.0.0/bits/nested_exception.h:40,
                 from /opt/wandbox/gcc-head/include/
c++/12.0.0/exception:154,
                 from /opt/wandbox/gcc-head/include/
c++/12.0.0/ios:39,
                 from /opt/wandbox/gcc-head/include/
c++/12.0.0/ostream:38,
                 from /opt/wandbox/gcc-head/include/
c++/12.0.0/iostream:39,
                 from prog.cc:1:
/opt/wandbox/gcc-head/include/c++/12.0.0/type_traits: In
substitution of 'template<bool _Cond, class _Tp> using
enable_if_t = typename std::enable_if::type [with bool _
Cond = false; _Tp = void]':
prog.cc:5:14:   required from here
/opt/wandbox/gcc-head/include/c++/12.0.0/type_
traits:2603:11: error: no type named 'type' in 'struct
std::enable_if<false, void>'
 2603 |     using enable_if_t = typename enable_if<_Cond,
_Tp>::type;
      |           ^~~~~~~~~~~
```

- 在 Clang 13 中，输出为：

```
prog.cc:15:5: error: no matching function for call to
'add'
    add("42"s, "1"s);
    ^~~
prog.cc:6:6: note: candidate template ignored:
requirement 'std::is_arithmetic_v<std::string>' was not
satisfied [with T = std::string]
  T add(T const a, T const b)
    ^
```

GCC 的错误消息非常冗长，而 VC++没有说明无法匹配模板实参的原因。Clang 在提供可理解的错误消息方面做得更好。

在 C++20 之前，定义这个函数的限制的另一种方法是使用 static_assert 语句，如下面的代码片段所示。

```
template <typename T>
T add(T const a, T const b)
{
    static_assert(std::is_arithmetic_v<T>,
                  "Arithmetic type required");
    return a + b;
}
```

然后，这种实现让我们回到最初的问题，即通过查看函数的声明，我们无法知道它会接受什么类型的参数，前提是有任何限制存在。而错误消息变成如下所示。

- 在 **VC++ 17** 中：

```
error C2338: Arithmetic type required
main.cpp(157): message : see reference to function
template instantiation 'T add<std::string>(const T,const
T)' being compiled
    with
    [
        T=std::string
    ]
```

- 在 **GCC 12** 中：

```
prog.cc: In instantiation of 'T add(T, T) [with T =
std::__cxx11::basic_string<char>]':
prog.cc:15:8:   required from here
prog.cc:7:24: error: static assertion failed: Arithmetic
type required
    7 |     static_assert(std::is_arithmetic_v<T>,
"Arithmetic type required");
      |                   ~~~~~^~~~~~~~~~~~~~~~~~
prog.cc:7:24: note: 'std::is_arithmetic_v<std::__
cxx11::basic_string<char> >' evaluates to false
```

- 在 **Clang 13** 中：

```
prog.cc:7:5: error: static_assert failed due to
requirement 'std::is_arithmetic_v<std::string>'
"Arithmetic type required"
    static_assert(std::is_arithmetic_v<T>, "Arithmetic
type required");
    ^             ~~~~~~~~~~~~~~~~~~~~~~~
prog.cc:15:5: note: in instantiation of function template
specialization 'add<std::string>' requested here
    add("42"s, "1"s);
    ^
```

使用 `static_assert` 语句后，无论编译器如何，收到的错误消息都类似。

在 C++20 中，可以通过使用约束改进这两个讨论的方面(可读性和错误消息)。这些约束通过新的 `requires` 关键字引入，如下所示。

```
template <typename T>
requires std::is_arithmetic_v<T>
T add(T const a, T const b)
{
   return a + b;
}
```

requires 关键字引入了一个子句，称为 requires 子句(**requires clause**)，它定义了模板形参的约束。实际上，有两种可选语法：一种是 requires 子句跟在模板形参列表之后，如前面所见，另一种是 requires 子句跟在函数声明之后，如下面的代码片段所示。

```
template <typename T>
T add(T const a, T const b)
requires std::is_arithmetic_v<T>
{
   return a + b;
}
```

选择这两种语法中的哪一种是个人偏好的问题。无论选任何一种，可读性都比 C++20 之前的实现要好得多。仅通过阅读声明，你就知道 T 类型模板形参必须是算术类型。这也意味着该函数只是简单地相加两个数字。你实际上不需要查看定义就能知道这一点。让我们看看当我们用无效实参调用函数时，错误消息如何变化。

- 在 **VC++ 17** 中：

```
error C2672: 'add': no matching overloaded function found
error C7602: 'add': the associated constraints are not
satisfied
```

- 在 **GCC 12** 中：

```
prog.cc: In function 'int main()':
prog.cc:15:8: error: no matching function for call
to 'add(std::__cxx11::basic_string<char>, std::__
cxx11::basic_string<char>)'
   15 |     add("42"s, "1"s);
      |     ~~~^~~~~~~~~~~~
prog.cc:6:6: note: candidate: 'template<class
T> requires  is_arithmetic_v<T> T add(T, T)'
    6 |    T add(T const a, T const b)
      |      ^~~
prog.cc:6:6: note:   template argument deduction/
substitution failed:
prog.cc:6:6: note: constraints not satisfied
prog.cc: In substitution of 'template<class
T> requires  is_arithmetic_v<T> T add(T, T) [with T =
std::__cxx11::basic_string<char>]':
prog.cc:15:8:   required from here
prog.cc:6:6:   required by the constraints of
'template<class T>  requires  is_arithmetic_v<T> T add(T,
T)'
prog.cc:5:15: note: the expression 'is_arithmetic_v<T>
[with T = std::__cxx11::basic_string<char, std::char_
traits<char>, std::allocator<char> >]' evaluated to
```

```
  'false'
    5 |   requires std::is_arithmetic_v<T>
      |            ~~~~~^~~~~~~~~~~~~~~~~
```

- 在 **Clang 13** 中：

```
prog.cc:15:5: error: no matching function for call to
'add'
    add("42"s, "1"s);
    ^~~
prog.cc:6:6: note: candidate template ignored:
constraints not satisfied [with T = std::string]
  T add(T const a, T const b)
    ^
prog.cc:5:10: note: because 'std::is_arithmetic_
v<std::string>' evaluated to false
requires std::is_arithmetic_v<T>
```

错误消息遵循前面相同的模式：GCC 过于冗长，VC++ 缺少重要信息(未满足的约束)，而 Clang 更加简洁，更好地指出了错误的原因。总的来说，诊断消息有所改进，尽管仍有改进的空间。

约束是在编译期评估为真或假的谓词。前面示例中使用的表达式 std::is_arithmetic_v<T>只是使用了标准类型特征(我们在上一章中看到过)。而能在约束中使用的不同类型的表达式并不限于此，我们将在本章后面学习它们。

在下一节中，我们将看看如何定义和使用具名约束。

6.2 定义概念

前面看到的约束是在使用它们的地方定义的无名谓词。许多约束是通用的，可以在多个地方使用。让我们考虑一个与 add 函数类似的函数示例。这个函数执行算术值的乘法，如下所示。

```
template <typename T>
requires std::is_arithmetic_v<T>
T mul(T const a, T const b)
{
  return a * b;
}
```

这里出现了与 add 函数相同的 requires 子句。为了避免这种重复代码，可以定义一个可以在多个地方复用的具名约束。具名约束被称为概念(concept)。概念使用新的 concept 关键字和模板语法定义。下面是一个例子：

```
template<typename T>
concept arithmetic = std::is_arithmetic_v<T>;
```

尽管概念被赋予布尔值，其名称不应包含动词。它们表示要求，并用作模板形参的属性或限定符。因此，你应该优先使用诸如 arithmetic、copyable、serializable、container 等名称，而不是 is_arithmetic、is_copyable、is_serializable 和 is_container。前面定义的 arithmetic 概念可以如下使用。

```
template <arithmetic T>
T add(T const a, T const b) { return a + b; }

template <arithmetic T>
T mul(T const a, T const b) { return a * b; }
```

从这个代码片段中可以看到，概念可以用来代替关键字 typename。它用 arithmetic 性质限定 T 类型，意味着只有满足这个要求的类型才能用作模板实参。同样的 arithmetic 概念可以用不同的语法定义，如下面的代码片段所示。

```
template<typename T>
concept arithmetic = requires { requires std::is_arithmetic_v<T>; };
```

这里使用了一个 requires 表达式。requires 表达式使用花括号{}，而 requires 子句不使用。requires 表达式可以包含不同类型的要求序列：简单要求、类型要求、复合要求和嵌套要求。这里看到的是一个简单要求。为了定义这个特定的概念，这种语法更复杂，但最终效果相同。但是，在某些情况下需要复杂的要求。让我们看一个例子。

考虑我们要定义一个只接受容器类型作为实参的模板的情况。在可以使用概念之前，这可以通过类型特征和 SFINAE 或 static_assert 语句来解决，就像我们在本章开始时看到的那样。但是，容器类型并不容易正式定义。可以根据标准容器的一些属性来定义它。

- 它们具有成员类型 value_type、size_type、allocator_type、iterator 和 const_iterator。
- 它们有返回容器中元素数量的成员函数 size。
- 它们有返回容器中首元素和尾后位置的迭代器和常量迭代器的成员函数 begin/end 和 cbegin/cend。

根据第 5 章 "类型特征和条件编译" 中积累的知识，可以如下定义一个 is_container 类型特征。

```
template <typename T, typename U = void>
struct is_container : std::false_type {};

template <typename T>
struct is_container<T,
   std::void_t<typename T::value_type,
               typename T::size_type,
               typename T::allocator_type,
               typename T::iterator,
               typename T::const_iterator,
               decltype(std::declval<T>().size()),
               decltype(std::declval<T>().begin()),
               decltype(std::declval<T>().end()),
            decltype(std::declval<T>().cbegin()),
            decltype(std::declval<T>().cend())>>
```

```
  : std::true_type{};

template <typename T, typename U = void>
constexpr bool is_container_v = is_container<T, U>::value;
```

可以通过 `static_assert` 语句验证类型特征是否正确识别容器类型。这里是一个例子：

```
struct foo {};

static_assert(!is_container_v<foo>);
static_assert(is_container_v<std::vector<foo>>);
```

概念使得编写这样的模板约束变得更加容易。可以使用概念语法和 requires 表达式来这样定义，如下所示。

```
template <typename T>
concept container = requires(T t)
{
  typename T::value_type;
  typename T::size_type;
  typename T::allocator_type;
  typename T::iterator;
  typename T::const_iterator;
  t.size();
  t.begin();
  t.end();
  t.cbegin();
  t.cend();
};
```

这个定义既简短又更易读。它使用了简单要求，如 `t.size()` 和类型要求，例如 `typename T::value_type`。它可以用来以前面看到的方式约束模板形参，也可以用于 `static_assert` 语句(因为约束会被求值为编译期布尔值)。

```
struct foo{};

static_assert(!container<foo>);
static_assert(container<std::vector<foo>>);

template <container C>
void process(C&& c) {}
```

在下一节中，我们将深入探讨可以在 requires 表达式中使用的各种类型的要求。

6.3 探索 requires 表达式

requires 表达式可能是复杂的表达式，正如我们在之前容器概念的例子中所看到的。requires 表达式的实际形式与函数语法非常相似，如下所示。

```
requires (parameter-list) { requirement-seq }
```

parameter-list 是一个以逗号分隔的形参列表。与函数声明唯一的区别是不允许使用默认值。然而在此列表中指定的形参没有存储、链接或生存期。编译器不会为它们分配任何内存；它们仅用于定义要求。但是，它们确实有一个作用域，即 requires 表达式的右花括号。

requirements-seq 是一系列要求。每个这样的要求必须以分号结束，就像 C++ 中的任何语句一样。有 4 种类型的要求：

- 简单要求
- 类型要求
- 复合要求
- 嵌套要求

这些要求可以引用以下内容：

- 在作用域内的模板形参
- 在 requires 表达式的形参列表中引入的局部形参
- 从所在上下文可见的任何其他声明

在接下来的小节中，我们将探讨所有提到的要求类型。

首先介绍简单要求。

6.3.1 简单要求

简单要求(**simple requirement**)是一个不会被求值但只检查正确性的表达式。表达式必须有效才能将要求评估为 true 值。表达式不能以 requires 关键字开头，因为那定义了一个嵌套要求(稍后将讨论)。

我们在之前定义 arithmetic 和 container 概念时已经看到了简单语句的例子。让我们再看几个：

```
template<typename T>
concept arithmetic = requires
{
   std::is_arithmetic_v<T>;
};

template <typename T>
concept addable = requires(T a, T b)
{
   a + b;
};

template <typename T>
concept logger = requires(T t)
{
  t.error("just");
  t.warning("a");
  t.info("demo");
};
```

第一个概念 `arithmetic` 与我们之前定义的相同。`std::is_arithmetic_v<T>` 表达式是一个简单要求。注意，当形参列表为空时，可以完全省略，就像在这个例子中，我们只检查 T 类型模板形参是否为算术类型。

`addable` 和 `logger` 概念都有一个形参列表，因为我们正在检查 T 类型值的操作。表达式 `a + b` 是一个简单要求，编译器只是检查加法运算符是否为 T 类型重载。在最后一个例子中，我们确保 T 类型有 3 个名为 `error`、`warning` 和 `info` 的成员函数，它们接受单个 `const char*` 类型或单个可以从 `const char*` 构造的某种类型的形参。请记住，作为实参传递的实际值并不重要，因为这些调用永远不会执行；它们只是检查正确性。

让我们简要说明最后一个例子，并考虑以下代码片段。

```
template <logger T>
void log_error(T& logger)
{}

struct console_logger
{
  void error(std::string_view text){}
  void warning(std::string_view text) {}
  void info(std::string_view text) {}
};

struct stream_logger
{
  void error(std::string_view text, bool = false) {}
  void warning(std::string_view text, bool = false) {}
  void info(std::string_view text, bool) {}
};
```

`log_error` 函数模板需要一个满足 `logger` 要求的类型的实参。我们有两个类，`console_logger` 和 `stream_logger`。`console_logger` 类满足 `logger` 要求，但 `stream_logger` 类不满足。这是因为 `info` 函数不能用单个 `const char*` 类型的实参调用。这个函数还需要第二个布尔实参。前两个方法 `error` 和 `warning` 为第二个实参定义了默认值，所以它们可以被 `t.error("just")` 和 `warning("a")` 这样的调用来调用。

但是，由于第三个成员函数 `stream_logger` 不是一个满足预期要求的日志类，因此不能与 `log_error` 函数一起使用。`console_logger` 和 `stream_logger` 的使用在以下代码片段中进行了示例：

```
console_logger cl;
log_error(cl);     // 可以

stream_logger sl;
log_error(sl);     // 错误
```

下一节介绍第二类要求,即类型要求。

6.3.2 类型要求

类型要求(**type requirement**)由关键字 `typename` 后跟类型名称引入。我们在定义 `container` 约束时已经看到了几个例子。类型名称必须有效,要求才能为真。类型要求可用于以下几个目的:

- 验证嵌套类型是否存在(例如 typename T::value_type;)
- 验证类模板特化是否命名一个类型
- 验证别名模板特化是否命名一个类型

让我们通过几个例子学习如何使用类型要求。在第一个例子中,我们检查一个类型是否包含内部类型 `key_type` 和 `value_type`。

```
template <typename T>
concept KVP = requires
{
  typename T::key_type;
  typename T::value_type;
};

template <typename T, typename V>
struct key_value_pair
{
  using key_type = T;
  using value_type = V;

  key_type    key;
  value_type  value;
};

static_assert(KVP<key_value_pair<int, std::string>>);
static_assert(!KVP<std::pair<int, std::string>>);
```

类型 `key_value_pair<int, std::string>` 满足这些类型要求,但 `std::pair<int, std::string>` 不满足。`std::pair` 类型确实有内部类型,但它们被称为 `first_type` 和 `second_type`。

在第二个例子中,我们检查一个类模板特化是否命名一个类型。类模板是 `container`,特化是 `container<T>`。

```
template <typename T>
requires std::is_arithmetic_v<T>
struct container
{ /* ... */ };

template <typename T>
concept containerizeable = requires {
   typename container<T>;
};
```

```
static_assert(containerizeable<int>);
static_assert(!containerizeable<std::string>);
```

在这个代码片段中，container 是一个只能为算术类型(如 int、long、float 或 double)特化的类模板。因此，像 container<int> 这样的特化存在，但 container<std::string>不存在。containerizeable 概念指定了一个对类型 T 的要求，即定义 container 的有效特化。因此，containerizeable<int> 为真，但 containerizeable<std::string> 为假。

至此我们已经理解了简单要求和类型要求，是时候开始探索更复杂的要求类别了。首先介绍复合要求。

6.3.3 复合要求

简单要求允许我们验证一个表达式是否有效。但是，有时我们需要验证表达式的一些属性，而不仅仅是它本身是否有效。这可能包括表达式是否不抛出异常或对结果类型的要求(例如函数的返回类型)。一般形式如下：

```
{ expression } noexcept -> type_constraint;
```

noexcept 规约和 type_constraint(有前导->)都是可选的。替换过程和约束检查如下进行：

(1) 模板实参被替换到表达式中。

(2) 如果指定了 noexcept，则表达式不能抛出异常；否则，要求为假。

(3) 如果存在类型约束，则模板实参也被替换到 type_constraint 中，并且 decltype((表达式)) 必须满足 type_constraint 施加的条件；否则，要求为假。

我们将通过讨论几个例子学习如何使用复合要求。在第一个例子中，检查一个函数是否标记为 noexcept。

```
template <typename T>
void f(T) noexcept {}

template <typename T>
void g(T) {}

template <typename F, typename ... T>
concept NonThrowing = requires(F && func, T ... t)
{
   {func(t...)} noexcept;
};

template <typename F, typename ... T>
    requires NonThrowing<F, T...>
void invoke(F&& func, T... t)
{
   func(t...);
}
```

在这个代码片段中，有两个函数模板：f 被声明为 noexcept；因此，它不应抛出任何异常，而 g 可能抛出异常。NonThrowing 概念要求类型为 F 的变参函数不能抛出异常。因此，以下两个调用中，只有第一个是有效的，第二个将产生编译错误。

```
invoke(f<int>, 42);
invoke(g<int>, 42); // 错误
```

Clang 生成的错误消息如下所示。

```
prog.cc:28:7: error: no matching function for call to 'invoke'
    invoke(g<int>, 42);
    ^~~~~~
prog.cc:18:9: note: candidate template ignored: constraints not
satisfied [with F = void (&)(int), T = <int>]
  void invoke(F&& func, T... t)
       ^
prog.cc:17:16: note: because 'NonThrowing<void (&)(int), int>'
evaluated to false
    requires NonThrowing<F, T...>
             ^
prog.cc:13:20: note: because 'func(t)' may throw an exception
    {func(t...)} noexcept;
                  ^
```

这些错误消息告诉我们，invoke(g<int>, 42) 调用无效，因为 g<int> 可能抛出异常，这导致 NonThrowing<F, T...> 求值为 false。

第二个例子，我们将定义一个为计时器类提供要求的概念。具体来说，它要求存在一个名为 start 的函数，该函数可以不带任何形参调用，并返回 void。它还要求存在第二个名为 stop 的函数，该函数可以不带任何形参调用，并返回一个可以转换为 long long 的值。该概念定义如下：

```
template <typename T>
concept timer = requires(T t)
{
  {t.start()} -> std::same_as<void>;
  {t.stop()} -> std::convertible_to<long long>;
};
```

注意，类型约束不能是任何编译期布尔表达式，而必须是实际的类型要求。因此，我们使用其他概念指定返回类型。std::same_as 和 std::convertible_to 都是标准库中头文件 <concepts> 中可用的概念。我们将在 6.11 节"探索标准概念库"中了解更多相关信息。现在，让我们考虑以下实现计时器的类。

```
struct timerA
{
  void start() {}
  long long stop() { return 0; }
};

struct timerB
```

```cpp
{
  void start() {}
  int stop() { return 0; }
};

struct timerC
{
  void start() {}
  void stop() {}
  long long getTicks() { return 0; }
};

static_assert(timer<timerA>);
static_assert(timer<timerB>);
static_assert(!timer<timerC>);
```

在这个例子中，timerA 满足 timer 概念，因为它包含两个所需的方法：返回 void 的 start 和返回 long long 的 stop。同样，timerB 也满足 timer 概念，因为它具有相同的方法，尽管 stop 返回 int。但是，int 类型可以隐式转换为 long long 类型；因此，类型要求得到满足。最后，timerC 也有相同的方法，但它们都返回 void，这意味着 stop 的返回类型不满足类型要求，因此，timer 概念所施加的约束不被满足。

最后一类要求是嵌套要求。我们将在下一节中探讨这个问题。

6.3.4 嵌套要求

最后一类要求是嵌套要求。嵌套要求用 requires 关键字引入(注意，前文提到的简单要求是不用 requires 关键字引入的要求)，形式如下。

```
requires constraint-expression;
```

表达式必须被替换的实参满足。对 constraint-expression 中的模板实参的替换仅用于检查表达式是否满足。

在下面的例子中，我们想定义一个对可变数量的实参执行加法的函数。然而，我们想施加一些条件：

- 实参数量多于一个。
- 所有实参类型相同。
- 表达式 arg1 + arg2 + ... + argn 是有效的。

为确保这一点，我们定义了一个名为 HomogenousRange 的概念，如下所示。

```cpp
template<typename T, typename... Ts>
inline constexpr bool are_same_v =
    std::conjunction_v<std::is_same<T, Ts>...>;

template <typename ... T>
concept HomogenousRange = requires(T... t)
{
```

```
    (... + t);
    requires are_same_v<T...>;
    requires sizeof...(T) > 1;
};
```

这个概念包含一个简单要求和两个嵌套要求。一个嵌套要求使用 `are_same_v` 变量模板，其值由一个或多个类型特征(`std::is_same`)的合取决定，另一个则是编译期布尔表达式 `size...(T) > 1`。

使用这个概念，可以定义 add 变参函数模板，如下所示。

```
template <typename ... T>
requires HomogenousRange<T...>
auto add(T&&... t)
{
    return (... + t);
}

add(1, 2);        // 正确
add(1, 2.0);      // 错误，类型不同
add(1);           // 错误，大小不大于1
```

之前示例的第一个调用是正确的，因为有两个实参，并且都是 `int` 类型。第二个调用产生错误，因为实参类型不同(`int` 和 `double`)。同样，第三个调用也产生错误，因为只提供了一个实参。

HomogenousRange 概念也可以通过几个 `static_assert` 语句进行测试，如下所示。

```
static_assert(HomogenousRange<int, int>);
static_assert(!HomogenousRange<int>);
static_assert(!HomogenousRange<int, double>);
```

我们已经介绍了可用于定义约束的所有 requires 表达式类别。然而，约束也可以被组合，这就是接下来要讨论的内容。

6.4　组合约束

我们已经看到了多个约束模板实参的例子，但到目前为止，我们在所有情况下都只使用了单一约束。而约束也可以使用运算符 `&&` 和 `||` 进行组合。使用运算符 `&&` 组合两个约束称为合取(**conjunction**)，而使用运算符 `||` 组合两个约束称为析取(**disjunction**)。

合取要为真，两个约束都必须为真。与逻辑 **AND** 运算类似，两个约束从左到右求值，如果左侧约束为假，则不会对右侧约束求值。让我们看一个例子：

```
template <typename T>
requires std::is_integral_v<T> && std::is_signed_v<T>
T decrement(T value)
{
```

```
    return value--;
}
```

在这个代码段中，我们有一个函数模板，返回接收到的实参递减后的值。但是，它只接受有符号整数值。这是通过两个约束的合取指定的，std::is_integral_v<T> && std::is_signed_v<T>。可以使用不同的方法定义合取，如下所示。

```
template <typename T>
concept Integral = std::is_integral_v<T>;

template <typename T>
concept Signed = std::is_signed_v<T>;

template <typename T>
concept SignedIntegral = Integral<T> && Signed<T>;

template <SignedIngeral T>
T decrement(T value)
{
   return value--;
}
```

可以看到这里定义了 3 个概念：一个约束整数类型，一个约束有符号类型，还有一个约束整数和有符号类型。

析取的工作方式类似。要让析取为真，至少一个约束必须为真。如果左侧约束为真，则不会对右侧约束求值。让我们再看一个例子。如果你还记得本章前面的 add 函数模板，我们用 std::is_arithmetic 类型特征约束它。但是，可以使用 std::is_integral 和 std::is_floating_point 获得相同的结果，如下所示。

```
template <typename T>
requires std::is_integral_v<T> || std::is_floating_point_v<T>
T add(T a, T b)
{
   return a + b;
}
```

表达式 std::is_integral_v<T> || std::is_floating_point_v<T> 定义了两个原子约束的析取。我们稍后会更详细地讨论这种约束。目前，请记住原子约束是不能再分解成更小部分的 bool 类型的表达式。与我们之前所做的类似，也可以构建概念的析取并使用它。

```
template <typename T>
concept Integral = std::is_integral_v<T>;

template <typename T>
concept FloatingPoint = std::is_floating_point_v<T>;

template <typename T>
concept Number = Integral<T> || FloatingPoint<T>;

template <Number T>
```

```
T add(T a, T b)
{
   return a + b;
}
```

如前所述,合取和析取会短路。这在检查程序正确性时有重要影响。考虑形式为 A<T> && B<T> 的合取,首先检查并评估 A<T>,如果它为假,则不再检查第二个约束 B<T>。

类似地,对于 A<T> || B<T> 析取,在检查 A<T>后,如果它求值为真,则不会检查第二个约束 B<T>。如果你希望两个合取都被检查为良构,然后再确定它们的布尔值,那么你必须以不同的方式使用运算符 && 和||。只有当标记 && 和 || 嵌套在圆括号内,或是出现在标记 && 或 ||的操作数中时,才形成合取或析取。否则,这些运算符被视为逻辑运算符。让我们用例子解释这一点:

```
template <typename T>
requires A<T> || B<T>
void f() {}

template <typename T>
requires (A<T> || B<T>)
void f() {}

template <typename T>
requires A<T> && (!A<T> || B<T>)
void f() {}
```

在上面这些例子中,标记||定义了一个析取。然而,当在类型转换表达式或逻辑非(**NOT**)中使用时,标记&&和||定义了一个逻辑表达式。

```
template <typename T>
requires (!(A<T> || B<T>))
void f() {}

template <typename T>
requires (static_cast<bool>(A<T> || B<T>))
void f() {}
```

在上面这些情况下,首先检查整个表达式的正确性,然后确定其布尔值。值得一提的是,在后一个例子中,表达式!(A<T> || B<T>)和 static_cast<bool>(A<T> || B<T>) 都需要包裹在另一组圆括号内,因为 requires 子句的表达式不能以标记 ! 或类型转换开始。

合取和析取不能用于约束模板形参包。但是,有一个变通方法可以实现这一点。让我们考虑 add 函数模板的变参实现,要求所有实参必须是整数类型。人们可能尝试以下形式编写这样的约束:

```
template <typename ... T>
requires std::is_integral_v<T> && ...
auto add(T ... args)
{
```

```
    return (args + ...);
}
```

这将生成编译错误,因为在这种情况下不允许使用省略号。为避免这个错误,可以将表达式包裹在一组圆括号中,如下所示。

```
template <typename ... T>
requires (std::is_integral_v<T> && ...)
auto add(T ... args)
{
    return (args + ...);
}
```

表达式 (std::is_integral_v<T> && ...) 现在是一个折叠表达式。它不再是像最初期望的那样构成一个合取。因此,得到的是一个单一的原子约束。编译器将首先检查整个表达式的正确性,然后确定其布尔值。要构建合取,首先需要定义一个概念,如下所示。

```
template <typename T>
concept Integral = std::is_integral_v<T>;
```

接下来需要做的是更改 requires 子句,使其使用新定义的概念而不是布尔变量 std::is_integral_v<T>。

```
template <typename ... T>
requires (Integral<T> && ...)
auto add(T ... args)
{
    return (args + ...);
}
```

看起来变化不大,但实际上,由于使用了概念,会对每个模板实参单独进行正确性验证和布尔值确定。如果某个类型不满足约束,其余部分将被短路,验证停止。

你一定注意到本节前面两次使用了**原子约束**这个术语。因此,有人会问,什么是原子约束? 它是一个不能进一步分解的 bool 类型表达式。原子约束是在约束规范化过程中形成的,当编译器将约束分解为原子约束的合取和析取时。这个过程如下:

- 表达式 E1 && E2 被分解为 E1 和 E2 的合取。
- 表达式 E1 || E2 被分解为 E1 和 E2 的析取。
- 概念 C<A1, A2, ... An>在将所有模板实参替换到其原子约束后,被替换为其定义。

原子约束用于确定约束的偏序,这反过来决定函数模板和类模板特化的偏序,以及重载解析中非模板函数的下一个候选。我们将在下一节讨论这个主题。

6.5　了解带约束模板的顺序

当编译器遇到函数调用或类模板实例化时，它需要找出哪个重载(对于函数)或特化(对于类)是最佳匹配。函数可能以不同的类型约束重载。类模板也可以用不同的类型约束进行特化。为了决定哪个是最佳匹配，编译器需要找出哪个是最受约束的，同时，在替换所有模板形参后求值为真。为了确定这一点，它执行约束规范化(**constraints normalization**)。这是将约束表达式转换为原子约束的合取和析取的过程，如上一节末尾所描述的。

如果原子约束 A 蕴含原子约束 B，则称 A 归入 B。如果声明 D1 的约束归入另一个声明 D2 的约束，则称 D1 至少与 D2 一样受约束。此外，如果 D1 至少与 D2 一样受约束，但反之不成立，则称 D1 比 D2 更受约束。更受约束的重载被选为最佳匹配。

我们将讨论几个例子，以了解约束如何影响重载决策。首先，从以下两个重载开始：

```
int add(int a, int b)
{
   return a + b;
}

template <typename T>
T add(T a, T b)
{
   return a + b;
}
```

第一个重载是一个非模板函数，它接受两个 `int` 实参并返回它们的和。第二个是我们在本章中已经看到的模板实现。

考虑以下调用：

```
add(1.0, 2.0);  // [1]
add(1, 2);      // [2]
```

第一个调用(在第[1]行)接受两个 `double` 值，所以只有模板重载是匹配的。因此，将调用其对 `double` 类型的实例化。add 函数的第二个调用(在第[2]行)接受两个整数实参。两个重载都是可能的匹配。编译器将选择最具体的一个，即非模板重载。

如果两个重载都是模板，但其中一个是有约束的，会发生什么？让我们讨论以下例子。

```
template <typename T>
T add(T a, T b)
{
   return a + b;
}

template <typename T>
requires std::is_integral_v<T>
```

```
T add(T a,T b)
{
    return a + b;
}
```

第一个重载是之前看到过的函数模板。第二个实现相同，但为模板实参指定了要求，限制为整数类型。如果我们考虑前面代码片段中的两个调用，对于[1]行使用两个 double 值的调用，只有第一个重载是良好匹配。对于[2]行使用两个整数值的调用，两个重载都是良好匹配。然而，第二个重载更受约束(它有一个约束，而第一个没有约束)，所以编译器将为调用选择这个。

在下一个例子中，两个重载都有约束。第一个重载要求模板实参的大小为 4，第二个重载要求模板实参必须是整数类型。

```
template <typename T>
requires (sizeof(T) == 4)
T add(T a,T b)
{
    return a + b;
}

template <typename T>
requires std::is_integral_v<T>
T add(T a,T b)
{
    return a + b;
}
```

让我们考虑对这个重载函数模板的以下调用：

```
add((short)1,(short)2);  // [1]
add(1, 2);               // [2]
```

[1]行的调用使用 short 类型的实参。这是一个大小为 2 的整数类型；因此，只有第二个重载是匹配的。然而，[2]行的调用使用 int 类型的实参。这是一个大小为 4 的整数类型。因此，两个重载都是良好匹配。然而，这是一个模棱两可的情况，编译器无法在两者之间选择，它将触发一个错误。

但是，如果我们稍微改变这两个重载，如下面的代码片段所示，会发生什么？

```
template <typename T>
requires std::is_integral_v<T>
T add(T a,T b)
{
    return a + b;
}

template <typename T>
requires std::is_integral_v<T> && (sizeof(T) == 4)
T add(T a,T b)
{
```

```
  return a + b;
}
```

两个重载都要求模板实参必须是整数类型，但第二个还要求整数类型的大小必须是 4 字节。所以，对于第二个重载，我们使用两个原子约束的合取。我们还是讨论相同的两个调用，一个使用 short 实参，另一个使用 int 实参。

对于 [1] 行的调用，传递两个 short 值，只有第一个重载是良好匹配，所以将调用它。对于 [2] 行的调用，它接受两个 int 实参，两个重载都是匹配的。然而，第二个更受约束。但是，编译器无法决定哪个是更好的匹配，将发出模棱两可的调用错误。这可能令你感到惊讶，因为在开始时，我说过从重载集合中将选择最受约束的重载。在我们的例子中它不起作用，因为我们使用类型特征来约束两个函数。如果我们改用概念，行为就会不同。如下所示：

```
template <typename T>
concept Integral = std::is_integral_v<T>;

template <typename T>
requires Integral<T>
T add(T a,T b)
{
   return a + b;
}

template <typename T>
requires Integral<T> && (sizeof(T) == 4)
T add(T a,T b)
{
   return a + b;
}
```

不再有歧义；编译器将选择第二个重载作为重载集合中的最佳匹配。这表明概念被编译器优先处理。请记住，使用概念有不同的方式来使用约束，但前面的定义只是用概念替换了类型特征；因此，它们可以说是比下一个实现更好地展示了这种行为。

```
template <Integral T>
T add(T a,T b)
{
   return a + b;
}

template <Integral T>
requires (sizeof(T) == 4)
T add(T a,T b)
{
   return a + b;
}
```

本章讨论的所有例子都涉及约束函数模板。然而，也可以约束非模板成员函数以及类模板和类模板特化。我们将在接下来的部分讨论这些，从前者开始。

6.6 约束非模板成员函数

类模板的非模板函数成员可以以类似于我们迄今所见的方式进行约束。这使得模板类能够只为满足某些要求的类型定义成员函数。在下面的示例中，等号运算符将受到约束。

```
template <typename T>
struct wrapper
{
  T value;

  bool operator==(std::string_view str)
  requires std::is_convertible_v<T, std::string_view>
  {
    return value == str;
  }
};
```

wrapper 类持有一个 T 类型的值，并且只为可转换为 std::string_view 的类型定义 operator== 成员。让我们看看如何使用它：

```
wrapper<int>         a{ 42 };
wrapper<char const*> b{ "42" };

if(a == 42)   {} // 错误
if(b == "42") {} // 正确
```

这里我们有两个 wrapper 类的实例化，一个用于 int，一个用于 char const*。尝试将 a 对象与字面量 42 比较会生成编译错误，因为这个类型没有定义 operator==。然而，将 b 对象与字符串字面量 "42" 比较是可能的，因为等号运算符是为可以隐式转换为 std::string_view 的类型定义的，而 char const* 就是这样一种类型。

约束非模板成员是有用的，因为它是比强制成员成为模板并使用 SFINAE 更干净的解决方案。为了更好地理解这一点，让我们考虑 wrapper 类的以下实现。

```
template <typename T>
struct wrapper
{
  T value;

  wrapper(T const & v) :value(v) {}
};
```

这个类模板可以如下实例化：

```
wrapper<int> a = 42;                        //正确

wrapper<std::unique_ptr<int>> p =
    std::make_unique<int>(42);    //错误
```

第一行编译成功，但第二行生成编译错误。不同的编译器会发出不同的消息，但错误的核心是对 `std::unique_ptr` 的隐式删除了的拷贝构造函数的调用。

我们想要做的是限制从 T 类型对象的 wrapper 的拷贝构造，使其只对可拷贝构造的 T 类型有效。C++20 之前可用的方法是将拷贝构造函数转换为模板并使用 SFINAE。如下所示：

```cpp
template <typename T>
struct wrapper
{
  T value;

  template <typename U,
            typename = std::enable_if_t<
               std::is_copy_constructible_v<U> &&
               std::is_convertible_v<U, T>>>
  wrapper(U const& v) :value(v) {}
};
```

这次当我们尝试从 `std::unique_ptr<int>` 值初始化 `wrapper<std::unique_ptr<int>>` 时也会得到错误，但错误不同。例如，以下是 Clang 生成的错误消息。

```
prog.cc:19:35: error: no viable conversion from 'typename
 __unique_if<int>::__unique_single' (aka 'unique_ptr<int>') to
'wrapper<std::unique_ptr<int>>'
     wrapper<std::unique_ptr<int>> p = std::make_
unique<int>(42); // error
                                  ^   ~~~~~~~~~~~~~~~~~~~~~~~~~

prog.cc:6:8: note: candidate constructor (the implicit copy
constructor) not viable: no known conversion from 'typename
 __unique_if<int>::__unique_single' (aka 'unique_ptr<int>') to
'const wrapper<std::unique_ptr<int>> &' for 1st argument
struct wrapper
       ^

prog.cc:6:8: note: candidate constructor (the implicit move
constructor) not viable: no known conversion from 'typename
 __unique_if<int>::__unique_single' (aka 'unique_ptr<int>') to
'wrapper<std::unique_ptr<int>> &&' for 1st argument
struct wrapper
       ^

 prog.cc:13:9: note: candidate template ignored: requirement
'std::is_copy_constructible_v<std::unique_ptr<int,
std::default_delete<int>>>' was not satisfied [with U =
std::unique_ptr<int>]
       wrapper(U const& v) :value(v) {}
       ^
```

最重要的消息是最后一条，它有助于理解问题的原因。它说 U 替换为

`std::unique_ptr<int>` 不满足布尔条件的要求。在 C++20 中，可以更好地实现对 T 模板实参的相同限制。这次，可以使用约束，拷贝构造函数不再需要是模板。C++20 中的实现可以如下所示：

```
template <typename T>
struct wrapper
{
  T value;

  wrapper(T const& v)
    requires std::is_copy_constructible_v<T>
    :value(v)
  {}
};
```

不仅代码更少，不需要复杂的 SFINAE 机制，而且更简单，更容易理解。它还可能生成更好的错误消息。在 Clang 的情况下，前面列出的最后一条注释被替换为以下内容：

```
prog.cc:9:5: note: candidate constructor not viable:
constraints not satisfied
  wrapper(T const& v)
  ^

prog.cc:10:18: note: because 'std::is_copy_constructible_
v<std::unique_ptr<int> >' evaluated to false
    requires std::is_copy_constructible_v<T>
```

在结束本节之前，值得一提的是，不仅类的非模板成员函数可以被约束，自由函数也可以。非模板函数的用例很少，可以用诸如 constexpr if 之类的简单替代解决方案来实现。让我们看一个例子：

```
void handle(int v)
{ /* 处理事务 */ }

void handle(long v)
  requires (sizeof(long) > sizeof(int))
{ /* 处理其他事务 */ }
```

在这个代码片段中，我们有两个 handle 函数的重载。第一个重载接受一个 int 值，第二个接受一个 long 值。这些重载函数的主体不重要，但当且仅当 long 的大小与 int 的大小不同时，它们应该做不同的事情。标准规定 int 的大小至少为 16 位，尽管在大多数平台上它是 32 位。long 的大小至少为 32 位。然而，有些平台，如 **LP64**，int 是 32 位而 long 是 64 位。在这些平台上，两个重载都应该可用。在所有其他两种类型大小相同的平台上，只有第一个重载会是可用的。这些可以按前面所示的形式定义，尽管在 C++17 中可以用 constexpr if 实现相同的效果，如下所示。

```
void handle(long v)
{
  if constexpr (sizeof(long) > sizeof(int))
```

```
    {
       /* 处理其他事务 */
    }
    else
    {
       /* 处理事务 */
    }
}
```

在下一节中，我们将学习如何使用约束来定义对类模板的模板实参的限制。

6.7 约束类模板

类模板和类模板特化也可以像函数模板一样被约束。首先，我们将再次考虑 wrapper 类模板，但这次要求它只对整数类型的模板实参起作用。在 C++20 中，这可以简单地规约如下：

```
template <std::integral T>
struct wrapper
{
   T value;
};

wrapper<int>    a{ 42 };     // 正确
wrapper<double> b{ 42.0 };   // 错误
```

为 int 类型实例化模板是可以的，但对 double 不行，因为它不是整数类型。

要求也可以用 requires 子句指定，类模板特化也可以被约束。为了演示这一点，让我们考虑特化 wrapper 类模板，但只针对大小为 4 字节的类型的情况。这可以实现，代码如下所示。

```
template <std::integral T>
struct wrapper
{
   T value;
};

template <std::integral T>
requires (sizeof(T) == 4)
struct wrapper<T>
{
   union
   {
      T value;
      struct
      {
         uint8_t byte4;
         uint8_t byte3;
         uint8_t byte2;
         uint8_t byte1;
```

```
      };
    };
};
```

可以使用这个类模板，代码如下所示。

```
wrapper<short> a{ 42 };
std::cout << a.value << '\n';

wrapper<int> b{ 0x11223344 };
std::cout << std::hex << b.value << '\n';
std::cout << std::hex << (int)b.byte1 << '\n';
std::cout << std::hex << (int)b.byte2 << '\n';
std::cout << std::hex << (int)b.byte3 << '\n';
std::cout << std::hex << (int)b.byte4 << '\n';
```

对象 a 是 wrapper<short> 的实例；因此，使用主模板。另一方面，对象 b 是 wrapper<int> 的实例。由于 int 的大小为 4 字节(在大多数平台上)，使用特化版本，因此可以通过 byte1、byte2、byte3 和 byte4 成员访问包装值的各个类型。

下面讨论如何约束变量模板和模板别名。

6.8 约束变量模板和模板别名

众所周知，除了函数模板和类模板外，C++中还有变量模板和别名模板。这些模板同样需要定义约束。到目前为止讨论的约束模板实参的规则同样适用于这两种模板。在本节中，我们将简要演示它们。让我们从变量模板开始。

定义 PI 常量是展示变量模板如何工作的典型示例。确实，这是个简单的定义，如下所示。

```
template <typename T>
constexpr T PI = T(3.14159265358897932385L);
```

但是，这只对浮点类型(可能还有其他类型，如 decimal，尽管 C++中尚不存在)有意义。因此，这个定义应该限制为浮点类型，如下所示。

```
template <std::floating_point T>
constexpr T PI = T(3.14159265358897932385L);

std::cout << PI<double> << '\n';   // 正确
std::cout << PI<int> << '\n';      // 错误
```

使用 PI<double> 是正确的，但 PI<int> 会产生编译错误。这就是约束以简单可读的方式提供的功能。

最后，语言中的最后一类模板，别名模板，也可以被约束。在下面的代码片段中，可以看到这样一个例子：

```
template <std::integral T>
using integral_vector = std::vector<T>;
```

integral_vector 模板是当 T 为整数类型时 std::vector<T> 的别名。同样的效果也可以通过以下替代声明实现,尽管声明更长。

```
template <typename T>
requires std::integral<T>
using integral_vector = std::vector<T>;
```

可以使用这个 integral_vector 别名模板,代码如下所示。

```
integral_vector<int>     v1 { 1, 2, 3 };        // 正确
integral_vector<double>  v2 {1.0, 2.0, 3.0};    // 错误
```

定义 v1 对象没问题,因为 int 是整数类型。然而,定义 v2 向量会产生编译错误,因为 double 不是整数类型。

如果你注意到本节中的例子,你会发现它们没有使用我们之前在本章中使用的类型特征(和相关的变量模板),而是使用了几个概念:std::integral 和 std::floating_point。这些类型特征定义在头文件 <concepts> 中,帮助我们避免重复定义基于可用的 C++11(或更新的语言标准)中的类型特征的相同概念。我们很快就会看到标准概念库的内容。在此之前,让我们看看在 C++20 中还有哪些其他方式可以用来定义约束。

6.9 学习更多指定约束的方法

我们在本章中讨论了 requires 子句和 requires 表达式。尽管两者都使用新的 requires 关键字引入,但它们是不同的,应该被充分理解。

- **requires** 子句决定一个函数是否参与重载决策。这取决于编译期布尔表达式的值。
- **requires** 表达式决定一个或多个表达式是否良构,而不对程序的行为产生任何副作用。requires 表达式是一个可以用于 requires 子句的布尔表达式。

让我们再看一个例子:

```
template <typename T>
concept addable = requires(T a, T b) { a + b; };
                    // [1] requires 表达式

template <typename T>
requires addable<T>    // [2] requires 子句
auto add(T a, T b)
{
    return a + b;
}
```

[1]行以 requires 关键字开始的构造是一个 requires 表达式。它验证表达式 a + b 对任何 T 是否良构。另一方面，[2]行的构造是一个 requires 子句。如果布尔表达式 addable<T>求值为 true，该函数参与重载决策；否则，它不参与。

尽管 requires 子句应该使用概念，但也可以使用 requires 表达式。基本上，任何可以放在概念定义中 = 标记右侧的内容都可以用于 requires 子句。这意味着我们可以这样操作，如下所示。

```
template <typename T>
   requires requires(T a, T b) { a + b; }
auto add(T a, T b)
{
   return a + b;
}
```

尽管这是完全合法的代码，但它是否是使用约束的好方法是有争议的。我建议避免创建以 requires requires 开头的构造。它们的可读性较差，可能会造成困惑。此外，具名概念可以在任何地方使用，而带有 requires 表达式的 requires 子句如果需要用于多个函数，则必须重复。

现在我们已经看到了如何以多种方式使用约束和概念来约束模板实参，让我们看看如何简化函数模板语法并约束模板实参。

6.10 使用概念约束 auto 形参

在**第 2 章"模板基础"** 中，我们讨论了 C++14 引入的泛型 lambda，以及 C++20 引入的 lambda 模板。至少在一个形参上使用 auto 说明符的 lambda 称为**泛型 lambda(generic lambda)**。编译器生成的函数对象将具有模板化的调用运算符。这里有一个例子帮助读者重温：

```
auto lsum = [](auto a, auto b) {return a + b; };
```

C++20 标准将这个特性推广到所有函数。可以在函数形参列表中使用 auto 说明符。这有将函数转换为模板函数的效果。这里有一个例子：

```
auto add(auto a, auto b)
{
   return a + b;
}
```

这是一个接受两个形参并返回它们的和(或更准确地说，是对两个值应用 operator+的结果)的函数。这种使用 auto 作为函数形参的函数称为**简写函数模板(abbreviated function template)**。它基本上是函数模板的简写语法。前面函数的等效模板如下：

```
template<typename T, typename U>
auto add(T a, U b)
{
    return a + b;
}
```

可以像调用任何模板函数一样调用这个函数，编译器将通过用实际类型替换模板实参来生成适当的实例化。例如，让我们考虑以下调用：

```
add(4, 2);    // 返回 6
add(4.0, 2);  // 返回 6.0
```

可以使用 cppinsights.io 网站检查编译器为基于这两个调用的 add 简写函数模板生成的代码。生成了以下特化。

```
template<>
int add<int, int>(int a, int b)
{
  return a + b;
}

template<>
double add<double, int>(double a, int b)
{
  return a + static_cast<double>(b);
}
```

由于简写函数模板只不过是具有简化语法的常规函数模板，因此用户可以显式特化这样的函数。这里有一个例子：

```
template<>
auto add(char const* a, char const* b)
{
   return std::string(a) + std::string(b);
}
```

这是 char const* 类型的完全特化。这个特化使我们能够进行诸如 add("4", "2") 这样的调用，尽管结果是一个 std::string 类型的值。

这类简写函数模板称为**无约束**的。对模板实参没有限制。但是，可以使用概念为它们的形参提供约束。使用概念的简写函数模板称为**有约束**的。接下来，看一个约束为整数类型的 add 函数的例子。

```
auto add(std::integral auto a, std::integral auto b)
{
   return a + b;
}
```

如果我们再次考虑之前看到的相同调用，第一个调用会成功，但第二个调用将产生编译错误，因为没有 double 和 int 值的重载。

```
add(4, 2);    // 正确
add(4.2, 0);  // 错误
```

有约束的 auto 也可以用于变参简写函数模板。下面的代码片段中展示了一个例子：

```
auto add(std::integral auto ... args)
{
   return (args + ...);
}
```

最后，同样重要的是，有约束的 auto 也可以用于泛型 lambda。如果想要将本节开始时介绍的泛型 lambda 只用于整数类型，那么可以这样约束它。

```
auto lsum = [](std::integral auto a, std::integral auto b)
{
   return a + b;
};
```

本节即将结束，我们已经介绍了 C++20 中与概念和约束相关的所有语言特性。剩下要讨论的是标准库提供的概念结合，其实我们已经涉及了其中的一些内容。接下来将讨论标准库提供的概念。

6.11 探索标准概念库

标准库提供了基本概念的集合，可用于定义函数模板、类模板、变量模板和别名模板的模板实参的要求，正如我们在本章中所看到的。C++20 中的标准概念分布在几个头文件和名空间中。我们将在本节介绍其中的一些，但不是全部。可以在 https://en.cppreference.com/ 上查阅所有这些概念。

主要的一些概念在头文件<concepts>和名空间 std 中可用。这些概念中的大多数等同于一个或多个现有的类型特征。对于其中的一些，它们的实现是明确定义的；还有一些并未指定。它们分为 4 类：核心语言概念、比较概念、对象概念和可调用概念。这个概念包含(而不限于)表 6-1 所示的内容。

表 6-1　C++20 标准库中的概念

概念	要求的描述
same_as	类型 T 与另一类型 U 相同
derived_from	类型 D 派生自另一类型 B
convertible_to	类型 T 可隐式转换为另一类型 U
common_reference_with	类型 T 和 U 具有共同引用类型
common_with	类型 T 和 U 可转换成某个共同类型
integral	类型 T 为整数类型

(续表)

概念	要求的描述
signed_integral	类型 T 为有符号整数类型
unsigned_integral	类型 T 为无符号整数类型
floating_point	类型 T 为浮点类型
assignable_from	类型 U 的表达式可赋值给类型 T 的左值表达式
swappable	同一类型 T 的两个值可以交换
swappable_with	类型 T 的值可与类型 U 的值交换
destructible	类型 T 的值可以安全销毁 (析构函数不抛出异常)
constructible_from	类型 T 的对象可以用给定的实参类型集合构造
default_initializable	类型 T 的对象可以默认构造(通过 T() 值初始化, T{}空列表初始化, 或者 T t;默认初始化)
move_constructible	类型 T 的对象可以用移动语义构造
copy_constructible	类型 T 的对象可以拷贝构造和移动构造
moveable	类型 T 的对象可以移动和交换
copyable	类型 T 的对象可以拷贝、移动和交换
regular	类型 T 满足 semiregular 和 equality_comparable 概念
semiregular	类型 T 的对象可以拷贝、移动、交换和默认构造
equality_comparable	类型 T 的比较运算符 == 反映相等性的要求, 即当且仅当两个值相等时返回 true。类似地, != 运算符反映不等性
predicate	可调用类型 T 是布尔谓词

这些概念中的一些是使用类型特征定义的，一些是其他概念的组合或概念和类型特征的组合，一些至少部分有未指定的实现。这里有一些例子：

```
template < class T >
concept integral = std::is_integral_v<T>;

template < class T >
concept signed_integral = std::integral<T> &&
                          std::is_signed_v<T>;

template <class T>
concept regular = std::semiregular<T> &&
                  std::equality_comparable<T>;
```

C++20 还引入了一个基于概念的新迭代器系统，并在头文件 <iterator> 中定义了一组概念。其中一些概念列在表 6-2 中。

表6-2 C++20 标准库中的基于概念的新迭代器

概念	描述
indirectly_readable	可以通过应用*运算符读取类型值
indirectly_writable	可以向迭代器类型引用的对象进行写入
input_iterator	类型是输入迭代器(支持读取、前自增和后自增)
output_iterator	类型是输出迭代器(支持写入、前自增和后自增)
forward_iterator	类型是向前迭代器(是 input_iterator，还支持相等比较和多遍处理)
bidirectional_iterator	类型是双向迭代器(是 forward_iterator，还支持向后移动)
random_access_iterator	类型是随机访问迭代器(是 bidirectional_iterator，还支持下标访问和常数时间前进)
contiguous_iterator	类型是连续迭代器(是 random_access_iterator，元素存储在连续的内存位置)

以下是 C++标准中 `random_access_iterator` 概念的定义方式。

```
template<typename I>
concept random_access_iterator =
  std::bidirectional_iterator<I> &&
  std::derived_from</*ITER_CONCEPT*/<I>,
                    std::random_access_iterator_tag> &&
  std::totally_ordered<I> &&
  std::sized_sentinel_for<I, I> &&
  requires(I i,
           const I j,
           const std::iter_difference_t<I> n)
  {
    { i += n } -> std::same_as<I&>;
    { j + n  } -> std::same_as<I>;
    { n + j  } -> std::same_as<I>;
    { i -= n } -> std::same_as<I&>;
    { j - n  } -> std::same_as<I>;
    { j[n]   } -> std::same_as<std::iter_reference_t<I>>;
  };
```

如你所见，它使用了几个概念(其中一些没有在这里列出)以及一个 requires 表达式来确保一些表达式是合法的。

同样，在头文件 <iterator> 中，还有一组概念旨在简化通用算法的约束。其中一些概念列在表 6-3 中。

表6-3 C++20 标准库中旨在简化通用算法约束的概念

概念	描述
indirectly_movable	值可以从一个 indirectly_readable 类型移动到另一个 indirectly_readable 类型
indirectly_copyable	值可以从一个 indirectly_readable 类型拷贝到另一个 indirectly_copable 类型

(续表)

概念	描述
mergeable	将已排序序列通过拷贝元素合并到输出序列的算法
sortable	将序列修改为有序序列的算法
permutable	适用于原地重新排列元素的算法

  C++20 包含的几个主要特性之一(与概念、模块和协程一起)是范围(ranges)。`ranges` 库定义了一系列类和函数，用于简化对范围的操作。其中包括一组概念。这些定义在头文件 `<ranges>` 和名空间 `std::ranges` 中。其中一些概念如表 6-4 所示。

表 6-4　C++20 标准库中范围的概念

概念	描述
range	类型 R 是一个范围，提供一个开始迭代器和一个结束哨兵
sized_range	类型 R 是一个范围，其大小可在常数时间内已知
view	类型 R 是一个视图，提供常数时间的拷贝、移动和赋值操作
input_range	类型 R 是一个范围，其迭代器类型满足 input_iterator 概念
output_range	类型 R 是一个范围，其迭代器类型满足 output_iterator 概念
forward_range	类型 R 是一个范围，其迭代器类型满足 forward_iterator 概念
bidirectional_range	类型 R 是一个范围，其迭代器类型满足 bidirectional_iterator 概念
random_access_range	类型 R 是一个范围，其迭代器类型满足 random_access_iterator 概念
contiguous_range	类型 R 是一个范围，其迭代器类型满足 contiguous_iterator 概念

以下是这些概念中的一些定义方式。

```
template< class T >
concept range = requires( T& t ) {
    ranges::begin(t);
    ranges::end  (t);
};

template< class T >
concept sized_range = ranges::range<T> &&
    requires(T& t) {
        ranges::size(t);
    };

template< class T >
concept input_range = ranges::range<T> &&
    std::input_iterator<ranges::iterator_t<T>>;
```

  如前所述，这里列出的概念并不是全部。将来可能还会添加其他概念。本节并不是标准概念的完整参考，而是对它们的介绍。可以从 https://en.cppreference.com/ 上的官方 C++参考文档中了解更多关于每个概念的信息。至于范围，我们将在**第 8 章"范围和算法"**中学习更多关于它们的知识，并探索标准库提供的内容。

6.12 总结

C++20 标准为语言和标准库引入了一些新的主要特性。其中之一是概念，这是本章的主题。概念是一个具名约束，可用于定义函数模板、类模板、变量模板和别名模板的模板实参的要求。

在本章中，我们详细探讨了如何使用约束和概念以及它们如何工作。我们学习了 requires 子句(决定模板是否参与重载决策)和 requires 表达式(指定表达式良构的要求)。我们看到了指定约束的各种语法。我们还了解了简写函数模板，它为函数模板提供了简化的语法。在本章结束时，我们探索了标准库中可用的基本概念。

在第 7 章中，我们将把注意力转向应用，看看如何应用到目前为止积累的知识来实现各种基于模板的模式和惯用法。

6.13 问题

1. 什么是约束？什么是概念？
2. 什么是 requires 子句？什么是 requires 表达式？
3. requires 表达式有哪些类别？
4. 约束如何影响重载决策中模板的顺序？
5. 什么是简写函数模板？

第 III 部分　模板的应用

在这部分，将把迄今为止积累的模板知识付诸实践。你将会学习静态多态和一些模式，如奇异递归模板模式(Curiously Recurring Template Pattern，CRTP)和混入模式，以及类型擦除、标签派发、表达式模板和类型列表。还将学习标准容器、迭代器和算法的设计，并学习自己来实现。我们将探索 C++ 20 范围库(C++ 20 Ranges)及其范围和约束算法，以及如何编写自己的范围适配器。

包含以下章节：
- 第 7 章　模式和惯用法
- 第 8 章　范围和算法
- 第 9 章　范围库

第 7 章
模式和惯用法

本书前几部分旨在帮助你了解有关模板的一切，从基础特性到最高级的特性，包括 C++20 的最新概念和约束。现在，是时候将这些知识运用到工作中，学习各种元编程技术了。

在本章中，我们将讨论以下主题：
- 动态多态与静态多态
- **奇异递归模板模式(CRTP)**
- 混入(mixins)
- 类型擦除
- 标签派发
- 表达式模板
- 类型列表

本章结束时，你将对各种多编程技术有一个良好的理解，有助于你解决各种问题。下面以讨论多态的两种形式——动态与静态——开启本章。

7.1　动态多态和静态多态

学习面向对象编程时，会了解其基本原理，即**抽象(abstraction)**、**封装(encapsulation)**、**继承(inheritance)** 和**多态(polymorphism)**。C++是一种支持面向对象编程的多范式编程语言。尽管对面向对象编程原理的更广泛讨论超出了本章和本书的范畴，但至少与多态相关的一些方面值得探讨。

那么，什么是多态呢？这个词来源于希腊语，意思是"多种形式"。在编程中，它是将不同类型的对象视为同一类型对象的能力。C++标准实际上定义了一个如下所示的多态类(参见 C++20 标准，第 11.7.2 节"虚函数")。

声明或继承虚函数的类称为多态类。

它还基于该定义定义了多态对象，如下所示(参见 C++ 20 标准，第 6.7.2 节"对象模型")。

部分对象具有多态(11.7.2)；该实现生成与每个这样的对象相关联的信息，从而可以在程序执行期间确定该对象的类型。

但是，这实际上指的是**动态多态(dynamic polymorphism)**(或晚绑定)，但还有另一种形式的多态，称为**静态多态(static polymorphism)**(或早绑定)。动态多态在运行期借助接口和虚函数产生，而静态多态则在编译期借助重载函数和模板产生。这在 Bjarne Stroustrup 的 C++ 语言的术语表中有所描述（参阅 https://www.stroustrup.com/glossary.html)。

多态——为不同类型的实体提供单一接口。虚函数通过基类提供的接口提供动态(运行期)多态。重载函数和模板提供了静态(编译期)多态。

下面看一个动态多态的示例。以下是代表游戏中不同单位的类的层次结构。这些单位可能会攻击其他单位，因此有一个基类带有一个名为 attack 的纯虚函数，而几个派生类实现了覆盖该虚函数的特定单元，执行不同操作(当然，为了简单起见，这里只打印一条消息到控制台)。代码如下所示。

```cpp
struct game_unit
{
    virtual void attack() = 0;
};

struct knight : game_unit
{
    void attack() override
    { std::cout << "draw sword\n"; }
};

struct mage : game_unit
{
    void attack() override
    { std::cout << "spell magic curse\n"; }
};
```

基于这种类的层次结构(根据标准称为**多态类**)，可以编写如下所示的函数 fight。该函数接收一个指向基本 game_unit 类型对象的指针序列，并调用 attack 成员函数。以下是其实现代码。

```cpp
void fight(std::vector<game_unit*> const & units)
{
    for (auto unit : units)
    {
```

```
        unit->attack();
    }
}
```

由于动态多态，这个函数不需要知道每个对象的实际类型，它可以像处理相同(基本)类型的对象一样处理它们。下面是一个用例。

```
knight k;
mage m;
fight({&k, &m});
```

但现在假设你可以将一个法师(mage)和一个骑士(knight)结合起来，创建一个新的单位，一个拥有前两个单位特殊能力的骑士法师。C++让我们能够编写如下代码。

```
knight_mage km = k + m;
km.attack();
```

这不是开箱即用的，但该语言支持重载运算符，我们可以对任意用户定义的类型进行重载。为了使前面的行成为可能，需要以下代码。

```
struct knight_mage : game_unit
{
    void attack() override
    { std::cout << "draw magic sword\n"; }
};

knight_mage operator+(knight const& k, mage const& m)
{
    return knight_mage{};
}
```

记住，这只是一些无任何复杂代码的简单片段。但是将一个 knight 和一个 mage 加在一起创建一个 knight_mage 的能力无异于将两个整数，或者一个 double 和一个 int，或者两个 std::string 对象进行相加的能力。之所以会发生这种情况，是因为有很多 "+" 运算符重载(对于内建类型和用户定义类型都有)，并且编译器会根据操作数选择适当的重载。因此，可以说该运算符有很多种形式。这适用于所有可以重载的运算符，"+" 运算符只是一个典型的例子，因为它无处不在。这是多态的编译期版本，称为**静态多态**。

运算符并不是唯一可以重载的函数，任何函数都可以重载。虽然本书有许多例子，但我们再举一个例子，代码如下所示。

```
struct attack { int value; };
struct defense { int value; };

void increment(attack& a) { a.value++; }
void increment(defense& d) { d.value++; }
```

这段代码中，increment 函数对 attack 和 defense 类型都进行了重载，让我们编写如下代码：

```
attack a{ 42 };
defense d{ 50 };

increment(a);
increment(d);
```

可以用一个函数模板替换 increment 的两个重载。这样的更改最小，代码如下所示。

```
template <typename T>
void increment(T& t) { t.value++; }
```

前面的两段代码都有效，但有一个显著的区别：在前一个例子中，有两个重载，一个用于 attack，一个用于 defense，因此可以但也只能用这两个类型的对象来调用函数；在后一个例子中，有一个模板，它为任何可能的类型 T 定义一系列重载函数，该类型 T 有一个数据成员 value，其类型支持后增量运算符。我们可以为这样的函数模板定义约束，这是我们在本书前两章中看到的内容。然而，关键要点是重载的函数和模板是在 C++语言中实现静态多态的机制。

动态多态会带来性能开销，因为想要知道要调用什么函数，编译器需要构建一个指向虚函数的指针表(在有虚继承的情况下，还需要构建一个指向虚基类的指针表)。因此，当以多态方式调用虚函数时，存在一定程度的间接性。此外，不能优化虚函数的编译器也无法获得虚函数的详细信息。

当这些事情可以验证为性能问题时，我们可能会问：我们能在编译期获得动态多态的好处吗？答案是肯定的，有一种方法可以做到，那就是接下来要讨论的奇异递归模板模式。

7.2 奇异递归模板模式

该模式有一个相当奇怪的名字：**奇异递归模板模式(Curiously Recurring Template Pattern，CRTP)**。之所以称为"奇异"，是因为它相当奇怪且不直观。1995 年，James Coplien 在 *C++ Report* 的一个专栏中首次描述了这种模式(并创造了该名字)。这种模式如下：

- 有一个定义(静态)接口的基类模板。
- 派生类本身就是基类模板的模板实参。
- 基类的成员函数调用其类型模板形参(即派生类)的成员函数。

现在看看模式实现在现实中的样子。我们将把前面带有游戏单位的例子转换为使用 CRTP 的版本。该模式实现如下所示。

```
template <typename T>
struct game_unit
{
   void attack()
   {
      static_cast<T*>(this)->do_attack();
```

```
    }
};

struct knight : game_unit<knight>
{
    void do_attack()
    { std::cout << "draw sword\n"; }
};

struct mage : game_unit<mage>
{
    void do_attack()
    { std::cout << "spell magic curse\n"; }
};
```

game_unit 类现在是一个模板类，但包含相同的成员函数 attack。在内部，它将 this 指针向上转型为 T*，然后调用成员函数 do_attack。knight 和 mage 类派生自 game_unit 类，并将其自身作为类型模板形参 T 的实参传递。两者都提供了一个名为 do_attack 的成员函数。

注意，基类模板中的成员函数和派生类中调用的成员函数具有不同的名称。如果它们的名称相同，则派生类成员函数将隐藏基类成员，因为它们不再是虚函数了。

获取游戏单位集合并调用 attack 函数的 fight 函数也需要更改。它需要作为一个函数模板实现，代码如下所示。

```
template <typename T>
void fight(std::vector<game_unit<T>*> const & units)
{
    for (auto unit : units)
    {
        unit->attack();
    }
}
```

此函数的使用与以前略有不同，代码如下所示。

```
knight k;
mage   m;
fight<knight>({ &k });
fight<mage>({ &m });
```

我们已经将运行期多态转移到编译期，因此，fight 函数不能对 knight 和 mage 对象进行多态处理。相反，我们得到了两个不同的重载，一个可以处理 knight 对象，一个可以处理 mage 对象。这就是静态多态。

尽管该模式看起来并不复杂，但你可能会问自己：这个模式实际上有什么用处？使用 CRTP 可以解决不同的问题，其中包括以下问题：

- 限制类型可以实例化的次数。
- 添加公共功能并避免代码重复。
- 实现组合设计模式。

在下面的小节中将逐一研究这些问题，并学习如何使用 CRTP 解决它们。

7.2.1 使用 CRTP 限制对象实例化的次数

假设在创建骑士和法师的游戏中，需要让一些道具的实例数量有限。例如，有一种称为 excalibur 的特殊剑类，它应该只有一个实例。另一方面，有一本魔法书，但在游戏中同时不能超过 3 个实例。该如何解决这个问题？显然，剑的问题可以用单例模式解决。但当我们需要将这个数限制在某个更高但仍然有限的值时，又该怎么办？单例模式没什么用(除非将其转换为"多例")，但 CRTP 能做到。

首先，我们从基类模板开始。这个类模板所做的唯一一件事就是统计它被实例化的次数。计数器是一个静态数据成员，在构造函数中递增，在析构函数中递减。当该计数超过定义的限制时，将触发异常。实现代码如下所示。

```cpp
template <typename T, size_t N>
struct limited_instances
{
   static std::atomic<size_t> count;
   limited_instances()
   {
      if (count >= N)
         throw std::logic_error{ "Too many instances" };
      ++count;
   }
   ~limited_instances() { --count; }
};

template <typename T, size_t N>
std::atomic<size_t> limited_instances<T, N>::count = 0;
```

模板的第二部分包括定义派生类。对于上述问题，具体的实现代码如下所示。

```cpp
struct excalibur : limited_instances<excalibur, 1>
{};

struct book_of_magic : limited_instances<book_of_magic, 3>
{};
```

可以实例化 excalibur 一次。在第二次尝试执行同样的操作时(当第一个实例仍然处于活动状态时)，编译器将抛出异常，代码如下所示。

```cpp
excalibur e1;
try
{
   excalibur e2;
}
catch (std::exception& e)
{
   std::cout << e.what() << '\n';
}
```

类似地，可以实例化 book_of_magic 三次，第四次尝试这样操作时编译器将抛出异常，代码如下所示。

```
book_of_magic b1;
book_of_magic b2;
book_of_magic b3;
try
{
    book_of_magic b4;
}
catch (std::exception& e)
{
    std::cout << e.what() << '\n';
}
```

接下来，我们看一个更常见的场景：为类型添加公共功能。

7.2.2 使用 CRTP 添加功能

另一种应用 CRTP 的情况是，通过基类中仅依赖于派生类成员的泛型函数为派生类提供公共功能。我们通过以下示例理解该用例。

假设一些游戏单位具有 step_forth 和 step_back 等成员函数，可以将它们向前或向后移动一个位置。这些类看起来(至少)如下所示。

```
struct knight
{
    void step_forth();
    void step_back();
};

struct mage
{
    void step_forth();
    void step_back();
};
```

然而，可能有个要求，即所有可以前后移动一步的对象都能前进或后退任意步数。不过，该功能可以基于 step_forth 和 step_back 函数实现，以避免在每个这样的游戏单位类中都有重复的代码。因此，针对该问题的 CRTP 实现如下所示。

```
template <typename T>
struct movable_unit
{
    void advance(size_t steps)
    {
        while (steps--)
            static_cast<T*>(this)->step_forth();
    }

    void retreat(size_t steps)
    {
        while (steps--)
```

```
            static_cast<T*>(this)->step_back();
   }
};

struct knight : movable_unit<knight>
{
   void step_forth()
   { std::cout << "knight moves forward\n"; }

   void step_back()
   { std::cout << "knight moves back\n"; }
};

struct mage : movable_unit<mage>
{
   void step_forth()
   { std::cout << "mage moves forward\n"; }

   void step_back()
   { std::cout << "mage moves back\n"; }
};
```

可以通过调用基类 advance 和 retreat 的成员函数来前进和后退指定单位，代码如下所示。

```
knight k;
k.advance(3);
k.retreat(2);

mage m;
m.advance(5);
m.retreat(3);
```

你可能会争辩说，使用非成员函数模板也可以实现相同的结果。为了便于讨论，给出一个这样的解决方案，代码如下所示。

```
struct knight
{
   void step_forth()
   { std::cout << "knight moves forward\n"; }

   void step_back()
   { std::cout << "knight moves back\n"; }
};

struct mage
{
   void step_forth()
   { std::cout << "mage moves forward\n"; }

   void step_back()
   { std::cout << "mage moves back\n"; }
};

template <typename T>
```

```
void advance(T& t, size_t steps)
{
    while (steps--) t.step_forth();
}

template <typename T>
void retreat(T& t, size_t steps)
{
    while (steps--) t.step_back();
}
```

客户端代码的确需要更改，但改动实际上很小，代码如下所示。

```
knight k;
advance(k, 3);
retreat(k, 2);

mage m;
advance(m, 5);
retreat(m, 3);
```

这两者之间的选择可能取决于问题的性质和你的偏好。不过，CRTP 的优点是它可以很好地描述派生类(如示例中的 knight 和 mage)的接口。对于非成员函数，你不一定知道该功能，它可能来自你需要包含的头文件。但是，使用 CRTP，类接口对于使用者来说是可见的。

下面讨论最后一个场景：CRTP 如何实现组合设计模式。

7.2.3 实现组合设计模式

Erich Gamma、Richard Helm、Ralph Johnson 和 John Vlissides 在他们的著作《设计模式：可复用面向对象软件的基础》中描述了一种称为组合的结构模式，它使我们能够将对象组合成更大的结构，并统一处理单个对象和组合。当你希望表示对象的部分-整体层次结构，并且希望忽略单个对象和单个对象的组合之间的差异时，可以使用该模式。

为了将该模式付诸实践，让我们再次考虑游戏场景。拥有特殊能力的英雄可以有不同的行为，其中之一就是与另一个英雄结盟。这可以很容易地建模，代码如下所示。

```
struct hero
{
    hero(std::string_view n) : name(n) {}

    void ally_with(hero& u)
    {
        connections.insert(&u);
        u.connections.insert(this);
    }
private:
    std::string name;
    std::set<hero*> connections;

    friend std::ostream& operator<<(std::ostream& os,
```

```
                                 hero const& obj);
};

std::ostream& operator<<(std::ostream& os,
                         hero const& obj)
{
   for (hero* u : obj.connections)
      os << obj.name << " --> [" << u->name << "]" << '\n';

   return os;
}
```

这些英雄由 hero 类表示，该类包含名称、与其他 hero 对象的连接列表，以及定义两个英雄之间联盟的成员函数 ally_with。可以按如下代码使用。

```
hero k1("Arthur");
hero k2("Sir Lancelot");
hero k3("Sir Gawain");

k1.ally_with(k2);
k2.ally_with(k3);

std::cout << k1 << '\n';
std::cout << k2 << '\n';
std::cout << k3 << '\n';
```

运行此段代码的输出如下所示。

```
Arthur --> [Sir Lancelot]

Sir Lancelot --> [Arthur]
Sir Lancelot --> [Sir Gawain]

Sir Gawain --> [Sir Lancelot]
```

到目前为止一切都还很简单。但要求是可以将英雄们分组以组建团队。一个英雄可以与一个团队结盟，一个团队可以与一个英雄或其所在的整个团队结盟。突然间，我们需要提供的功能激增，代码如下所示。

```
struct hero_party;

struct hero
{
   void ally_with(hero& u);
   void ally_with(hero_party& p);
};

struct hero_party : std::vector<hero>
{
   void ally_with(hero& u);
   void ally_with(hero_party& p);
};
```

这就是组合设计模式可以帮助我们统一对待英雄和团队，避免不必要的重复代码。

通常有不同的实现方法，但其中一种方法是使用 CRTP。该实现需要一个定义公共接口的基类。在我们的示例中，这将是一个类模板，该类模板只有一个名为 ally_with 的成员函数，代码如下所示。

```
template <typename T>
struct base_unit
{
   template <typename U>
   void ally_with(U& other);
};
```

我们把 hero 类定义为 base_unit<hero>的派生类。这次，hero 类不再实现 ally_with 本身，而是实现旨在模拟容器行为的 begin 和 end 方法，代码如下所示。

```
struct hero : base_unit<hero>
{
   hero(std::string_view n) : name(n) {}

   hero* begin() { return this; }
   hero* end() { return this + 1; }
private:
   std::string name;
   std::set<hero*> connections;

   template <typename U>
   friend struct base_unit;

   template <typename U>
   friend std::ostream& operator<<(std::ostream& os,
                                   base_unit<U>& object);
};
```

模拟一组英雄的类称为 hero_party，它派生自 std::vector<hero>(定义 hero 对象的容器)和 base_unit<hero_party>。这就是为什么 hero 类有 begin 和 end 函数来帮我们对 hero 对象执行迭代操作，就像对 hero_party 对象所做的那样，代码如下所示。

```
struct hero_party : std::vector<hero>,
                    base_unit<hero_party>
{};
```

我们需要实现基类的 ally_with 成员函数，代码如下所示。它所做的是遍历当前对象的所有子对象，并将它们与提供实参的所有子对象连接起来。

```
template <typename T>
template <typename U>
void base_unit<T>::ally_with(U& other)
{
   for (hero& from : *static_cast<T*>(this))
   {
      for (hero& to : other)
      {
         from.connections.insert(&to);
```

```
            to.connections.insert(&from);
        }
    }
}
```

hero 类将 base_unit 类模板声明为友元，以便它可以访问 connections 成员。它还将运算符"<<"声明为友元，以便此函数可以访问 connections 和 name 的私有成员。关于模板和友元的更多信息，参阅第 4 章"高级模板概念"。输出流运算符的实现如下所示。

```
template <typename T>
std::ostream& operator<<(std::ostream& os,
                        base_unit<T>& object)
{
    for (hero& obj : *static_cast<T*>(&object))
    {
        for (hero* n : obj.connections)
            os << obj.name << " --> [" << n->name << "]"
                << '\n';
    }
    return os;
}
```

在定义了所有这些内容后，就可以编写如下代码。

```
hero k1("Arthur");
hero k2("Sir Lancelot");

hero_party p1;
p1.emplace_back("Bors");

hero_party p2;
p2.emplace_back("Cador");
p2.emplace_back("Constantine");

k1.ally_with(k2);
k1.ally_with(p1);

p1.ally_with(k2);
p1.ally_with(p2);

std::cout << k1 << '\n';
std::cout << k2 << '\n';
std::cout << p1 << '\n';
std::cout << p2 << '\n';
```

从中能看出，可以让一个 hero 与另一个 hero 或一个 hero_party 结盟，也可以让一个 hero_party 与一个 hero 或另一个 hero_party 结盟。这就是我们提出的目标，并且我们能够在不重复 hero 和 hero_party 之间代码的情况下实现它。代码的执行结果如下所示。

```
Arthur --> [Sir Lancelot]
Arthur --> [Bors]

Sir Lancelot --> [Arthur]
```

```
Sir Lancelot --> [Bors]

Bors --> [Arthur]
Bors --> [Sir Lancelot]
Bors --> [Cador]
Bors --> [Constantine]

Cador --> [Bors]
Constantine --> [Bors]
```

在了解了 CRTP 如何帮助实现不同的目标之后，来看看 CRTP 在 C++ 标准库中的使用。

7.2.4 标准库中的 CRTP

标准库包含一个名为 std::enabled_shared_from_this 的辅助类型(在头文件 <memory>中定义)，它使得由 std::shared_ptr 管理的对象能以安全的方式生成更多的 std::shared_ptr 实例。std::enabled_shared_from_this 类是 CRTP 中的基类。然而，前面的描述听起来可能很抽象，所以我们尝试通过示例理解它。

假设有一个名为 building 的类，并且我们正在用以下方式创建 std::shared_ptr 对象。

```
struct building {};

building* b = new building();
std::shared_ptr<building> p1{ b }; // [1]
std::shared_ptr<building> p2{ b }; // [2] 错误
```

我们在第[1]行有一个裸指针，实例化一个 std::shared_ptr 对象来管理它的生存期。但是，在第[2]行又为同一指针实例化了第二个 std::shared_ptr 对象。但是，这两个智能指针彼此一无所知，因此一旦超出作用域，它们都将删除堆上分配的 building 对象。删除一个已经删除的对象是未定义行为，可能会导致程序崩溃。

std::enable_shared_from_this 类可以帮助我们以安全的方式从现有的对象创建更多的 shared_ptr 对象。首先，需要实现 CRTP 模式，代码如下所示。

```
struct building : std::enable_shared_from_this<building>
{
};
```

有了这个新的实现，就可以调用成员函数 shared_from_this 从一个对象创建更多的 std::shared_ptr 实例，这些实例都引用该对象的同一实例，代码如下所示。

```
building* b = new building();
std::shared_ptr<building> p1{ b };        // [1]
std::shared_ptr<building> p2{
    b->shared_from_this()};               // [2] 正确
```

std::enable_shared_from_this 的接口代码如下所示。

```cpp
template <typename T>
class enable_shared_from_this
{
public:
   std::shared_ptr<T>         shared_from_this();
   std::shared_ptr<T const>   shared_from_this() const;
   std::weak_ptr<T>           weak_from_this() noexcept;
   std::weak_ptr<T const>     weak_from_this() const noexcept;
   enable_shared_from_this<T>& operator=(
      const enable_shared_from_this<T> &obj ) noexcept;
};
```

上例展示了 enable_shared_from_this 的工作原理，但对理解其合适的使用时机并没有帮助。因此，我们修改一下，以便展示一个实际的示例。

试想我们现有的建筑可以升级。这是一个需要一些时间并包含几个步骤的过程。该任务及游戏中的其他任务都由指定的实体执行，称为 executor。在最简单的形式中，executor 类有一个公共成员函数 execute，它接收一个函数对象并在不同的线程上执行它。下面列出的是一种简单的实现。

```cpp
struct executor
{
   void execute(std::function<void(void)> const& task)
   {
      threads.push_back(std::thread([task]() {
         using namespace std::chrono_literals;
         std::this_thread::sleep_for(250ms);
         task();
      }));
   }

   ~executor()
   {
      for (auto& t : threads)
         t.join();
   }
private:
   std::vector<std::thread> threads;
};
```

building 类有一个指向 executor 的指针，该指针是从客户端传递过来的。它还有一个成员函数 upgrade，用于启动执行过程。然而，实际的升级发生在另一个名为 do_upgrade 的私有函数中。这是从传递给 executor 的成员函数 execute 的 lambda 表达式中调用的。所有这些都在下面的代码中展示。

```cpp
struct building
{
   building() { std::cout << "building created\n"; }
   ~building() { std::cout << "building destroyed\n"; }

   void upgrade()
   {
```

```
         if (exec)
         {
            exec->execute([self = this]() {
               self->do_upgrade();
            });
         }
      }

      void set_executor(executor* e) { exec = e; }
   private:
      void do_upgrade()
      {
         std::cout << "upgrading\n";
         operational = false;

         using namespace std::chrono_literals;
         std::this_thread::sleep_for(1000ms);

         operational = true;
         std::cout << "building is functional\n";
      }

      bool operational = false;
      executor* exec = nullptr;
};
```

客户端代码相对简单：创建一个 executor，创建一个由 shared_ptr 管理的 building，设置 executor 引用，并运行升级过程，代码如下所示。

```
int main()
{
   executor e;
   std::shared_ptr<building> b =
       std::make_shared<building>();
   b->set_executor(&e);
   b->upgrade();

   std::cout << "main finished\n";
}
```

若运行此程序，将得到以下输出。

```
building created
main finished
building destroyed
upgrading
building is functional
```

我们在这里看到的是，在升级过程开始之前，building 对象就被摧毁了。这会导致未定义的行为，尽管这个程序没有崩溃，但现实世界中的程序肯定会崩溃。

这一行为的罪魁祸首是升级代码中下面的这一行：

```
exec->execute([self = this]() {
   self->do_upgrade();
});
```

我们创建一个 lambda 表达式来捕获 this 指针，而该指针稍后会在其指向的对象销毁后使用。为了避免这种情况，需要创建并捕获一个 shared_ptr 对象。安全的方法是借助 std::enable_shared_from_this 类。需要做两个变更。第一个变更是从 std::enable_shared_from_this 类中实际派生 building 类，代码如下所示。

```
struct building : std::enable_shared_from_this<building>
{
    /* ... */
};
```

第二个变更是在 lambda 表达式的捕获中调用 shared_from_this，代码如下所示。

```
exec->execute([self = shared_from_this()]() {
    self->do_upgrade();
});
```

这是对代码的两处细微变更，但成效显著。lambda 表达式在单独的线程上执行之前，building 对象不再被销毁(因为现在有一个额外的共享指针，引用与在主函数中创建的共享指针相同的对象)。最终我们得到了预期的输出(不需要对客户端代码进行任何更改)，如下所示。

```
building created
main finished
upgrading
building is functional
building destroyed
```

你可以争辩说，在主函数完成后，不应关注发生了什么。注意，这只是一个演示程序，在实践中，这种情况会发生在其他一些函数中，并且在函数返回后，该程序还会继续运行很长时间。

至此，我们结束了关于 CRTP 的讨论，接下来将研究一种称为混入(**mixins**)的技术，它通常与 CRTP 结合使用。

7.3 混入

混入(mixins)是一种小型类，旨在为其他类添加功能。如果读过关于 mixins 的文章，你经常会发现其中会在 C++中使用 CRTP 实现 mixins，但这是不正确的说法。CRTP 有助于实现与 mixins 类似的目标，但它们是不同的技术。mixins 的关键在于它们应该向类添加功能，而不是作为类的基类(这是 CRTP 模式的关键)。相反，mixins 可以从它们添加功能的类中继承，这与 CRTP 正好相反。

还记得前面骑士和法师的例子吗？它们可以通过 step_forth 和 step_back 成员函数来回移动？knight 和 mage 类派生自 movable_unit 类模板，该模板添加了 advance 和 retreat

功能，使该单位可以向前或向后移动几步。同样的例子可以使用 mixins 逆序实现。代码如下所示。

```cpp
struct knight
{
   void step_forth()
   {
      std::cout << "knight moves forward\n";
   }

   void step_back()
   {
      std::cout << "knight moves back\n";
   }
};

struct mage
{
   void step_forth()
   {
      std::cout << "mage moves forward\n";
   }

   void step_back()
   {
      std::cout << "mage moves back\n";
   }
};

template <typename T>
struct movable_unit : T
{
   void advance(size_t steps)
   {
      while (steps--)
         T::step_forth();
   }

   void retreat(size_t steps)
   {
      while (steps--)
         T::step_back();
   }
};
```

你会注意到 knight 和 mage 现在是没有基类的类。它们都提供了 step_forth 和 step_back 成员函数，就像之前实现 CRTP 一样。现在 movable_unit 类模板是从其中一个类派生的，并定义了函数 advance 和 retreat，它们在循环中调用 step_forth 和 step_back。可以通过以下代码使用它们。

```cpp
movable_unit<knight> k;
k.advance(3);
k.retreat(2);
```

```
movable_unit<mage> m;
m.advance(5);
m.retreat(3);
```

这与 CRTP 非常相似，只是现在创建的实例是 movable_unit<knight>和 movable_unit<mage>，而不是 knight 和 mage。这两种模式的比较如图 7-1 所示(左侧为 CRTP，右侧为 mixins)。

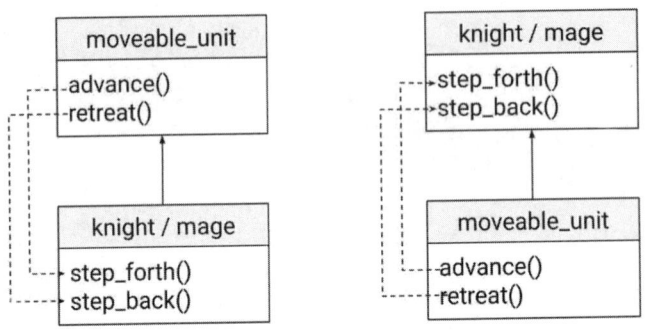

图 7-1　CRTP 和 mixins 模式的比较

可以将使用 mixins 实现的静态多态与使用接口和虚函数实现的动态多态相结合。我们将通过一个关于战斗的游戏单位示例演示。我们讨论 CRTP 的示例中，knight 和 mage 类都有一个名为 attack 的成员函数。

假设想要定义多种攻击风格。例如，每个游戏单位可以使用好斗或温和的攻击风格。这意味着有 4 种组合：好斗和温和的骑士分别与好斗和温和的法师相结合。另一方面，骑士和法师都可能是喜欢独自战斗的独行侠，或者总是与其他单位一起作战的团队成员。

这意味着我们可以有独行的好斗骑士和独行的温和骑士，以及团队型的好斗骑士和团队型的温和骑士。这同样适用于法师。如你所见，组合的数量大大增加，而 mixins 是一种很好的方式，可以在不扩展 knight 和 mage 类的情况下提供这种附加功能。最后，我们希望能够在运行期多态地处理所有这些对象。下面看看如何做到这一点。

首先，可以定义好斗和温和的战斗风格，可以通过如下代码简单实现。

```
struct aggressive_style
{
    void fight()
    {
        std::cout << "attack! attack attack!\n";
    }
};

struct moderate_style
{
    void fight()
    {
        std::cout << "attack then defend\n";
```

    }
};
```

接下来，将 mixins 定义为能够独自或在团队中战斗的需求。这些类是模板，从它们的模板实参派生而来，代码如下所示。

```
template <typename T>
struct lone_warrior : T
{
   void fight()
   {
      std::cout << "fighting alone.";
      T::fight();
   }
};

template <typename T>
struct team_warrior : T
{
   void fight()
   {
      std::cout << "fighting with a team.";
      T::fight();
   }
};
```

最后，需要定义 knight 和 mage 类，它们本身就是战斗风格的 mixins。但是，为了能够在运行期多态地处理它们，从 game_unit 基类中派生它们，该类包含一个纯虚方法 attack，并且该方法由这些类实现，代码如下所示。

```
struct game_unit
{
   virtual void attack() = 0;
   virtual ~game_unit() = default;
};

template <typename T>
struct knight : T, game_unit
{
   void attack()
   {
      std::cout << "draw sword.";
      T::fight();
   }
};

template <typename T>
struct mage : T, game_unit
{
   void attack()
   {
      std::cout << "spell magic curse.";
      T::fight();
   }
};
```
```

在 knight 和 mage 的 attack 成员函数的实现中使用了 T::fight 方法。你可能已经注意到，aggresive_style 和 moderate_style 类，以及 lone_warrior 和 team_warrior mixins 类都提供了这样的成员函数。这意味着可以进行以下代码所示的组合。

```
std::vector<std::unique_ptr<game_unit>> units;
units.emplace_back(new knight<aggressive_style>());
units.emplace_back(new knight<moderate_style>());
units.emplace_back(new mage<aggressive_style>());
units.emplace_back(new mage<moderate_style>());
units.emplace_back(
   new knight<lone_warrior<aggressive_style>>());
units.emplace_back(
   new knight<lone_warrior<moderate_style>>());
units.emplace_back(
   new knight<team_warrior<aggressive_style>>());
units.emplace_back(
   new knight<team_warrior<moderate_style>>());
units.emplace_back(
   new mage<lone_warrior<aggressive_style>>());
units.emplace_back(
   new mage<lone_warrior<moderate_style>>());
units.emplace_back(
   new mage<team_warrior<aggressive_style>>());
units.emplace_back(
   new mage<team_warrior<moderate_style>>());
for (auto& u : units)
   u->attack();
```

这里总共定义了 12 种组合，而实际上仅靠 6 个类就实现了。这展示了 mixins 如何添加功能，同时将代码的复杂度维持在较低的水平。如果运行代码，将得到以下输出。

```
draw sword.attack! attack attack!
draw sword.attack then defend
spell magic curse.attack! attack attack!
spell magic curse.attack then defend
draw sword.fighting alone.attack! attack attack!
draw sword.fighting alone.attack then defend
draw sword.fighting with a team.attack! attack attack!
draw sword.fighting with a team.attack then defend
spell magic curse.fighting alone.attack! attack attack!
spell magic curse.fighting alone.attack then defend
spell magic curse.fighting with a team.attack! attack attack!
spell magic curse.fighting with a team.attack then defend
```

我们在这里看到了两种模式(CRTP 和 mixins)，它们都旨在为其他类添加额外的(公共)功能。然而，尽管它们看起来相似，但结构相反，不应该相互混淆。利用不相关类型的公共功能的另一种技术称为类型擦除，将在 7.4 节讨论。

7.4 类型擦除

类型擦除(type erasure)一词描述了一种删除类型信息的模式,允许以通用方式处理不一定相关的类型。这一概念并不是 C++ 语言特有的,在其他语言中也存在,并且支持得更好(如 Python 和 Java)。有不同形式的类型擦除,如多态和使用 void 指针(C 语言的遗留问题,应尽量避免),但真正的类型擦除是通过模板实现的。在讨论这一点之前,先简要看看其他形式。

类型擦除最基本的形式是使用 void 指针。这是典型的 C 语言的做法,尽管在 C++ 中也可以,但绝不推荐。它不是类型安全的,因此极容易出错。但是,为了便于讨论,还是看看这种方法。

再次假设我们有 knight 和 mage 类型,它们都有 attack 函数(一种行为),我们希望以一种共同的方式处理它们,以展现这种行为。

先看如下所示的这些类。

```
struct knight
{
    void attack() { std::cout << "draw sword\n"; }
};

struct mage
{
    void attack() { std::cout << "spell magic curse\n"; }
};
```

在类 C 的实现中,可以为这些类型中的每一种都创建一个函数,该函数使用 void* 指向该类型的对象,将其转换为预期类型的指针,然后调用 attack 成员函数,代码如下所示。

```
void fight_knight(void* k)
{
    reinterpret_cast<knight*>(k)->attack();
}

void fight_mage(void* m)
{
    reinterpret_cast<mage*>(m)->attack();
}
```

它们有相似的函数签名,唯一不同的是名称。因此,可以定义一个函数指针,然后将一个对象(更准确地说,是一个指向对象的指针)与一个指向正确处理它的函数的指针相关联。具体方法如下所示。

```
using fight_fn = void(*)(void*);

void fight(
    std::vector<std::pair<void*, fight_fn>> const& units)
```

```
{
    for (auto& u : units)
    {
        u.second(u.first);
    }
}
```

最后一个代码片段中没有关于类型的信息,所有这些都已使用 void 指针擦除。可以按如下方式调用 fight 函数。

```
knight k;
mage m;
std::vector<std::pair<void*, fight_fn>> units {
    {&k, &fight_knight},
    {&m, &fight_mage},
};

fight(units);
```

从 C++的角度看,这可能很奇怪,确实如此。在该例中,将 C 语言技巧与 C++类相结合,希望不会在生产环境中看到这样的代码。如果将一个 mage 传递给 fight_knight 函数,或者反过来,就会因一个简单的输入错误而出问题。尽管如此,这还是可能的,并且是一种类型擦除的形式。

C++中一个明显的替代解决方案是通过继承使用多态。这是我们在本章开头看到的第一个解决方案。为了方便起见,这里再次展示它,代码如下所示。

```
struct game_unit
{
    virtual void attack() = 0;
};

struct knight : game_unit
{
    void attack() override
    { std::cout << "draw sword\n"; }
};

struct mage : game_unit
{
    void attack() override
    { std::cout << "spell magic curse\n"; }
};

void fight(std::vector<game_unit*> const & units)
{
    for (auto unit : units)
        unit->attack();
}
```

fight 函数可以统一处理 knight 和 mage 对象,它对传递给它的实际对象(在 vector 中)的地址一无所知,但可以说类型并没有完全擦除。knight 和 mage 都是 game_unit,

而 fight 函数处理任意的 game_unit。如果让 fight 函数能够处理另一种类型,该类型需要从纯抽象类 game_unit 中派生。

但有时这行不通。也许我们想以类似的方式处理不相关的类型(**鸭子类型**),但无法更改这些类型。例如,我们并不拥有源代码。这个问题的解决方案是使用模板进行真正的类型擦除。

在看到该模式是什么样之前,先逐步了解它是如何发展的,我们先从不相关的 knight 和 mage 开始,前提是我们不能修改它们。不过,我们可以围绕它们编写包装器,为公共功能(行为)提供统一的接口,代码如下所示。

```cpp
struct knight
{
    void attack() { std::cout << "draw sword\n"; }
};

struct mage
{
    void attack() { std::cout << "spell magic curse\n"; }
};

struct game_unit
{
    virtual void attack() = 0;
    virtual ~game_unit() = default;
};

struct knight_unit : game_unit
{
    knight_unit(knight& u) : k(u) {}
    void attack() override { k.attack(); }
private:
    knight& k;
};

struct mage_unit : game_unit
{
    mage_unit(mage& u) : m(u) {}
    void attack() override { m.attack(); }
private:
    mage& m;
};

void fight(std::vector<game_unit*> const & units)
{
    for (auto u : units)
        u->attack();
}
```

我们不需要像在 knight 和 mage 中那样调用 game_unit 中的 attack 成员函数,什么名称都可以,这个选择纯粹是基于模仿最初行为这一理由。fight 函数接收一个指向

game_unit 的指针集合，因此能够同等处理 knight 和 mage 对象，代码如下所示。

```
knight k;
mage m;

knight_unit ku{ k };
mage_unit mu{ m };

std::vector<game_unit*> v{ &ku, &mu };
fight(v);
```

这个解决方案的问题在于存在大量重复代码。knight_unit 和 mage_unit 类基本一样。当其他类需要以类似方式处理时，这种类似的重复代码会更多。代码重复的解决方案是使用模板。将 knight_unit 和 mage_unit 替换为以下类模板。

```
template <typename T>
struct game_unit_wrapper : public game_unit
{
    game_unit_wrapper(T& unit) : t(unit) {}

    void attack() override { t.attack(); }
private:
    T& t;
};
```

在源代码中只有一个该类的副本，但编译器将根据其使用情况实例化多个特化版本。所有类型信息都已被擦除，唯一的例外是某些类型限制——T 类型必须有一个名为 attack 的成员函数，且该函数不接收任何实参。注意，fight 函数根本没有改变。不过，客户端代码需要稍加修改，如下所示。

```
knight k;
mage m;

game_unit_wrapper ku{ k };
game_unit_wrapper mu{ m };

std::vector<game_unit*> v{ &ku, &mu };
fight(v);
```

这会使我们将抽象基类和包装器类模板放在另一个类中，从而形成类型擦除模式，代码如下所示。

```
struct game
{
    struct game_unit
    {
        virtual void attack() = 0;
        virtual ~game_unit() = default;
    };

    template <typename T>
    struct game_unit_wrapper : public game_unit
    {
```

```
        game_unit_wrapper(T& unit) : t(unit) {}

        void attack() override { t.attack(); }
    private:
        T& t;
    };

    template <typename T>
    void addUnit(T& unit)
    {
        units.push_back(
            std::make_unique<game_unit_wrapper<T>>(unit));
    }

    void fight()
    {
        for (auto& u : units)
            u->attack();
    }
private:
    std::vector<std::unique_ptr<game_unit>> units;
};
```

game 类包含 game_unit 对象的集合，并有一个方法用于向任何游戏单位(拥有 attack 成员函数)添加新的包装器。它还有一个成员函数 fight，用于调用公共行为。这次的客户端代码如下所示。

```
knight k;
mage m;

game g;
g.addUnit(k);
g.addUnit(m);

g.fight();
```

在类型擦除模式中，抽象基类称为**概念(concept)**，从中继承的包装器称为**模型(model)**。如果要以既定的方式实现类型擦除模式，代码如下所示。

```
struct unit
{
    template <typename T>
    unit(T&& obj) :
        unit_(std::make_shared<unit_model<T>>(
            std::forward<T>(obj)))
    {}

    void attack()
    {
        unit_->attack();
    }

    struct unit_concept
    {
        virtual void attack() = 0;
```

```
        virtual ~unit_concept() = default;
    };

    template <typename T>
    struct unit_model : public unit_concept
    {
        unit_model(T& unit) : t(unit) {}

        void attack() override { t.attack(); }
    private:
        T& t;
    };

private:
    std::shared_ptr<unit_concept> unit_;
};

void fight(std::vector<unit>& units)
{
    for (auto& u : units)
        u.attack();
}
```

在这段代码中，game_unit 重命名为 unit_concept，game_unit_wrapper 重命名为 unit_model。除了名称之外，没有其他变化。它们是一个名为 unit 的新类的成员，该类存储一个指针，指向实现 unit_concept 的对象；该对象可以是 unit_model<knight> 或 unit_model<mage>。unit 类有一个模板构造函数，让我们能够从 knight 和 mage 对象中创建这样的模型对象。

它还有一个公共成员函数 attack(也可以是任何名称)。另一方面，fight 函数处理 unit 对象，并调用它们的 fight 成员函数。客户端代码可能如下所示。

```
knight k;
mage m;

std::vector<unit> v{ unit(k), unit(m) };

fight(v);
```

如果你想知道该模式在实际代码中的应用场景，标准库本身就有两个示例。

- **std::function**：这是一个通用的多态函数包装器，使我们能够存储、复制和调用任何可调用的对象，如函数、lambda 表达式、绑定表达式、函数对象、指向成员函数的指针和指向数据成员的指针。以下是使用 std::function 的示例。

```
class async_bool
{
    std::function<bool()> check;
public:
    async_bool() = delete;
    async_bool(std::function<bool()> checkIt)
        : check(checkIt)
    { }
```

```
    async_bool(bool val)
        : check([val]() {return val; })
    { }

    operator bool() const { return check(); }
};

async_bool b1{ false };
async_bool b2{ true };
async_bool b3{ []() { std::cout << "Y/N? ";
                      char c; std::cin >> c;
                      return c == 'Y' || c == 'y'; } };
if (b1) { std::cout << "b1 is true\n"; }
if (b2) { std::cout << "b2 is true\n"; }
if (b3) { std::cout << "b3 is true\n"; }
```

- std::any：这是一个类，表示一个可以容纳任何可复制构造类型的值的容器。以下代码中使用了一个示例。

```
std::any u;

u = knight{};
if (u.has_value())
    std::any_cast<knight>(u).attack();

u = mage{};
if (u.has_value())
    std::any_cast<mage>(u).attack();
```

类型擦除是一种惯用法，它结合了面向对象编程的继承与模板，以创建可以存储任何类型的包装器。本节介绍了该模式的表现形式和工作方式，以及它的一些实际实现。7.5 节将讨论标签派发技术。

7.5 标签派发

标签派发(**tag dispatching**)是一种使我们能够在编译期选择一个函数或另一个函数重载的技术。它是 std::enable_if 和 **SFINAE** 的替代方案，且易于理解和使用。术语"标签"描述了一个没有成员(数据)或函数(行为)的空类。这样的类仅用于定义函数的形参(通常是最后一个)，以决定是否在编译期选择该函数，具体取决于提供的实参。为了更好地理解这一点，让我们考虑一个示例。

标准库中包含一个名为 std::advance 的实用函数，其定义如下所示。

```
template<typename InputIt, typename Distance>
void advance(InputIt& it, Distance n);
```

注意，在 C++17 中，该函数也是 constexpr(稍后会详细介绍)。此函数将给定的迭代器增加 n 个元素。然而，迭代器有几种类型(输入、输出、前向、双向和随机访问)，这意味着这样的操作能以以下几种不同的方式进行计算。

- 对于输入迭代器，它可以调用 n 次 operator++。
- 对于双向迭代器，如果 n 是正数，它可以调用 n 次 operator++；如果 n 是负数，它可以调用 n 次 operator--。
- 对于随机访问迭代器，它可以使用 operator+= 直接递增 n 个元素。

这意味着可以有 3 种不同的实现，但应该能在编译期选择与它所调用的迭代器类别最匹配的实现。对此，一种解决方案是标签派发，首先要做的是定义标签。如前所述，标签是空类，因此可以按如下方式定义与 5 种迭代器类型对应的标签。

```
struct input_iterator_tag {};
struct output_iterator_tag {};
struct forward_iterator_tag : input_iterator_tag {};
struct bidirectional_iterator_tag :
    forward_iterator_tag {};
struct random_access_iterator_tag :
    bidirectional_iterator_tag {};
```

这正是 C++标准库中 std 名空间中定义它们的方式。这些标签将用于为 std::advance 的每次重载定义一个附加形参，代码如下所示。

```
namespace std
{
    namespace details
    {
        template <typename Iter, typename Distance>
        void advance(Iter& it, Distance n,
                std::random_access_iterator_tag)
        {
            it += n;
        }

        template <typename Iter, typename Distance>
        void advance(Iter& it, Distance n,
                std::bidirectional_iterator_tag)
        {
            if (n > 0)
            {
                while (n--) ++it;
            }
            else
            {
                while (n++) --it;
            }
        }

        template <typename Iter, typename Distance>
        void advance(Iter& it, Distance n,
                std::input_iterator_tag)
        {
            while (n--)
```

```
                    {
                        ++it;
                    }
                }
            }
        }
```

这些重载是在 std 名空间的一个单独(内部)名空间中定义的, 这样标准名空间就不会被不必要的定义所污染。这里可以看到, 每个重载都有 3 个形参: 对迭代器的引用、要递增(或递减)的元素数量和标签。

最后要做的是提供一个可直接使用的高级函数的定义。该函数没有第三个形参, 但通过确定调用它的迭代器的类别来调用其中一个重载。其实现可能如下所示。

```
namespace std
{
    template <typename Iter, typename Distance>
    void advance(Iter& it, Distance n)
    {
        details::advance(it, n,
            typename std::iterator_traits<Iter>::
                            iterator_category{});
    }
}
```

std::iterator_traits 类在这里定义了一种迭代器类型的接口。为此, 它包含多个成员类型, 其中一个是 iterator_category。该成员类型解析为之前定义的迭代器标签之一, 如用于输入迭代器的 std::input_iterator_tag, 或用于随机访问迭代器的 std::random_access_iterator_tag。因此, 根据提供的迭代器的类别, 实例化其中一个标签类, 从而在编译期确定从 details 名空间中选择适合的重载实现。可以像下面这样调用 std::advance 函数。

```
std::vector<int> v{ 1,2,3,4,5 };
auto sv = std::begin(v);
std::advance(sv, 2);

std::list<int> l{ 1,2,3,4,5 };
auto sl = std::begin(l);
std::advance(sl, 2);
```

std::vector 的迭代器类别类型是随机访问。另一方面, std::list 的迭代器类别类型是双向的。无论如何, 都可以通过标签派发技术, 使用依赖于不同优化实现的单个函数。

标签派发的替代方案

在 C++ 17 之前, 标签派发的替代方案只有 SFINAE 和 enable_if。第 5 章讨论过这个主题。这是一种相当传统的技术, 现代 C++ 中有更好的替代方案, 即 **constexpr if** 和 **概念**, 接下来逐一讨论。

1. 使用 constexpr if

C++ 11 引入了 constexpr 值的概念,这些是编译期已知的值;也引入了 constexpr 函数,这些是可以在编译期求值的函数(如果所有输入都是编译期的值)。在 C++ 14、C++ 17 和 C++ 20 中,许多标准库函数或标准库类的成员函数已经改为 constexpr。其中之一是 std::advance,它在 C++ 17 中的实现基于 constexpr if 特性,这也是 C++ 17 中新增的(参见第 5 章)。

以下是 C++ 17 中的可能实现。

```
template<typename It, typename Distance>
constexpr void advance(It& it, Distance n)
{
   using category =
      typename std::iterator_traits<It>::iterator_category;
   static_assert(std::is_base_of_v<std::input_iterator_tag,
                                   category>);

   auto dist =
      typename std::iterator_traits<It>::difference_type(n);
   if constexpr (std::is_base_of_v<
                    std::random_access_iterator_tag,
                    category>)
   {
      it += dist;
   }
   else
   {
      while (dist > 0)
      {
         --dist;
         ++it;
      }
      if constexpr (std::is_base_of_v<
                       std::bidirectional_iterator_tag,
                       category>)
      {
         while (dist < 0)
         {
            ++dist;
            --it;
         }
      }
   }
}
```

尽管该实现仍然使用之前看到的迭代器标签,但它们不再用于调用不同的重载函数,而是用于确定一些编译期表达式的值。std::is_base_of 类型特性(通过 std::is_base_of_v 变量模板)用于在编译期确定迭代器类别的类型。

这种实现方式具有以下优点。

- 具有算法的单一实现(位于 std 名空间中)。

- 不需要多个重载，实现细节在单独的名空间中定义。

客户端代码不受影响。因此，标准库实现者能够用基于 constexpr if 的新版本替换基于标签派发的旧版本，而不会影响调用 std::advance 的任何一行代码。

但是，在 C++ 20 中还有一个更好的选择，接下来让我们探究一下。

2. 使用概念

第 6 章专门介绍了 C++ 20 中引入的约束和概念。我们不仅了解了这些特性的工作原理，还看到了标准库在多个头文件(如头文件 <concepts>和<iterator>)中定义的一些概念。其中一些概念指定一个类型属于某种迭代器类别。例如，std::input_iterator 指定一个类型是输入迭代器。类似地，还定义了以下概念：std::output_iterator、std::forward_iterator、std::bidirectional_iterator、std::random_access_iterator 和 std::contiguous_iterator(最后一个表示的迭代器是随机访问迭代器，指向内存中连续存储的元素)。

std::input_iterator 概念的定义如下所示。

```
template<class I>
   concept input_iterator =
      std::input_or_output_iterator<I> &&
      std::indirectly_readable<I> &&
      requires { typename /*ITER_CONCEPT*/<I>; } &&
      std::derived_from</*ITER_CONCEPT*/<I>,
                        std::input_iterator_tag>;
```

在不深入太多细节的情况下，值得注意的是，这个概念是一组用于验证以下内容的约束。

- 迭代器是可解引用的(支持*i)和可递增的(支持++i 和 i++)。
- 迭代器类别派生自 std::input_iterator_tag。

这意味着类别检查是在约束内执行的。所以，这些概念仍然基于迭代器标签，但技术上与标签调度有显著不同。因此，在 C++ 20 中，可以有另一个 std::advance 算法的实现，代码如下所示。

```
template <std::random_access_iterator Iter, class Distance>
void advance(Iter& it, Distance n)
{
   it += n;
}

template <std::bidirectional_iterator Iter, class Distance>
void advance(Iter& it, Distance n)
{
   if (n > 0)
   {
      while (n--) ++it;
   }
   else
   {
```

```
        while (n++) --it;
    }
}

template <std::input_iterator Iter, class Distance>
void advance(Iter& it, Distance n)
{
    while (n--)
    {
        ++it;
    }
}
```

下面两件事情需要注意。

- advanced 函数还有 3 种不同的重载。
- 这些重载是在 std 名空间中定义的，不需要单独的名空间隐藏实现细节。

尽管我们再次显式地编写了几个重载，但该解决方案可以说比基于 constexpr if 的解决方案更容易阅读和理解，因为代码很好地划分到不同的单元(函数)中，从而更容易理解。

标签派发是在编译期进行重载选择的一项重要技术。编译器有其权衡之术，如果使用的是 C++ 17 或 C++ 20，也有更好的替代方案。若你的编译器支持概念，则应该优先选择该替代方案，原因如前所述。

在本章接下来要讨论的模式是表达式模板。

7.6 表达式模板

表达式模板(expression template)是一种元编程技术，支持在编译期对计算进行惰性求值。这有助于避免在运行期发生低效操作。但是，这并不是免费的，因为表达式模板需要更多的代码，并且可能会让人难以阅读或理解。它们通常用于线性代数库的实现。

在了解表达式模板如何实现之前，我们先了解一下它们可以解决什么问题。假设我们想对矩阵进行一些运算，为此实现了基本运算，包括加法、减法和乘法(两个矩阵或一个标量和一个矩阵)。我们可以有如下所示的表达式。

```
auto r1 = m1 + m2;
auto r2 = m1 + m2 + m3;
auto r3 = m1 * m2 + m3 * m4;
auto r4 = m1 + 5 * m2;
```

在这个代码片段中，m1、m2、m3 和 m4 是矩阵；类似地，r1、r2、r3 和 r4 是通过执行 "=" 右侧的运算得到的矩阵。第一个运算不会带来任何问题：m1 和 m2 相加，结果赋值给 r1。但是，第二个运算不同，因为有 3 个矩阵相加。这意味着先将 m1 和 m2 相加，并创建一个临时对象，然后将其与 m3 相加，并将结果赋值给 r2。

对于第三个运算，有两个临时对象：一个用于存储 m1 和 m2 相乘的结果，另一个用于存储 m3 和 m4 相乘的结果；然后两值相加并将结果赋值给 r3。最后一个运算与第二个运算类似，这意味着标量 5 和矩阵 m2 的乘积生成了一个临时对象，然后该临时对象与 m1 相加，并将结果赋值给 r4。

运算越复杂，生成的临时对象就越多。这些对象很大时就会影响性能。表达式模板通过将计算建模为编译期表达式来帮助避免这种情况。在计算赋值时，整个数学表达式(如 m1 + 5 * m2)变成一个单独的表达式模板进行计算，而不需要任何临时对象。

为了说明这一点，我们将使用向量而不是矩阵构建一些示例，因为向量是更简单的数据结构，同时练习的重点不是关注数据的表示，而是关注表达式模板的创建。在下列代码中，可以看到一个向量类的最小实现，它提供了以下几个操作。

- 通过初始化列表或表示大小的值来构造实例(不初始化值)。
- 获取向量中的元素数量。
- 使用下标运算符([])访问元素。

代码如下所示。

```cpp
template<typename T>
struct vector
{
    vector(std::size_t const n) : data_(n) {}

    vector(std::initializer_list<T>&& l) : data_(l) {}

    std::size_t size() const noexcept
    {
        return data_.size();
    }

    T const & operator[](const std::size_t i) const
    {
        return data_[i];
    }

    T& operator[](const std::size_t i)
    {
        return data_[i];
    }
private:
    std::vector<T> data_;
};
```

这看起来与 std::vector 标准容器非常相似，实际上它在内部会使用该标准容器保存数据。不过，这方面与想要解决的问题无关。记住，我们使用的是向量，而不是矩阵，因为向量更容易通过几行代码表示。有了这个类，就可以定义必要的运算：既可以是两个向量的加法和乘法，也可以是标量和向量的加法和乘法，代码如下所示。

```cpp
template<typename T, typename U>
auto operator+ (vector<T> const & a, vector<U> const & b)
{
    using result_type = decltype(std::declval<T>() +
                                 std::declval<U>());
    vector<result_type> result(a.size());
    for (std::size_t i = 0; i < a.size(); ++i)
    {
        result[i] = a[i] + b[i];
    }
    return result;
}

template<typename T, typename U>
auto operator* (vector<T> const & a, vector<U> const & b)
{
    using result_type = decltype(std::declval<T>() +
                                 std::declval<U>());
    vector<result_type> result(a.size());
    for (std::size_t i = 0; i < a.size(); ++i)
    {
        result[i] = a[i] * b[i];
    }
    return result;
}

template<typename T, typename S>
auto operator* (S const& s, vector<T> const& v)
{
    using result_type = decltype(std::declval<T>() +
                                 std::declval<S>());
    vector<result_type> result(v.size());
    for (std::size_t i = 0; i < v.size(); ++i)
    {
        result[i] = s * v[i];
    }
    return result;
}
```

这些实现相对简单，在这一点上不应该造成理解问题。运算符 + 和运算符 * 都接收了两个可能不同类型的向量，如 vector<int>和 vector<double>，并返回一个包含结果类型元素的向量。这是通过使用 std::declval 将模板类型 T 和 U 的两个值相加的结果来确定的。这已经在第 4 章讨论过。类似的实现可用于标量和向量的相乘。有了这些运算符，可以编写以下代码。

```cpp
vector<int>    v1{ 1,2,3 };
vector<int>    v2{ 4,5,6 };
double a{ 1.5 };

vector<double> v3 = v1 + a * v2;            // {7.0, 9.5, 12.0}
vector<int>    v4 = v1 * v2 + v1 + v2;      // {9, 17, 27}
```

如前所述，这将在计算 v3 时创建一个临时对象，在计算 v4 时创建两个临时对象。

图 7-2 和图 7-3 举例说明了这些情况。图 7-2 展示了第一个计算：v3 = v1 + a * v2。

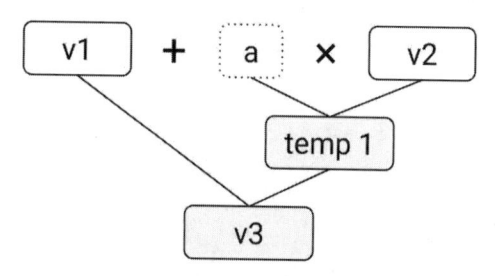

图 7-2　第一个表达式的概念表示

图 7-3 给出了第二个表达式 v4 = v1 * v2 + v1 + v2 的计算的概念表示。

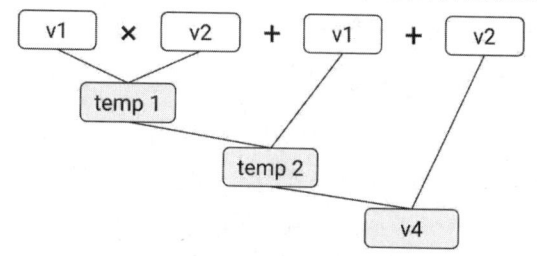

图 7-3　第二个表达式的概念表示

为了避免产生这些临时对象，可以使用表达式模板模式重写 vector 类的实现，但这需要以下几项变更。

- 定义类模板来表示两个对象之间的表达式(如两个向量相加或相乘的表达式)。
- 修改 vector 类并参数化容器的内部数据，默认情况下，容器内部数据是 std::vector，但也可以是表达式模板。
- 修改重载的运算符 + 和 * 的实现。

我们从下面的向量实现开始，看看这是如何实现的，代码如下所示。

```cpp
template<typename T, typename C = std::vector<T>>
struct vector
{
   vector() = default;

   vector(std::size_t const n) : data_(n) {}

   vector(std::initializer_list<T>&& l) : data_(l) {}

   vector(C const & other) : data_(other) {}

   template<typename U, typename X>
   vector(vector<U, X> const& other) : data_(other.size())
   {
      for (std::size_t i = 0; i < other.size(); ++i)
         data_[i] = static_cast<T>(other[i]);
   }
```

```cpp
    template<typename U, typename X>
    vector& operator=(vector<U, X> const & other)
    {
       data_.resize(other.size());
       for (std::size_t i = 0; i < other.size(); ++i)
          data_[i] = static_cast<T>(other[i]);

       return *this;
    }

    std::size_t size() const noexcept
    {
       return data_.size();
    }

    T operator[](const std::size_t i) const
    {
       return data_[i];
    }

    T& operator[](const std::size_t i)
    {
       return data_[i];
    }

    C& data() noexcept { return data_; }

    C const & data() const noexcept { return data_; }
private:
    C data_;
};
```

除了最初实现中可用的操作外，这次还定义了以下内容。

- 默认构造函数
- 容器的转换构造函数
- 包含潜在不同类型的元素的 vector 的拷贝构造函数
- 包含潜在不同类型元素的 vector 的拷贝赋值运算符
- 成员函数 data，用于访问存储数据的底层容器

表达式模板是一个简单的类模板，用于存储两个操作数，并提供一种执行运算求值的方法。在我们的示例中，需要实现两个向量相加、两个向量相乘、以及一个标量与一个向量相乘的表达式。用于两个向量相加的表达式模板的实现代码如下所示。

```cpp
template<typename L, typename R>
struct vector_add
{
    vector_add(L const & a, R const & b) : lhv(a), rhv(b) {}

    auto operator[](std::size_t const i) const
    {
```

```
      return lhv[i] + rhv[i];
   }

   std::size_t size() const noexcept
   {
      return lhv.size();
   }

private:
   L const & lhv;
   R const & rhv;
};
```

该类存储对两个向量的常量引用(或者实际上,任何重载了下标运算符并提供了 size 成员函数的类型)。表达式的求值发生在重载的下标运算符中,但并不是针对整个向量;只对指定索引处的元素进行相加。

注意,此实现不处理不同大小的向量(不过读者可以将其作为练习)。不过,应该很容易理解这种方法的惰性本质,因为加法运算只在调用下标运算符时发生。

我们需要实现的两个运算的乘法表达式模板以类似的方式实现,代码如下所示。

```
template<typename L, typename R>
struct vector_mul
{
   vector_mul(L const& a, R const& b) : lhv(a), rhv(b) {}

   auto operator[](std::size_t const i) const
   {
      return lhv[i] * rhv[i];
   }

   std::size_t size() const noexcept
   {
      return lhv.size();
   }

private:
   L const & lhv;
   R const & rhv;
};

template<typename S, typename R>
struct vector_scalar_mul
{
   vector_scalar_mul(S const& s, R const& b) :
      scalar(s), rhv(b)
   {}

   auto operator[](std::size_t const i) const
   {
      return scalar * rhv[i];
   }

   std::size_t size() const noexcept
```

```
        {
            return rhv.size();
        }

private:
    S const & scalar;
    R const & rhv;
};
```

更改的最后一部分是修改重载的运算符 + 和运算符 * 的定义，代码如下所示。

```
template<typename T, typename L, typename U, typename R>
auto operator+(vector<T, L> const & a,
               vector<U, R> const & b)
{
    using result_type = decltype(std::declval<T>() +
                                 std::declval<U>());
    return vector<result_type, vector_add<L, R>>(
        vector_add<L, R>(a.data(), b.data()));
}

template<typename T, typename L, typename U, typename R>
auto operator*(vector<T, L> const & a,
               vector<U, R> const & b)
{
    using result_type = decltype(std::declval<T>() +
                                 std::declval<U>());
    return vector<result_type, vector_mul<L, R>>(
        vector_mul<L, R>(a.data(), b.data()));
}

template<typename T, typename S, typename E>
auto operator*(S const& a, vector<T, E> const& v)
{
    using result_type = decltype(std::declval<T>() +
                                 std::declval<S>());
    return vector<result_type, vector_scalar_mul<S, E>>(
        vector_scalar_mul<S, E>(a, v.data()));
}
```

尽管实现这种模式的代码更为复杂，但客户端代码不需要更改。这段代码仅展示早期工作，没有任何修改，只是以一种惰性的方式实现。结果中每个元素的求值都是通过调用存在于向量类的拷贝构造函数和拷贝赋值运算符中的下标运算符触发的。

如果这种模式看起来很麻烦，那么更好的选择是使用范围库。

使用范围作为表达式模板的替代方案

C++ 20 的主要特性之一是范围库。范围(range)是容器的泛化——一种允许你对其数据(元素)进行迭代的类。范围库的一个关键元素是视图。视图是其他范围的非拥有包装器，通过某些操作转换底层范围。

此外，它们是惰性求值的，构造、复制或销毁它们的时间不取决于底层范围的大小。

惰性求值(即在请求元素时而不是在创建视图时对其应用转换)是该库的一个关键特性。然而，这正是表达式模板所提供的功能。因此，表达式模板的许多用法都可以用范围替代。范围将在第 8 章详细讨论。

C++范围库基于 Eric Niebler 创建的 **range-v3** 库。此库位于 https://github.com/ericniebler/range-v3/。使用 range-v3，可以编写以下代码执行运算 v1 + a * v2。

```
namespace rv = ranges::views;
std::vector<int> v1{ 1, 2, 3 };
std::vector<int> v2{ 4, 5, 6 };
double a { 1.5 };

auto sv2 = v2 |
           rv::transform([&a](int val) {return a * val; });
auto v3 = rv::zip_with(std::plus<>{}, v1, sv2);
```

这里不需要 vector 类的自定义实现；它只适用于 std::vector 容器。也不需要重载任何运算符。只要熟悉范围库，上面这段代码应该很容易理解。首先，创建一个视图，通过将每个元素与标量相乘来转换 v2 向量的元素。然后，创建第二个视图，将加号运算符应用于 v1 范围的元素和上一个运算生成的视图。

遗憾的是，这段代码无法在 C++ 20 中使用标准库编写，因为 C++ 20 中还未包含 zip_with 视图。不过，该视图将在 C++ 23 中以 zip_view 的名称提供。因此，在 C++ 23 中，将能够编写如下代码。

```
namespace rv = std::ranges::views;
std::vector<int> v1{ 1, 2, 3 };
std::vector<int> v2{ 4, 5, 6 };
double a { 1.5 };

auto sv2 = v2 |
           rv::transform([&a](int val) {return a * val; });
auto v3 = rv::zip_view(std::plus<>{}, v1, sv2);
```

下面总结一下对表达式模板模式的讨论，你应该记住以下要点：该模式旨在为代价高昂的运算提供惰性求值，而这么做的代价是必须编写更多的代码(也可以说是更麻烦)以及增加编译时长(因为繁重的模板代码将对此产生影响)。不过，从 C++ 20 开始，范围库成为该模式的一个良好替代方案。第 9 章将探讨这个新库。

7.7 节将讨论类型列表。

7.7 类型列表

类型列表(**type list**，也写作 typelist)是一种编译期构造，让我们能够管理类型序列。类型列表在某种程度上类似元组，但不存储任何数据。类型列表只携带类型信息，并在编译期专门用于实现不同的元编程算法、类型开关，或抽象工厂(Abstract Factory)和访问者(Visitor)等设计模式。

重要提示

尽管 type list 和 typelist 两种写法都在使用，但大多数时候在 C++书籍和文章中看到的是 typelist。因此，本书英文版使用的是 typelist。

类型列表是通过 Andrei Alexandrescu 在其著作《C++ 设计新思维》(*Modern C++ Design*)中普及的，该书在 C++ 11(以及变参模板)发布的 10 年前就已出版。Alexandrescu 定义了一个如下所示的类型列表。

```
template <class T, class U>
struct Typelist
{
   typedef T Head;
   typedef U Tail;
};
```

在其实现中，类型列表由一个头部(一个类型)和尾部(另一个类型列表)组成。为了对类型列表执行各种操作(稍后将讨论)，还需要一个类型来表示类型列表的末尾。它可以是一个简单的空类型，Alexandrescu 对其的定义如下所示。

```
class null_typelist {};
```

有了这两个构造，就可以用以下方式定义类型列表。

```
typedef Typelist<int,
                 Typelist<double, null_typelist>> MyList;
```

变参模板简化了类型列表的实现，代码片段如下所示。

```
template <typename ... Ts>
struct typelist {};

using MyList = typelist<int, double>;
```

类型列表操作的实现方式(例如访问给定索引处的类型，从列表中添加或删除类型等)根据所选方法的不同而有显著差异。在本书中，只考虑变参模板的版本。这种方法的优点是在不同层面都很简单：类型列表的定义更短；不需要用类型表示列表末尾；定义类型列表别名也更短，更易阅读。

目前，可能许多类型列表所表示的问题可以通过变参模板解决，但是仍存在需要类型列表的情况。这里有一个示例：考虑一个变参元函数(一种执行类型转换的类型特征)，它对类型模板实参进行一些转换(如添加 const 限定符)。该元函数定义了一个表示输入类型的成员类型和一个表示转换类型的成员类型。

如果尝试按以下方式定义它，将无法正常工作。

```
template <typename ... Ts>
struct transformer
{
```

```
using input_types = Ts...;
using output_types = std::add_const_t<Ts>...;
};
```

因为在此上下文中无法展开形参包,所以这段代码会产生编译错误。这是在第 3 章讨论过的问题。

解决方案是使用类型列表,代码如下所示。

```
template <typename ... Ts>
struct transformer
{
   using input_types = typelist<Ts...>;
   using output_types = typelist<std::add_const_t<Ts>...>;
};

static_assert(
   std::is_same_v<
      transformer<int, double>::output_types,
      typelist<int const, double const>>);
```

代码变化很小,但产生了预期的结果。虽然这是一个说明在哪需要类型列表的好示例,但它并不是展示在哪里使用类型列表的典型示例。7.7.1 节将介绍一个典型示例。

7.7.1 使用类型列表

在研究如何在类型列表上实现操作之前,有必要探讨一个更复杂的示例。这应该会让你了解类型列表的可能用法,尽管你总是能在网上搜索到很多相关资料。

让我们回到 game_unit 的示例。为了简单起见,只考虑以下类。

```
struct game_unit
{
   int attack;
   int defense;
};
```

game_unit 有两个数据成员,分别表示攻击和防御的指数(或级别)。我们希望借助一些仿函数对这些成员进行变更操作。下面的代码展示了两个这样的函数。

```
struct upgrade_defense
{
   void operator()(game_unit& u)
   {
      u.defense = static_cast<int>(u.defense * 1.2);
   }
};

struct upgrade_attack
{
   void operator()(game_unit& u)
   {
      u.attack += 2;
```

        }
};
```

第一个函数增加了 20%的防御指数，而第二个函数则增加了两个单位的攻击指数。虽然这是一个用于演示用例的小例子，但你可以想象更多种相似的可以在一些定义良好的组合中应用的仿函数。然而，在我们的示例中，我们希望将这两个仿函数应用于 game_unit 对象。我们想要一个如下所示的函数。

```
void upgrade_unit(game_unit& unit)
{
   using upgrade_types = 
       typelist<upgrade_defense, upgrade_attack>;
   apply_functors<upgrade_types>{}(unit);
}
```

这个 upgrade_unit 函数接收一个 game_unit 对象，并对其应用 upgrade_defense 仿函数和 upgrade_attack 仿函数。为此，它使用另一个名为 apply_functors 的辅助仿函数，这是一个只有单个模板实参的类模板，此模板实参是一个类型列表。apply_functors 仿函数的可能实现如下所示。

```
template <typename TL>
struct apply_functors
{
private:
   template <size_t I>
   static void apply(game_unit& unit)
   {
      using F = at_t<I, TL>;
      std::invoke(F{}, unit);
   }

   template <size_t... I>
   static void apply_all(game_unit& unit,
                         std::index_sequence<I...>)
   {
      (apply<I>(unit), ...);
   }
public:
   void operator()(game_unit& unit) const
   {
      apply_all(unit,
                std::make_index_sequence<length_v<TL>>{});
   }
};
```

该类模板有一个重载调用运算符和两个私有辅助函数。
- apply：将类型列表中索引为 I 的仿函数应用于 game_unit 对象。
- apply_all：通过在包扩展中使用 apply 函数，将类型列表中的所有仿函数应用于 game_unit 对象。
```

我们可以按如下方式使用 upgrade_unit 函数。

```
game_unit u{ 100, 50 };
std::cout << std::format("{},{}\n", u.attack, u.defense);
// 打印 100,50

upgrade_unit(u);
std::cout << std::format("{},{}\n", u.attack, u.defense);
// 打印 102,60
```

如果你注意到 apply_functors 类模板的实现，就会发现它使用了 at_t 别名模板和 length_v 变量模板，但目前还没有定义这两个模板。7.7.2 节将讨论这两个模板及更多的内容。

7.7.2 实现对类型列表的操作

类型列表是一种只在编译期携带有价值信息的类型。类型列表充当其他类型的容器。使用类型列表时，需要执行各种操作，例如计数列表中的类型、访问给定索引处的类型、在列表的头或尾添加类型，或逆操作，从列表的头或尾删除类型等。仔细想想，这些都是你在使用像向量这样的容器时会用到的典型操作。因此，本节将讨论如何实现以下操作。

- size：确定列表的长度。
- front：获取列表中的第一个类型。
- back：获取列表中的最后一个类型。
- at：获取列表中指定索引处的类型。
- push_back：将新类型添加到列表尾。
- push_front：将新类型添加到列表头。
- pop_back：删除列表尾的类型。
- pop_front：删除列表头的类型。

类型列表是编译期构造，是一个不可变的实体。因此，添加或删除类型的操作不会修改类型列表，而是创建一个新的类型列表。我们很快就会看到这一点。但首先，从最简单的操作开始，即获取类型列表的长度。

为了避免与 size_t 类型的命名混淆，我们将此操作称为 length_t，而不是 size_t。定义的代码如下所示。

```
namespace detail
{
   template <typename TL>
   struct length;

   template <template <typename...> typename TL,
             typename... Ts>
   struct length<TL<Ts...>>
```

```
    {
        using type =
          std::integral_constant<std::size_t, sizeof...(Ts)>;
    };
}

template <typename TL>
using length_t = typename detail::length<TL>::type;

template <typename TL>
constexpr std::size_t length_v = length_t<TL>::value;
```

在 detail 名空间中,有一个类模板 length。类型列表有一个主模板(没有定义)和一个特化。该特化定义了一个成员类型 type,它是一个 std::integral_constant 模板类,有一个表示形参包 Ts 中实参数量的 std::size_t 类型的值。此外,还有一个别名模板 length_t,它是 length 类模板中成员 type 的别名。最后,有一个变量模板 length_v,它由 std::integral_constant 成员(也称为 value)的值初始化。

可以借助一些 static_assert 语句验证该实现的正确性,代码如下所示。

```
static_assert(
    length_t<typelist<int, double, char>>::value == 3);
static_assert(length_v<typelist<int, double, char>> == 3);
static_assert(length_v<typelist<int, double>> == 2);
static_assert(length_v<typelist<int>> == 1);
```

接下来,将使用类似的方法定义访问类型列表中第一个类型的操作。以下是实现这一操作的代码示例。

```
struct empty_type {};

namespace detail
{
    template <typename TL>
    struct front_type;

    template <template <typename...> typename TL,
              typename T, typename... Ts>
    struct front_type<TL<T, Ts...>>
    {
        using type = T;
    };

    template <template <typename...> typename TL>
    struct front_type<TL<>>
    {
        using type = empty_type;
    };
}

template <typename TL>
using front_t = typename detail::front_type<TL>::type;
```

在 detail 名空间中,有一个类模板 front_type。同样,我们声明了一个主模板,但没有定义。不过，这里有两个特化：一个用于至少包含一种类型的类型列表，另一个用于空类型列表。在前一种情况下，type 成员是类型列表中第一个类型的别名。在后一种情况下，由于没有类型，因此 type 成员别名为 empty_type 类型。这是一个空类，其唯一作用是充当无返回类型操作的返回类型。我们可以按如下方法来验证实现。

```
static_assert(
    std::is_same_v<front_t<typelist<>>, empty_type>);
static_assert(
    std::is_same_v<front_t<typelist<int>>, int>);
static_assert(
    std::is_same_v<front_t<typelist<int, double, char>>,
                   int>);
```

如果希望访问 back 类型操作的实现与此类似，那就不会失望。代码如下所示。

```
namespace detail
{
    template <typename TL>
    struct back_type;

    template <template <typename...> typename TL,
              typename T, typename... Ts>
    struct back_type<TL<T, Ts...>>
    {
        using type = back_type<TL<Ts...>>::type;
    };

    template <template <typename...> typename TL,
              typename T>
    struct back_type<TL<T>>
    {
        using type = T;
    };

    template <template <typename...> typename TL>
    struct back_type<TL<>>
    {
        using type = empty_type;
    };
}

template <typename TL>
using back_t = typename detail::back_type<TL>::type;
```

与此实现唯一显著的区别在于，back_type 类模板有 3 种特化，并且涉及递归。这三种特化分别针对空类型列表、有单一类型的类型列表，以及有两个或更多类型的类型列表。最后一个(实际上是上一个代码示例中的第一个)是在其 type 成员的定义中使用模板递归。我们已经在第 4 章看到过它的工作原理。为了确保以正确的方式实现操作，可以进行如下验证。

```
static_assert(
    std::is_same_v<back_t<typelist<>>, empty_type>);
```

```cpp
static_assert(
    std::is_same_v<back_t<typelist<int>>, int>);
static_assert(
    std::is_same_v<back_t<typelist<int, double, char>>,
                   char>);
```

除了访问类型列表中的第一个和最后一个类型外，我们还对访问任何给定索引处的类型感兴趣。然而，该操作的实现并不那么简单。

先来看一下如下代码。

```cpp
namespace detail
{
    template <std::size_t I, std::size_t N, typename TL>
    struct at_type;

    template <std::size_t I, std::size_t N,
              template <typename...> typename TL,
              typename T, typename... Ts>
    struct at_type<I, N, TL<T, Ts...>>
    {
        using type =
            std::conditional_t<
                I == N,
                T,
                typename at_type<I, N + 1, TL<Ts...>>::type>;
    };

    template <std::size_t I, std::size_t N>
    struct at_type<I, N, typelist<>>
    {
        using type = empty_type;
    };
}

template <std::size_t I, typename TL>
using at_t = typename detail::at_type<I, 0, TL>::type;
```

at_t 别名模板有两个模板实参：一个索引和一个类型列表。at_t 模板是来自 detail 名空间中 at_type 类模板的成员类型的别名。主模板有 3 个模板形参：一个索引表示要获取的类型的位置(I)，一个索引表示在列表中类型迭代中的当前位置(N)，一个类型列表(TL)。

这个主模板有两种特化：一种用于至少包含一种类型的类型列表，另一种用于空类型列表。在后一种情况下，成员 type 是 empty_type 类型的别名。在前一种情况下，成员 type 借助 std::conditional_t 元函数加以定义。当 I == N 时，它将其成员 type 定义为第一种类型(T)，当此条件为 false 时将其成员 type 定义为第二种类型(typename at_type<I, N + 1, TL<Ts...>>::type)。本例再次使用模板递归，每次迭代都会增加第二个索引的值。以下 static_assert 语句用于验证实现。

```cpp
static_assert(
    std::is_same_v<at_t<0, typelist<>>, empty_type>);
```

```cpp
static_assert(
    std::is_same_v<at_t<0, typelist<int>>, int>);
static_assert(
    std::is_same_v<at_t<0, typelist<int, char>>, int>);

static_assert(
    std::is_same_v<at_t<1, typelist<>>, empty_type>);
static_assert(
    std::is_same_v<at_t<1, typelist<int>>, empty_type>);
static_assert(
    std::is_same_v<at_t<1, typelist<int, char>>, char>);

static_assert(
    std::is_same_v<at_t<2, typelist<>>, empty_type>);
static_assert(
    std::is_same_v<at_t<2, typelist<int>>, empty_type>);
static_assert(
    std::is_same_v<at_t<2, typelist<int, char>>,
                   empty_type>);
```

要实现的下一类操作是将类型添加到类型列表的头和尾。我们称之为 push_back_t 和 push_front_t。它们的定义如下所示。

```cpp
namespace detail
{
    template <typename TL, typename T>
    struct push_back_type;

    template <template <typename...> typename TL,
              typename T, typename... Ts>
    struct push_back_type<TL<Ts...>, T>
    {
        using type = TL<Ts..., T>;
    };

    template <typename TL, typename T>
    struct push_front_type;

    template <template <typename...> typename TL,
              typename T, typename... Ts>
    struct push_front_type<TL<Ts...>, T>
    {
        using type = TL<T, Ts...>;
    };
}

template <typename TL, typename T>
using push_back_t =
    typename detail::push_back_type<TL, T>::type;

template <typename TL, typename T>
using push_front_t =
    typename detail::push_front_type<TL, T>::type;
```

根据迄今为止在操作中看到的内容，这些操作应该很容易理解。逆操作则相反，从类型列表中删除第一个或最后一个类型时，会更复杂。第一个操作 pop_front_t 的代码如下所示。

```
namespace detail
{
    template <typename TL>
    struct pop_front_type;

    template <template <typename...> typename TL,
              typename T, typename... Ts>
    struct pop_front_type<TL<T, Ts...>>
    {
        using type = TL<Ts...>;
    };

    template <template <typename...> typename TL>
    struct pop_front_type<TL<>>
    {
        using type = TL<>;
    };
}

template <typename TL>
using pop_front_t =
    typename detail::pop_front_type<TL>::type;
```

我们有主模板 pop_front_type 和两个特化：第一个用于至少有一种类型的类型列表，第二个用于空类型列表。后者将成员 type 定义为空列表；前者将成员 type 定义为尾部由类型列表实参组成的类型列表。

最后一个操作是删除类型列表中的最后一个类型，称为 pop_back_t，代码如下所示。

```
namespace detail
{
    template <std::ptrdiff_t N, typename R, typename TL>
    struct pop_back_type;

    template <std::ptrdiff_t N, typename... Ts,
              typename U, typename... Us>
    struct pop_back_type<N, typelist<Ts...>,
                         typelist<U, Us...>>
    {
        using type =
            typename pop_back_type<N - 1,
                                   typelist<Ts..., U>,
                                   typelist<Us...>>::type;
    };

    template <typename... Ts, typename... Us>
    struct pop_back_type<0, typelist<Ts...>,
                         typelist<Us...>>
    {
        using type = typelist<Ts...>;
    };
```

```
template <typename... Ts, typename U, typename... Us>
struct pop_back_type<0, typelist<Ts...>,
                        typelist<U, Us...>>
{
    using type = typelist<Ts...>;
};

template <>
struct pop_back_type<-1, typelist<>, typelist<>>
{
    using type = typelist<>;
};
}

template <typename TL>
using pop_back_t = typename detail::pop_back_type<
    static_cast<std::ptrdiff_t>(length_v<TL>)-1,
                typelist<>, TL>::type;
```

为了实现这个操作，我们需要从一个类型列表开始，逐个元素递归地构造另一个类型列表，直至到达输入类型列表中的最后一个类型(该类型应该忽略)。为此，我们使用一个计数器明确已迭代类型列表的次数。

这是以类型列表的大小减 1 开始的，达到 0 时需要停止。出于这个原因，pop_back_type 类模板有 4 个特化：一个用于在类型列表中进行某次迭代时的一般情况，两个用于计数器达到 0 时的情况，另一个用于计数器达到值-1 时的情况。当初始类型列表为空时就是计数器达到值-1 的情况(因此，length_t<TL> - 1 的值将为-1)。以下是一些断言，展示了如何使用 pop_back_t 并验证了其正确性。

```
static_assert(std::is_same_v<pop_back_t<typelist<>>,
                                typelist<>>);
static_assert(std::is_same_v<pop_back_t<typelist<double>>,
                                typelist<>>);
static_assert(
    std::is_same_v<pop_back_t<typelist<double, char>>,
                                stypelist<double>>);
static_assert(
    std::is_same_v<pop_back_t<typelist<double, char, int>>,
                                typelist<double, char>>);
```

通过定义这些操作，我们提供了一系列在处理类型列表时所需要的操作。length_t 和 at_t 操作在之前展示的示例中用于在 game_unit 对象上执行仿函数。希望本节能为类型列表提供一点有用的介绍，让你不仅能了解如何实现它们，还能了解如何使用它们。

7.8 总结

本章致力于学习各种元编程技术。首先介绍动态多态和静态多态之间的区别，然后研究用于实现后者的 CRTP(奇异递归模板模式)。

混入(mixins)是另一种模式,具有与 CRTP 相似的目的——为类添加功能,但与 CRTP 不同的是,它不修改类本身。第三种技术是类型擦除,它允许对不相关的相似类型以泛型的方式进行处理。在第二部分中,我们学习了标签派发——允许在编译期选择重载,还学习了表达式模板——允许在编译期对计算进行惰性求值,以避免在运行期发生低效操作。最后,我们探讨了类型列表,并学习了如何使用它们,以及如何实现与之相关的操作。

第 8 章将关注标准模板库的核心支柱:容器、迭代器和算法。

7.9 问题

1. CRTP 可以解决哪些典型问题?
2. 什么是 mixins?其目的是什么?
3. 什么是类型擦除?
4. 什么是标签派发,它的替代方案是什么?
5. 什么是表达式模板?在哪里使用它们?

第8章
范围和算法

读到本书此处，你已经学习了 C++ 中关于模板的语法和机制的所有知识，其内容涵盖了最新版本 C++ 20 中的特性。这提供了编写从简单到复杂的模板所需要的知识。模板是编写泛型库的关键。即使你可能自己不会编写这样的库，仍然会使用一个或多个库。事实上，用 C++ 编写的日常代码都会用到模板。主要原因是，作为一个现代 C++ 开发者，你正在使用的标准库就是基于模板的库。

但是，标准库是许多库的集合，如容器库、迭代器库、算法库、数值库、输入/输出库、文件系统库、正则表达式库、线程支持库、实用工具库等。总而言之，这是一个庞大的库，足以成为至少一整本书的主题。但是，探索库的一些关键部分是值得的，这可以帮助你更好地理解正在或可能经常使用的一些概念和类型。

因为在一章中讨论这个话题会导致内容过于臃肿，所以本书把讨论分为两个部分。

在本章中，我们将讨论以下主题：
- 理解容器、迭代器和算法的设计
- 创建自定义容器和迭代器
- 编写自定义通用算法

在本章结束时，读者将很好地理解标准模板库的 3 个主要支柱，即容器、迭代器和算法。

本章开始时会概述标准库在这方面所提供的功能。

8.1 理解容器、迭代器和算法的设计

容器(container)是表示元素集合的类型。这些集合可以基于各种数据结构实现，每种数据结构都有不同的语义：列表、队列、树等。标准库提供了以下三类容器。
- 序列容器(**sequence container**)：vector、deque、list、array 和 forward_list。

- 关联容器(associative container)：set、map、multiset 和 multimap。
- 无序关联容器(unordered associative container)：unordered_set、unordered_map、unordered_multiset 和 unordered_multimap。

除此之外，还有为序列容器提供不同接口的容器适配器，包括 stack、queue 和 priority_queue 类。最后，还有一个名为 span 的类，它表示连续对象序列上的非所属视图。

第 1 章已经介绍了这些容器作为模板的基本原理，因为不想为需要存储在容器中的每种不同类型的元素重复地编写相同的实现。可以说，标准库中最常用的容器有以下几种。

- vector：这是连续存储在内存中的可变大小的元素集合。如果没有定义特殊需求，这是你会选择的默认容器。内部存储器根据需要自动扩展或收缩，以容纳存储的元素。vector 会分配比实际需要更多的内存，以降低扩展的风险。扩展是一项开销很大的操作，因为需要分配新的内存，而且必须将当前存储的内容复制到新内存中，最后需要丢弃之前的存储内容。因为元素在内存中是连续存储的，所以索引可以在常数时间内随机访问它们。
- array：这是连续存储在内存中的固定大小的元素集合，大小必须是编译期常量表达式。array 类的语义与存储 C 风格数组(T[n])的结构相同。就像 vector 类型一样，array 类的元素可以在常数时间内随机访问。
- map：这是一个将值与唯一键相关联的集合。键使用比较函数进行排序，map 类通常实现为红黑树。搜索、插入或删除元素的操作具有对数复杂度。
- set：这是一组唯一键的集合。键是存储在容器中的实际值；与 map 类的情况不同，set 没有键值对。但是，和 map 类的情况一样，set 通常也实现为红黑树，在搜索、插入和删除元素时同样具有对数复杂度。

无论类型如何，标准容器都有以下一些共同点。

- 几种常见的成员类型。
- 用于进行存储管理的分配器(std::array 类除外)。
- 几个常见的成员函数(某些容器可能没有其中的一些函数)。
- 通过迭代器访问存储的数据。

以下成员类型由所有标准容器定义。

```
using value_type        = /* ... */;
using size_type         = std::size_t;
using difference_type   = std::ptrdiff_t;
using reference         = value_type&;
using const_reference   = value_type const&;
using pointer           = /* ... */;
using const_pointer     = /* ... */;
using iterator          = /* ... */;
using const_iterator    = /* ... */;
```

这些别名的实际类型可能因容器而异。例如，对于 std::vector，value_type 是模板实参 T，但是对于 std::map，value_type 则是 std::pair<const Key, T> 类型。这些成员类型的目的是帮助进行泛型编程。

除了 std::array 类(它表示在编译期已知大小的数组)，所有其他容器都是动态分配内存。这是通过一个称为分配器(**allocator**)的对象控制的。其类型指定为类型模板形参，但如果没有指定，所有容器都将其默认为 std::allocator。这个标准分配器使用全局的 new 和 delete 运算符分配和释放内存。标准容器的所有构造函数(包括拷贝构造函数和移动构造函数)都有重载，允许指定分配器。

标准容器中还定义了一些常见的成员函数。以下是一些示例。

- size：返回元素的数量(在 std::forward_list 中不存在)。
- empty：检查容器是否为空。
- clear：清除容器的内容(在 std::array、std::stack、std::queue 和 std::priority_queue 中不存在)。
- swap：交换容器对象的内容。
- begin 和 end 方法：它们将迭代器返回到容器的头和尾(在 std::stack、std::queue 和 std::priority_queue 中不存在，尽管它们不是容器，而是容器适配器)。

最后一项提到了迭代器。这些类型抽象了访问容器中元素的细节，提供了一种统一的方法来标识和遍历容器的元素。这很重要，因为标准库的一个关键部分是由通用算法表示的。有一百多种这样的算法，从序列操作(如 count、count_if、find 和 for_each)到修改操作(如 copy、fill、transform、rotate 和 reverse)，再到分区和排序(partition、sort、nth_element)等。迭代器是确保它们以泛型方式工作的关键。如果每个容器使用不同的方式访问其元素，那么编写泛型算法几乎是不可能的。

下面考虑将元素从一个容器复制到另一个容器的简单操作。例如，有一个 std::vector 对象，我们想将它的元素复制到 std::list 对象，代码可能如下所示。

```
std::vector<int> v {1, 2, 3};
std::list<int> l;

for (std::size_t i = 0; i < v.size(); ++i)
    l.push_back(v[i]);
```

如果想从 std::list 复制到 std::set，或者从 std::set 复制到 std::array，该怎么办？每种情况都需要不同种类的代码。但是，通用算法让我们能够以统一的方式做到这一点，如以下代码所示。

```
std::vector<int> v{ 1, 2, 3 };

// 从 vector 复制到 vector
std::vector<int> vc(v.size());
std::copy(v.begin(), v.end(), vc.begin());
```

```
// 从 vector 复制到 list
std::list<int> l;
std::copy(v.begin(), v.end(), std::back_inserter(l));

// 从 list 复制到 set
std::set<int> s;
std::copy(l.begin(), l.end(), std::inserter(s, s.begin()));
```

这里有一个 std::vector 对象，将其内容复制到另一个 std::vector，但也会复制到 std::list 对象。因此，std::list 对象的内容随后被复制到 std::set 对象。在所有情况下，使用的都是 std::copy 算法。该算法有几个实参：两个定义源的头和尾的迭代器，一个定义目标头的迭代器。该算法一次将一个元素从输入范围复制到输出迭代器指向的元素，然后递增输出迭代器。它可以按如下方式实现。

```
template<typename InputIt, class OutputIt>
OutputIt copy(InputIt first, InputIt last,
              OutputIt d_first)
{
   for (; first != last; (void)++first, (void)++d_first)
   {
      *d_first = *first;
   }
   return d_first;
}
```

重要提示

该算法在第 5 章讨论过，当时我们研究了如何借助类型特征优化其实现。

考虑前面的示例，有时目标容器用以复制的内存空间尚未分配。这种情况发生在复制到 list 和 set 时，在这种情况下，通过 std::back_inserter 和 std::inserter 辅助函数间接使用类似迭代器的类型 std::back_insert_iterator 和 std::insert_iterator 将元素插入容器中。std::back_insert_iterator 类使用 push_back 函数，std::insert_iterator 类使用 insert 函数。

C++ 中有以下 6 种迭代器类别。

- 输入迭代器
- 输出迭代器
- 前向迭代器
- 双向迭代器
- 随机访问迭代器
- 连续迭代器

连续迭代器类别是在 C++ 17 添加的。所有运算符都可以使用前缀或后缀增量运算符递增。表 8-1 展示了每个类别定义的附加操作。

表8-1 类型操作表

类别	属性	表达式
输入	单次增加	i++
		++i
	相等/不相等的比较	i == j
		i != j
	可以解引用(作为右值)	*i
		i->m
前向	多次增加	i = j; *j++; *i;
双向	可减	--i
		i--
随机访问	算术运算符 + 和 -	i + n
		n + i
		i - n
		i - j
	不等式比较(通过迭代器)	i < j
		i > j
		i <= j
		i >= j
	复合赋值	i += n
		i -= n
	偏移解引用运算符	i[n]
连续	逻辑相邻的元素，物理内存相邻	
输出	单次增加	i++
		++i
	可以解引用(作为左值)	*i = v
		*i++ = v

除了输出类别之外，每个类别都包含有关它的所有内容。这意味着前向迭代器是输入迭代器，双向迭代器是前向迭代器，随机访问迭代器是双向迭代器，最后，连续迭代器是随机访问迭代器。不过，这五类中的任何一类迭代器也可以同时是输出迭代器。这样的迭代器称为**可变(mutable)**迭代器。否则，称它们为**常量(constant)**迭代器。

C++20 标准增加了对概念和概念库的支持。该库为每个迭代器类别定义了标准概念。表 8-2 显示了它们之间的关联。

表 8-2 迭代器概念表

迭代器类别	概念
输入迭代器	std::input_iterator
前向迭代器	std::output_iterator
双向迭代器	std::bidirectional_iterator
随机访问迭代器	std::random_access_iterator
连续迭代器	std::contiguous_iterator
输出迭代器	std::output_iterator

重要提示

迭代器概念在第 6 章简要讨论过。

所有容器都包含以下成员。

- begin：返回指向容器头的迭代器。
- end：返回指向容器尾的迭代器。
- cbegin：返回指向容器头的常量迭代器。
- cend：返回指向容器尾的常量迭代器。

一些容器也有返回反向迭代器的成员。

- rbegin：返回指向反向容器头的反向迭代器。
- rend：返回指向反向容器尾的反向迭代器。
- rcbegin：返回指向反向容器头的常量反向迭代器。
- rcend：返回指向反向容器尾的常量反向迭代器。

如果想要有效地使用容器和迭代器，有两个方面必须充分理解。

- 容器尾不是容器的最后一个元素，而是最后一个元素之后的元素。
- 反向迭代器以相反的顺序提供对元素的访问，指向容器第一个元素的反向迭代器实际上是指向非反向容器的最后一个元素。

为了更好地理解这两点，让我们来看以下示例。

```
std::vector<int> v{ 1,2,3,4,5 };

// 打印 1 2 3 4 5
std::copy(v.begin(), v.end(),
        std::ostream_iterator<int>(std::cout, " "));

// 打印 5 4 3 2 1
std::copy(v.rbegin(), v.rend(),
        std::ostream_iterator<int>(std::cout, " "));
```

对 std::copy 的第一个调用按给定的顺序打印容器的元素。另一方面，对 std::copy 的第二次调用以相反的顺序打印元素。

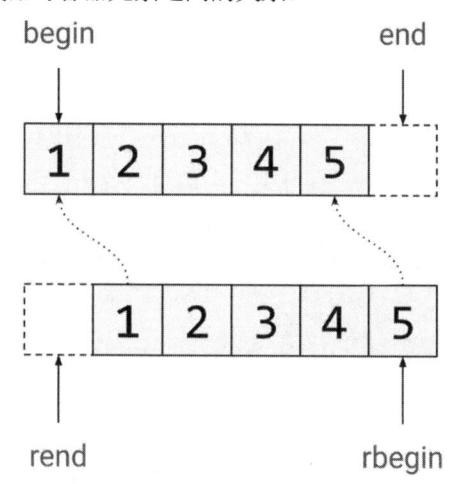

图 8-1 说明了迭代器与容器元素之间的关系。

图 8-1　迭代器及容器元素的关系

两个迭代器(begin 和 end，即最后一个元素之后的元素)分隔的元素序列(无论它们在内存中存储何种数据结构)称为**范围(range)**。这个术语在 C++标准(特别是算法)和文献中被广泛使用，也是 C++ 20 中范围库的名称，这将在第 9 章讨论。

除了标准容器的 begin/end 成员函数集外，还有同名的自由函数。它们的等效性如表 8-3 所示。

表 8-3　同名的自由函数表

成员函数	自由函数
c.begin()	std::begin(c)
c.cbegin()	std::cbegin(c)
c.end()	std::end(c)
c.cend()	std::cend(c)
c.rbegin()	std::rbegin(c)
c.rcbegin()	std::rcbegin(c)
c.rend()	std::rend(c)
c.rcend()	std::rcend(c)

尽管这些自由函数在使用标准容器时没有带来太多好处，但它们有助于我们编写既可以处理标准容器也可以处理类 C 数组的泛型代码，因为所有这些自由函数都是对静态数组重载的。示例如下所示。

```
std::vector<int> v{ 1,2,3,4,5 };
std::copy(std::begin(v), std::end(v),
```

```
                std::ostream_iterator<int>(std::cout, " "));
int a[] = { 1,2,3,4,5 };
std::copy(std::begin(a), std::end(a),
          std::ostream_iterator<int>(std::cout, " "));
```

如果没有这些函数，就必须写为 std::copy(a, a + 5, ...)。这些函数的一个重要好处是，它们使我们能够在基于范围的 for 循环中使用数组，代码如下所示。

```
std::vector<int> v{ 1,2,3,4,5 };
for (auto const& e : v)
    std::cout << e << ' ';

int a[] = { 1,2,3,4,5 };
for (auto const& e : a)
    std::cout << e << ' ';
```

本书的目的不是教你如何使用每个容器或许多标准算法。不过，学习如何创建容器、迭代器和算法应该对你有所帮助。这就是我们接下来要做的。

8.2 创建自定义容器和迭代器

理解容器和迭代器如何工作的最好方法是创建自己的容器和迭代器来亲身体验它们。为了避免实现标准库中已有的容器和迭代器，我们将考虑一些未提供的实现——更确切地说，是**环形缓冲区(circular buffer)**。这是一个容器，当它装满时，会覆盖现有的元素。我们可以想象这样一个容器的不同工作方式；因此，重要的是首先要定义它的以下需求。

- 容器应具有在编译期已知的固定容量，因此，该容器将不存在运行期内存管理。
- 容量是容器可以存储的元素数量，大小是它实际包含的元素数量。当大小等于容量时，我们说容器已满。
- 当容器已满时，添加新元素将覆盖容器中最老的元素。
- 添加新元素总是在尾部完成；删除现有元素总是在头部(容器中最老的元素)完成。
- 应该通过下标运算符和迭代器随机访问容器的元素。

基于这些需求，我们可以想到以下实现细节。

- 元素可以存储在数组中。为了方便起见，这可以是 std::array 类。
- 我们需要两个变量，名为 head 和 tail，分别存储容器的第一个和最后一个元素的索引。这是必要的，原因是容器的环形性质，头部和尾部会随着时间的推移而变化。
- 第三个变量将存储容器中的元素数量。这很有用，否则我们将无法从头和尾的索引值中区分容器为空还是只有一个元素。

重要提示

这里所展示的实现仅用于教学目的，并不打算用作发布就绪的解决方案。有经验的读者会发现优化实现的不同方面。不过，这里的目的是学习如何编写容器，而不是如何优化实现。

图 8-2 展示了一个环形缓冲区的可视化表示，其容量为 8 个不同状态的元素。

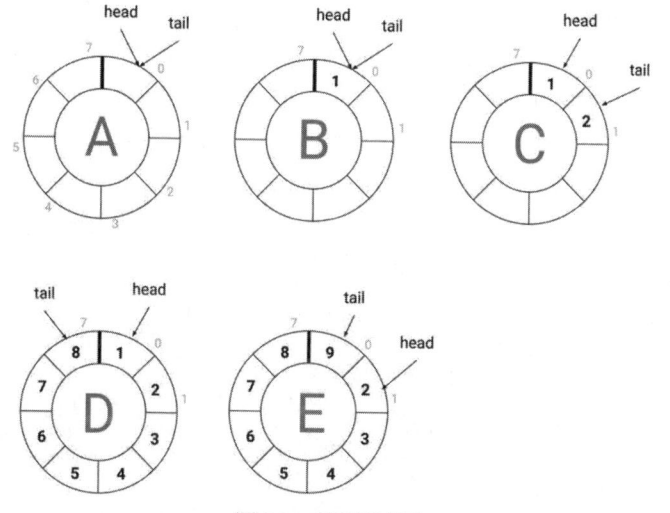

图 8-2　环形缓冲区

在图 8-2 中可以看到以下内容。

- 图 **A**：这是一个空缓冲区。容量为 8，大小为 0，头和尾都指向索引 **0**。
- 图 **B**：该缓冲区包含一个元素。容量仍然是 8，大小为 1，头和尾仍然指向索引 **0**。
- 图 **C**：该缓冲区包含两个元素。大小为 2，头指向索引 **0**，尾指向索引 **1**。
- 图 **D**：该缓冲区已满。大小为 8，等于容量，头指向索引 **0**，尾指向索引 **7**。
- 图 **E**：该缓冲区已满，但添加了一个额外的元素，触发覆盖缓冲区中最老的元素。大小为 8，头指向索引 **1**，尾指向索引 **0**。

现在已经研究了环形缓冲区的语义，接下来就可以开始编写实现了，我们先从容器类开始。

8.2.1　实现环形区缓冲容器

容器类的代码太长，无法放在单个列表中，因此将把它们分解为多个片段。第一部分的代码如下所示。

```
template <typename T, std::size_t N>
    requires(N > 0)
```

```
class circular_buffer_iterator;

template <typename T, std::size_t N>
    requires(N > 0)
class circular_buffer
{
    // ...
};
```

这里做了两件事：一件是类模板 circular_buffer_iterator 的前向声明，另一件是类模板 circular_buffer 的定义。两者具有相同的模板形参，一个是表示元素类型的类型模板形参 T，另一个是表示缓冲区容量的非类型模板形参。我们使用约束确保提供的容量值始终为正。如果使用的不是 C++ 20，可以用 static_assert 语句或 enable_if 代替约束，以强制执行相同的限制。下面的代码段都是 circular_buffer 类的一部分。

首先，我们有一系列成员类型定义，为与 circular_buffer 类模板相关的不同类型提供别名。这些将用于类的实现，代码如下所示。

```
public:
    using value_type = T;
    using size_type = std::size_t;
    using difference_type = std::ptrdiff_t;
    using reference = value_type&;
    using const_reference = value_type const&;
    using pointer = value_type*;
    using const_pointer = value_type const*;
    using iterator = circular_buffer_iterator<T, N>;
    using const_iterator =
        circular_buffer_iterator<T const, N>;
```

其次，我们有存储缓冲区状态的数据成员。实际元素存储在 std::array 对象中。head、tail 和 size 都存储在 size_type 数据类型的变量中。这些成员都是私有的，代码如下所示。

```
private:
    std::array<value_type, N> data_;
    size_type                 head_ = 0;
    size_type                 tail_ = 0;
    size_type                 size_ = 0;
```

第三，我们有实现前面所述功能的成员函数。以下所有成员均为公有。首先列出的是构造函数，代码如下所示。

```
constexpr circular_buffer() = default;
constexpr circular_buffer(value_type const (&values)[N]) :
    size_(N), tail_(N-1)
{
    std::copy(std::begin(values), std::end(values),
              data_.begin());
}

constexpr circular_buffer(const_reference v):
    size_(N), tail_(N-1)
{
```

```
        std::fill(data_.begin(), data_.end(), v);
    }
```

这里定义了 3 个构造函数(尽管我们可以考虑其他构造函数)。这些构造函数包括：一个默认构造函数，(也是默认的)用于初始化一个空缓冲区；一个从大小为 N 的类 C 风格数组构造的构造函数，用于通过复制数组元素来初始化一个满的缓冲区；最后一个构造函数接收一个单一值，并通过将该值复制到缓冲区的每个元素来初始化一个满的缓冲区。这些构造函数允许我们能够通过以下任何一种方式创建环形缓冲区。

```
circular_buffer<int, 1> b1;                // {}
circular_buffer<int, 3> b2({ 1, 2, 3 });   // {1, 2, 3}
circular_buffer<int, 3> b3(42);            // {42, 42, 42}
```

接下来，我们定义了几个描述环形缓冲区状态的成员函数，代码如下。

```
constexpr size_type size() const noexcept
{ return size_; }

constexpr size_type capacity() const noexcept
{ return N; }

constexpr bool empty() const noexcept
{ return size_ == 0; }

constexpr bool full() const noexcept
{ return size_ == N; }

constexpr void clear() noexcept
{ size_ = 0; head_ = 0; tail_ = 0; };
```

size 函数返回缓冲区中元素的数量，capacity 函数返回缓冲区可以容纳的元素的数量，empty 函数用于检查缓冲区中是否包含元素(与 size()==0 相同)，full 函数用于检查缓冲区是否已满(与 size()==N 相同)。还有一个名为 clear 的函数，它将环形缓冲区置于空状态。注意，该函数不销毁任何元素 (不会释放内存或调用析构函数)，而只是重置定义缓冲区状态的值。

我们需要访问缓冲区中的元素，因而为此目的定义了以下函数。

```
constexpr reference operator[](size_type const pos)
{
    return data_[(head_ + pos) % N];
}

constexpr const_reference operator[](size_type const pos) const
{
    return data_[(head_ + pos) % N];
}

constexpr reference at(size_type const pos)
{
    if (pos < size_)
        return data_[(head_ + pos) % N];
```

```
      throw std::out_of_range("Index is out of range");
}

constexpr const_reference at(size_type const pos) const
{
   if (pos < size_)
      return data_[(head_ + pos) % N];

   throw std::out_of_range("Index is out of range");
}

constexpr reference front()
{
   if (size_ > 0) return data_[head_];
   throw std::logic_error("Buffer is empty");
}

constexpr const_reference front() const
{
   if (size_ > 0) return data_[head_];
   throw std::logic_error("Buffer is empty");
}

constexpr reference back()
{
   if (size_ > 0) return data_[tail_];
   throw std::logic_error("Buffer is empty");
}

constexpr const_reference back() const
{
   if (size_ > 0) return data_[tail_];
   throw std::logic_error("Buffer is empty");
}
```

每个成员都有一个 const 重载，用于缓冲区的常量实例。常量成员返回常量引用；非常量成员返回普通引用。这些方法如下所示。

- []下标运算符：返回由其索引指定的元素的引用，而不检查索引的值。
- at 方法：其工作原理与下标运算符类似，但会检查索引是否小于 size；如果不满足，则抛出异常。
- front 方法：返回对第一个元素的引用；如果缓冲区为空，则抛出异常。
- back 方法：返回对最后一个元素的引用；如果缓冲区为空，则抛出异常。

我们有访问元素的成员函数，但也需要可以向缓冲区添加元素和从缓存区删除元素的成员函数。添加新元素总是发生在尾部，所以称之为 push_back。删除现有元素总是发生在头部(最老的元素)，因此称其为 pop_front。先来看看前者，代码如下所示。

```
constexpr void push_back(T const& value)
{
   if (empty())
   {
```

```
      data_[tail_] = value;
      size_++;
   }
   else if (!full())
   {
      data_[++tail_] = value;
      size_++;
   }
   else
   {
      head_ = (head_ + 1) % N;
      tail_ = (tail_ + 1) % N;
      data_[tail_] = value;
   }
}
```

这是基于已定义的需求和图 8-2 中的可视化呈现。

- 如果缓冲区为空，则将该值复制到 tail_ 索引指向的元素并增加其大小。
- 如果缓冲区既不空也不满，则执行同样的操作，还会增加 tail_ 索引的值。
- 如果缓冲区已满，则同时增加 head_ 和 tail_，然后将值复制到 tail_ 索引指向的元素。

此函数将 value 实参复制到缓冲区元素，不过，我们可以为临时对象或在推入缓冲区后无用的对象进行优化。因此，此处提供了一个 rvalue 引用的重载。它会将值移动到缓冲区，避免不必要的复制。下面的代码展示了该重载。

```
constexpr void push_back(T&& value)
{
   if (empty())
   {
      data_[tail_] = value;
      size_++;
   }
   else if (!full())
   {
      data_[++tail_] = std::move(value);
      size_++;
   }
   else
   {
      head_ = (head_ + 1) % N;
      tail_ = (tail_ + 1) % N;
      data_[tail_] = std::move(value);
   }
}
```

类似的方法用于实现 pop_back 函数，以从缓冲区删除元素。以下是其实现。

```
constexpr T pop_front()
{
   if (empty()) throw std::logic_error("Buffer is empty");

   size_type index = head_;

   head_ = (head_ + 1) % N;
```

```
    size_--;
    return data_[index];
}
```

如果缓冲区为空，则该函数抛出异常。否则，它将递增 head_ 索引的值，并返回 head_ 的前一个位置元素的值。图 8-3 直观地展示了这一点。

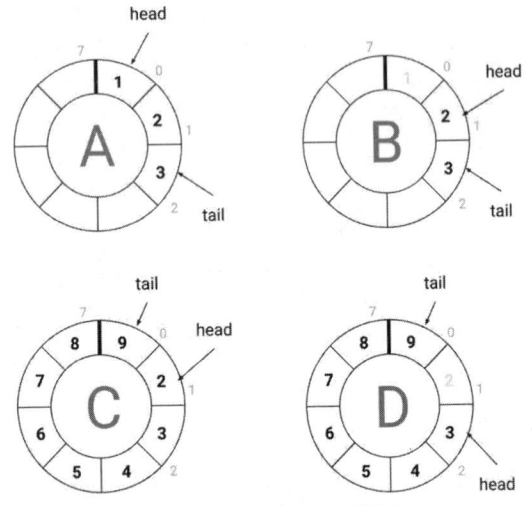

图 8-3　缓冲区的首尾位置

从图 8-3 可以看到以下内容。
- **图 A**：缓冲区有 3 个元素(1、2 和 3)，头指向索引 **0**，尾指向索引 **2**。
- **图 B**：从前面删除了索引为 **0** 的元素。头现在指向索引 **1**，尾仍然指向索引 **2**。缓冲区现在有两个元素。
- **图 C**：缓冲区有 8 个元素，这是它的最大容量，并且其中一个元素已被覆盖。头指向索引 **1**，尾指向索引 **0**。
- **图 D**：从前面删除了一个元素，即索引 **1**。头现在指向索引 **2**，尾仍然指向索引 **0**。缓冲区现在有 7 个元素。

以下代码片段展示了如何使用 push_back 和 pop_front 成员函数。

```
circular_buffer<int, 4> b({ 1, 2, 3, 4 });
assert(b.size() == 4);

b.push_back(5);
b.push_back(6);
b.pop_front();

assert(b.size() == 3);
assert(b[0] == 4);
assert(b[1] == 5);
assert(b[2] == 6);
```

最后，成员函数 begin 和 end 分别返回指向缓冲区的第一个和最后一个元素后一位的迭代器，代码如下所示。

```
iterator begin()
{
    return iterator(*this, 0);
}

iterator end()
{
    return iterator(*this, size_);
}

const_iterator begin() const
{
    return const_iterator(*this, 0);
}

const_iterator end() const
{
    return const_iterator(*this, size_);
}
```

要理解这些内容，需要看实际上如何实现迭代器类，见 8.2.2 节。

8.2.2 为环形缓冲区容器实现迭代器类型

8.2.1 节开始使用 circular_buffer 容器时声明了迭代器类模板，不过也需要定义其实现。此外，我们还必须做一件事：为了使迭代器类能够访问容器的私有成员，需要将其声明为友元。具体做法如下所示。

```
private:
    friend circular_buffer_iterator<T, N>;
```

现在让我们看看 circular_buffer_iterator 类，它实际上与容器类有相似之处。这包括模板形参、约束和成员类型集(其中一些与 circular_buffer 中的一致)。以下是该类的代码片段。

```
template <typename T, std::size_t N>
requires(N > 0)
class circular_buffer_iterator
{
public:
    using self_type = circular_buffer_iterator<T, N>;
    using value_type = T;
    using reference = value_type&;
    using const_reference = value_type const &;
    using pointer = value_type*;
    using const_pointer = value_type const*;
    using iterator_category =
        std::random_access_iterator_tag;
    using size_type = std::size_t;
```

```
        using difference_type = std::ptrdiff_t;
public:
    /* 定义 */

private:
    std::reference_wrapper<circular_buffer<T, N>> buffer_;
    size_type index_ = 0;
};
```

circular_buffer_iterator 类有一个对环形缓冲区的引用和一个对其所指向的缓冲区中的元素的索引。对 circular_buffer<T, N> 的引用封装在 std::reference_wrapper 对象中。这样做的原因将在稍后揭晓。通过提供这两个实参，我们就可以显式创建这样的迭代器。因此，唯一的构造函数如下所示。

```
explicit circular_buffer_iterator(
    circular_buffer<T, N>& buffer,
    size_type const index):
    buffer_(buffer), index_(index)
{ }
```

如果我们现在回顾一下 circular_buffer 的 begin 和 end 成员函数的定义，可以看到第一个实参是 *this，第二个实参对于 begin 迭代器是 0，对于 end 迭代器是 size_。第二个值是迭代器指向的元素头部的偏移量。因此，0 是第一个元素，而 size_ 是缓冲区中最后一个元素的后一位。

我们已经决定需要随机访问缓冲区的元素；因此，迭代器类别是随机访问迭代器。成员类型 iterator_category 是 std::random_access_iterator_tag 的别名。这意味着需要提供此类迭代器支持的所有操作。8.1 节讨论了迭代器类别，以及每个类别所需的操作。接下来，我们将实现所有需求。

我们从输入迭代器的需求开始，具体代码如下所示。

```
self_type& operator++()
{
    if(index_ >= buffer_.get().size())
        throw std::out_of_range("Iterator cannot be
                  incremented past the end of the range");

    index_++;
    return *this;
}

self_type operator++(int)
{
    self_type temp = *this;
    ++*this;
    return temp;
}

bool operator==(self_type const& other) const
{
```

```cpp
    return compatible(other) && index_ == other.index_;
}

bool operator!=(self_type const& other) const
{
    return !(*this == other);
}

const_reference operator*() const
{
    if (buffer_.get().empty() || !in_bounds())
        throw std::logic_error("Cannot dereferentiate the
                                iterator");

    return buffer_.get().data_[
        (buffer_.get().head_ + index_) %
        buffer_.get().capacity()];
}

const_reference operator->() const
{
    if (buffer_.get().empty() || !in_bounds())
        throw std::logic_error("Cannot dereferentiate the
                                iterator");

    return buffer_.get().data_[
        (buffer_.get().head_ + index_) %
        buffer_.get().capacity()];
}
```

我们在这里实现了递增(前缀和后缀都有)、检查相等/不相等，以及解引用。如果无法解引用元素，则运算符 *和->会抛出异常。这种情况发生在缓冲区为空或者索引不在边界内(在 head_和 tail_之间)时。我们使用了两个辅助函数(都是私有的)compatible 和 is_bounds。代码如下所示。

```cpp
bool compatible(self_type const& other) const
{
    return buffer_.get().data_.data() ==
           other.buffer_.get().data_.data();
}

bool in_bounds() const
{
    return
        !buffer_.get().empty() &&
        (buffer_.get().head_ + index_) %
        buffer_.get().capacity() <= buffer_.get().tail_;
}
```

前向迭代器(forward iterator)既是输入迭代器也是**输出迭代器(output iterator)**。输出迭代器的需求将到本节末尾讨论。之前看到的需求用于输入迭代器。除此之外，因为对可解引用的前向迭代器执行操作不会使其迭代器值变为不可解引用，所以前向迭代器可以用于多次遍历算法。这意味着，如果 a 和 b 是两个相等的前向迭代器，那它们要么都不可解引用，要么其迭代器值 *a 和 *b 都指向同一个对象。反之亦然，意味着如果 *a 和 *b 相等，那么 a 和 b 也相等。这在我们的实现中是成立的。

前向迭代器的另一个需求是它们是可交换的。这意味着，如果 a 和 b 是两个前向迭代器，那么 swap(a, b) 应该是一个有效操作。这让我们回到使用 std::reference_wrapper 对象保存对 circular_buffer<T, N> 的引用。引用不可交换，这会使 circular_buffer_iterator 不可交换。但是，std::reference_wrapper 可交换，这使我们的迭代器类型是可交换的。这可以通过 static_assert 语句进行验证，代码如下所示。

```
static_assert(
    std::is_swappable_v<circular_buffer_iterator<int, 10>>);
```

重要提示

std::reference_wrapper 的替代方法是使用指向 circular_buffer 类的原始指针，因为指针可以赋值，因而是可交换的。这是一个设计风格和个人偏好的问题。本例中，我倾向于避免使用原始指针的解决方案。

为了满足双向迭代器类别的需求，还需要支持递减操作。在下面的代码片段中，可以看到前缀和后缀递减运算符的实现。

```
self_type& operator--()
{
    if(index_ <= 0)
        throw std::out_of_range("Iterator cannot be
            decremented before the beginning of the range");

    index_--;
    return *this;
}

self_type operator--(int)
{
    self_type temp = *this;
    --*this;
    return temp;
}
```

最后，我们还需要实现**随机访问迭代器(random-access iterator)**的需求。首先实现的需求是算术运算(+和-)和复合运算(+=和-=)。代码如下所示。

```
self_type operator+(difference_type offset) const
{
    self_type temp = *this;
    return temp += offset;
}

self_type operator-(difference_type offset) const
{
```

```
        self_type temp = *this;
        return temp -= offset;
}

difference_type operator-(self_type const& other) const
{
    return index_ - other.index_;
}

self_type& operator +=(difference_type const offset)
{
    difference_type next =
        (index_ + next) % buffer_.get().capacity();
    if (next >= buffer_.get().size())
        throw std::out_of_range("Iterator cannot be
                incremented past the bounds of the range");
    
    index_ = next;
    return *this;
}

self_type& operator -=(difference_type const offset)
{
    return *this += -offset;
}
```

随机访问迭代器必须支持与其他操作的不等式比较。这意味着，我们需要重载运算符<、<=、> 和 >=。不过，可以基于运算符 < 实现运算符 <=、> 和 >=。因此，它们的定义可以如下所示。

```
bool operator<(self_type const& other) const
{
    return index_ < other.index_;
}

bool operator>(self_type const& other) const
{
    return other < *this;
}

bool operator<=(self_type const& other) const
{
    return !(other < *this);
}

bool operator>=(self_type const& other) const
{
    return !(*this < other);
}
```

最后，但同样重要的是，需要通过下标运算符([])提供对元素的访问。一种可能的实现如下所示。

```
value_type& operator[](difference_type const offset)
{
```

```
    return *((*this + offset));
}

value_type const & operator[](difference_type const offset)
const
{
    return *((*this + offset));
}
```

至此，我们已经完成了环形缓冲区迭代器类型的实现。如果你在理解这两个类的众多代码片段时遇到困难，可以在本书的 GitHub 仓库中找到完整的实现。

下面是一个使用迭代器类型的简单示例。

```
circular_buffer<int, 3> b({1, 2, 3});
std::vector<int> v;
for (auto it = b.begin(); it != b.end(); ++it)
{
    v.push_back(*it);
}
```

这段代码实际上可以通过基于范围的 for 循环进行简化。在这种情况下，不直接使用迭代器，但编译器生成的代码确实会使用它们。因此，下面的代码段与之前的代码段等效。

```
circular_buffer<int, 3> b({ 1, 2, 3 });
std::vector<int> v;
for (auto const e : b)
{
    v.push_back(e);
}
```

然而，这里为 circular_buffer_iterator 提供的实现无法使下面的代码片段编译通过。

```
circular_buffer<int, 3> b({ 1,2,3 });
*b.begin() = 0;

assert(b.front() == 0);
```

这需要我们能够通过迭代器写入元素。但是，我们的实现不满足输出迭代器类别的需求。这要求：像 *it=v 或*it++=v 这样的表达式是有效的。为此，需要提供运算符 * 和->的非常量重载，以返回非常量引用类型。可以通过以下代码实现。

```
reference operator*()
{
    if (buffer_.get().empty() || !in_bounds())
        throw std::logic_error("Cannot dereferentiate the
                                iterator");
    return buffer_.get().data_[
        (buffer_.get().head_ + index_) %
        buffer_.get().capacity()];
}

reference operator->()
```

```
{
    if (buffer_.get().empty() || !in_bounds())
        throw std::logic_error("Cannot dereferentiate the
                                iterator");
    return buffer_.get().data_[
        (buffer_.get().head_ + index_) %
         buffer_.get().capacity()];
}
```

有关使用 circular_buffer 类的更多示例(包括使用和不使用迭代器的示例)可以在 GitHub 仓库中找到。接下来，我们将集中精力实现一个适用于任何范围的通用算法，包括这里定义的 circular_buffer 容器。

8.3 编写自定义通用算法

8.1 节介绍了为什么通过迭代器抽象访问容器元素对于构建通用算法至关重要。不过，练习编写这样的算法对你来说是有益的，因为它有助于你更好地理解迭代器的使用。所以，在本节中，我们将编写一个通用算法。

标准库有许多这样的算法，但缺少一个**缝合算法**(**zipping algorithm**)。实际上，对压缩含义的解释或理解因人而异。对于某些人来说，压缩意味着获取两个或更多输入范围，并通过输入范围中的元素创建一个新的范围。图 8-4 说明了这一点。

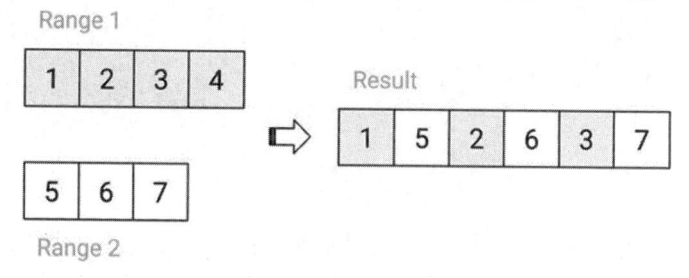

图 8-4　元素压缩示意(1)

对于其他人来说，压缩意味着获取两个或更多输入范围，并创建一个新的范围，其中元素是由输入范围的元素构成的元组。如图 8-5 所示。

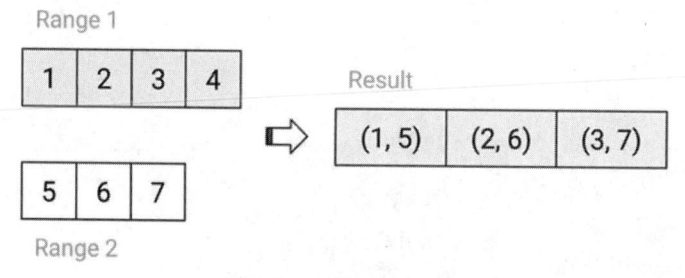

图 8-5　元组压缩示意(2)

本节将实现第一种算法。为了避免混淆，称之为 **flatzip**。以下是其需求。
- 该算法接受两个输入范围，并将结果写入一个输出范围。
- 该算法将迭代器作为实参。首尾输入迭代器定义了每个输入范围的边界，输出迭代器定义了输出范围的起始位置，元素将写入该位置。
- 两个输入范围应包含相同类型的元素。输出范围必须包含相同类型的元素或输入类型可隐式转换的类型。
- 如果两个输入范围大小不同，则该算法将在处理完较小的范围后停止(如图 8-5 所示)。
- 返回值是指向最后一个被复制元素之后位置的输出迭代器。

上述算法的可能实现如下所示。

```
template <typename InputIt1, typename InputIt2,
          typename OutputIt>
OutputIt flatzip(
    InputIt1 first1, InputIt1 last1,
    InputIt2 first2, InputIt2 last2,
    OutputIt dest)
{
    auto it1 = first1;
    auto it2 = first2;

    while (it1 != last1 && it2 != last2)
    {
        *dest++ = *it1++;
        *dest++ = *it2++;
    }

    return dest;
}
```

正如你在上述代码片段中看到的，实现非常简单。我们在这里所做的就是同时遍历两个输入范围，并交替地将元素从它们复制到目标范围。当到达较小范围的末尾时，两个输入范围上的迭代都会停止。我们可以按如下方式使用该算法。

```
// 一个范围为空
std::vector<int> v1 {1,2,3};
std::vector<int> v2;
std::vector<int> v3;

flatzip(v1.begin(), v1.end(), v2.begin(), v2.end(),
        std::back_inserter(v3));
assert(v3.empty());

// 两个范围都不为空
std::vector<int> v1 {1, 2, 3};
std::vector<int> v2 {4, 5};
```

```
std::vector<int> v3;

flatzip(v1.begin(), v1.end(), v2.begin(), v2.end(),
        std::back_inserter(v3));
assert(v3 == std::vector<int>({ 1, 4, 2, 5 }));
```

这些示例使用 std::vector 作为输入和输出范围。然而，flatzip 算法对容器一无所知。容器中的元素是通过迭代器访问的。因此，只要迭代器满足指定需求，就可以使用任意容器。这包括之前编写的 circular_buffer 容器，因为 circular_buffer_container 同时满足了输入和输出迭代器类别的需求。这意味着我们还可以编写如下代码片段：

```
circular_buffer<int, 4> a({1, 2, 3, 4});
circular_buffer<int, 3> b({5, 6, 7});
circular_buffer<int, 8> c(0);

flatzip(a.begin(), a.end(), b.begin(), b.end(), c.begin());

std::vector<int> v;
for (auto e : c)
   v.push_back(e);
assert(v == std::vector<int>({ 1, 5, 2, 6, 3, 7, 0, 0 }));
```

我们有两个输入环形缓冲区：a 有 4 个元素，b 有 3 个元素。目标环形缓冲区的容量为 8 个元素，所有元素全部初始化为 0。在应用 flatzip 算法后，目标环形缓冲区的 6 个元素将被写入来自缓冲区 a 和缓冲区 b 的值。结果是环形缓冲区将包含元素 1、5、2、6、3、7、0、0。

8.4 总结

本章讨论了如何使用模板构建通用库。尽管我们无法详尽介绍这些主题，但已经探讨了 C++ 标准库中的容器、迭代器和算法的设计，这些都是标准库的支柱。本章用大部分篇幅介绍了如何编写与标准容器类似的容器，以及用于访问元素的迭代器类。为此，我们实现了一个表示环形缓冲区的类，这是一种固定大小的数据结构，一旦容器满了，就会覆盖元素。最后，我们还实现了一个通用算法，该算法将两个范围内的元素进行压缩。这适用于任何容器，包括环形缓冲区容器。

本章所讨论的范围是一个抽象的概念。但是，这在 C++ 20 中有所改变，它通过新的范围库引入了更具体的范围概念。这将在第 9 章讨论。

8.5 问题

1. 标准库中的序列容器有哪些?
2. 标准容器中定义的通用成员函数有哪些?
3. 什么是迭代器?迭代器有哪几种类别?
4. 随机访问迭代器支持哪些操作?
5. 什么是范围访问函数?

第9章
范围库

第 8 章专门讨论了标准库的 3 大支柱：容器、迭代器和算法。在整个章节中，我们使用了范围的抽象概念来表示由两个迭代器界定的元素序列。C++20 标准通过提供范围库使得处理范围变得更加容易，该库主要包括两个部分：一部分是定义非拥有权范围和范围适配的类型；另一部分是使用这些范围类型而不需要迭代器来定义元素范围的算法。

在本章中，我们将讨论以下主题：
- 从抽象范围到范围库的转变
- 理解范围概念和视图
- 理解受约束算法
- 编写自己的范围适配器

到本章结束时，你将对范围库的内容有很好的理解，并能够编写自己的范围适配器。让我们从抽象范围概念到 C++20 范围库的过渡开始本章。

9.1　从抽象范围到范围库

我们在第 8 章中多次使用了范围(range)这个术语。范围是元素序列的抽象，由两个迭代器界定(一个指向序列的第一个元素，另一个指向最后一个元素之后的下一个位置)。像 `std::vector`、`std::list` 和 `std::map` 这样的容器是范围抽象的具体实现。它们拥有元素的所有权，并使用各种数据结构(如数组、链表或树)实现。标准算法是泛型的，也是容器无关的。它们对 `std::vector`、`std::list` 或 `std::map` 一无所知。它们借助迭代器处理范围抽象。但是，这存在一个缺点：我们总是需要从容器中获取开始和结束迭代器。以下是一些例子：

```
// 对 vector 进行排序
std::vector<int> v{ 1, 5, 3, 2, 4 };
```

```cpp
std::sort(v.begin(),v.end());

// 计算数组中的偶数个数
std::array<int, 5> a{ 1, 5, 3, 2, 4 };
auto even = std::count_if(
   a.begin(), a.end(),
   [](int const n) {return n % 2 == 0;});
```

只处理容器中部分元素的情况是极少的。绝大多数情况下，你要处理所有元素，于是你就一遍又一遍地写 v.begin() 和 v.end()，以及变体形式：cbegin()/cend()、rbegin()/rend() 乃至于独立函数形式的 std::begin()/std::end() 等。我们更希望将以上这些需要处理所有元素的代码写得更短，如下所示。

```cpp
// 对vector进行排序
std::vector<int> v{ 1, 5, 3, 2, 4 };
sort(v);

// 计算数组中的偶数个数
std::array<int, 5> a{ 1, 5, 3, 2, 4 };
auto even = std::count_if(
   a,
   [](int const n) {return n % 2 == 0;});
```

另一方面，我们经常需要组合操作。大多数情况下，即使使用标准算法，这也涉及许多操作和过于冗长的代码。让我们考虑以下示例：给定一个整数序列，我们想要按照值的降序(而非它们在序列中的位置)打印所有偶数的平方，除了前两个。有多种方法可以解决这个问题。以下是一个可能的解决方案：

```cpp
std::vector<int> v{ 1,5,3,2,8,7,6,4 };

// 只复制偶数元素
std::vector<int> temp;
std::copy_if(v.begin(),v.end(),
            std::back_inserter(temp),
            [](int const n) {return n % 2 == 0;});

// 对序列进行排序
std::sort(temp.begin(),temp.end(),
         [](int const a,int const b) {return a > b;});

// 移除前两个
temp.erase(temp.begin() + temp.size() - 2,temp.end());

// 变换元素
std::transform(temp.begin(),temp.end(),
              temp.begin(),
              [](int const n) {return n * n;});
```

```
// 打印每个元素
std::for_each(temp.begin(),temp.end(),
              [](int const n) {std::cout << n << '\n';});
```

我相信大多数人会同意,虽然熟悉标准算法的人可以轻松阅读这段代码,但写起来仍然需要花费很多精力。它还需要一个临时容器和重复调用 begin/end。因此,我也预计大多数人会更容易理解以下版本的代码,并可能更喜欢这样写。

```
std::vector<int> v{ 1,5,3,2,8,7,6,4 };
sort(v);
auto r = v
         | filter([](int const n) {return n % 2 == 0;})
         | drop(2)
         | reverse
         | transform([](int const n) {return n * n;});

for_each(r,[](int const n) {std::cout << n << '\n';});
```

这就是 C++ 20 标准通过范围库提供的功能。它有两个主要组成部分:
- 视图(**view**)或范围适配器(**range adaptor**),表示非拥有权的可迭代序列。它们使我们能够更轻松地组合操作,就像最后一个例子那样。
- 受约束算法(**constrained algorithm**),使我们能够操作具体范围(标准容器或范围),而不是用一对迭代器界定的抽象范围(尽管这也是可能的)。

我们将在接下来的章节中探讨范围库的这两个组成部分,先从范围本身开始介绍。

9.2 理解范围概念和视图

术语范围指的是一个抽象,它定义了由开始和结束迭代器界定的元素序列。因此,范围表示一个可迭代的元素序列。然而,这样的序列可以通过以下几种方式定义。

- 用一个开始迭代器和一个结束哨兵。这样的序列将从头到尾迭代。哨兵(**sentinel**)是一个表示序列结束的对象。它可以与迭代器类型相同,也可以是不同的类型。
- 用一个起始对象和一个大小(元素数量)表示所谓的计数序列。这样的序列从起始位置迭代 N 次(其中 N 表示大小)。
- 用一个起始值和一个谓词表示所谓的条件终止序列。这样的序列从起始位置迭代,直到谓词返回 false。
- 只用一个起始值表示所谓的无界序列。这样的序列可以无限迭代。

所有这些种类的可迭代序列都被视为范围。由于范围是一种抽象,C++20 库定义了一系列概念来描述范围类型的要求。这些概念可在头文件 `<ranges>` 和名空间 `std::ranges` 中找到。表 9-1 列出了一些范围概念。

表 9-1　C++20 标准库中的范围概念

名称	描述
range	类型 R 通过提供 begin 迭代器和 end 哨兵成为范围。迭代器和哨兵可以是不同的类型
borrowed_range	范围类型 R 能让函数通过值接受此类型对象并返回迭代器，无悬空危险
sized_range	范围类型 R 可在常数时间内知道大小
common_range	范围类型 R 的迭代器和哨兵具有相同类型
view	范围类型 R 具有常数时间复制、移动和赋值操作
viewable_range	范围类型 R 可转换为视图
input_range	范围类型的迭代器类型满足 input_iterator 概念
output_range	范围类型的迭代器类型满足 output_iterator 概念
forward_range	范围类型的迭代器类型满足 forward_iterator 概念
bidirectional_range	范围类型的迭代器类型满足 bidirectional_iterator 概念
random_access_range	范围类型的迭代器类型满足 random_access_iterator 概念
contiguous_range	范围类型的迭代器类型满足 contiguous_iterator 概念

标准库为容器和数组定义了一系列访问函数。包括 `std::begin` 和 `std::end`(代替成员函数 `begin` 和 `end`)，`std::size`(代替成员函数 `size`)等。这些函数被称为范围访问函数(**range access function**)。同样，范围库定义了一组范围访问函数。这些函数是为范围设计的，可在头文件 `<ranges>` 和 `<iterator>` 以及名空间 `std::ranges` 中找到。它们列在表 9-2 中。

表 9-2　C++20 标准库中的范围访问函数

范围的范围访问函数	等效的容器/数组的范围访问函数	描述
begin / end cbegin / cend	begin / end cbegin / cend	返回指向范围开始/结束的迭代器和常量迭代器
rbegin / rend crbegin / crend	rbegin / rend crbegin / crend	返回指向范围开始/结束的反向迭代器和常量反向迭代器
size / ssize	size / ssize	返回范围的大小，类型是整数或有符号整数值
empty	empty	返回一个布尔值，指示范围是否为空
data / cdata	data	返回指向连续范围开始和只读连续范围开始的指针

以下代码片段演示了其中一些函数的使用。

```
std::vector<int> v{ 8,5,3,2,4,7,6,1 };
auto r = std::views::iota(1,10);
```

```cpp
std::cout << "size(v)=" << std::ranges::size(v) << '\n';
std::cout << "size(r)=" << std::ranges::size(r) << '\n';

std::cout << "empty(v)=" << std::ranges::empty(v) << '\n';
std::cout << "empty(r)=" << std::ranges::empty(r) << '\n';

std::cout << "first(v)=" << *std::ranges::begin(v) << '\n';
std::cout << "first(r)=" << *std::ranges::begin(r) << '\n';

std::cout << "rbegin(v)=" << *std::ranges::rbegin(v)
    << '\n';
std::cout << "rbegin(r)=" << *std::ranges::rbegin(r)
    << '\n';

std::cout << "data(v)=" << *std::ranges::data(v) << '\n';
```

在这个代码片段中，使用了一个名为 std::views::iota 的类型。正如名空间所暗示的，这是一个视图。**视图**是具有额外限制的范围。视图是轻量级对象，具有非拥有权语义。它们以不需要拷贝或改变序列的方式呈现底层元素序列(一个范围)的视图。其关键特性是惰性求值。这意味着无论它们应用什么变换，只有在请求(迭代)元素时才会执行，而不是在创建视图时就执行。

C++20 提供了一系列视图，C++23 中也包含了新的视图。视图可在头文件 <ranges> 和名空间 std::ranges 中找到，形式为 std::ranges::abc_view，例如 std::ranges::iota_view。但是，为了使用方便，在名空间 std::views 中还存在形式为 std::views::abc 的变量模板，例如 std::views::iota。这就是我们在前面的例子中看到的。以下是使用 iota 的两个等效示例：

```cpp
// 使用 iota_view 类型
for (auto i : std::ranges::iota_view(1,10))
    std::cout << i << '\n';

// 使用 iota 变量模板
for (auto i : std::views::iota(1,10))
    std::cout << i << '\n';
```

iota 视图属于一种特殊类别的视图，称为工厂(**factories**)。这些工厂是基于新生成的范围的视图。范围库中提供了表 9-3 所示的工厂。

表 9-3　C++20 标准库中范围库提供的特殊类别的视图(工厂)

类型	变量	描述
ranges::empty_view	ranges::views::empty	生成一个不包含任何 T 类型元素的视图
ranges::single_view	ranges::views::single	生成一个包含单个 T 类型元素的视图
ranges::iota_view	ranges::views::iota	生成一个连续元素序列的视图，从起始值到结束值(有界视图)或无限延伸(无界视图)
ranges::basic_iostream_view	ranges::views::istream	通过重复应用>>运算符生成一个元素序列的视图

如果你想知道 `empty_view` 和 `single_view` 有什么用，答案应该不难找到。它们在处理空范围或只有单个有效元素的范围时非常有用。你不想为处理这些特殊情况而编写函数模板的多个重载；相反，你更愿意传入一个 `empty_view` 或 `single_view` 范围。以下代码片段展示了使用这些工厂的几个例子。这些代码片段应该是不言自明的。

```cpp
constexpr std::ranges::empty_view<int> ev;
static_assert(std::ranges::empty(ev));
static_assert(std::ranges::size(ev) == 0);
static_assert(std::ranges::data(ev) == nullptr);

constexpr std::ranges::single_view<int> sv{42};
static_assert(!std::ranges::empty(sv));
static_assert(std::ranges::size(sv) == 1);
static_assert(*std::ranges::data(sv) == 42);
```

对于 `iota_view`，我们已经看到了几个有界视图的例子。下一个代码片段再次展示了一个使用 iota 生成的有界视图的例子，以及一个同样使用 iota 生成的无界视图。

```cpp
auto v1 = std::ranges::views::iota(1,10);
std::ranges::for_each(
    v1,
    [](int const n) {std::cout << n << '\n';});

auto v2 = std::ranges::views::iota(1) |
          std::ranges::views::take(9);
std::ranges::for_each(
    v2,
    [](int const n) {std::cout << n << '\n';});
```

最后一个例子使用了另一个称为 `take_view` 的视图。它会生成另一个视图(在我们的例子中，是用 iota 产生的无界视图)的前 N 个元素(在我们的例子中是 9 个)的视图。我们很快就会详细讨论这个。但首先，让我们看一个使用第四个视图工厂 `basic_iostream_view` 的例子。假设我们有某个商品价格列表文本，用空格分隔。我们需要打印这些价格的总和。解决这个问题有不同的方法，但这里给出了一个可能的解决方案。

```cpp
auto text = "19.99 7.50 49.19 20 12.34";
auto stream = std::istringstream{ text };
std::vector<double> prices;

double price;
while (stream >> price)
{
   prices.push_back(price);
}

auto total = std::accumulate(prices.begin(),prices.end(),
                             0.0);
std::cout << std::format("total:{}\n",total);
```

代码中的粗体部分可以用以下两行代码替换，这两行代码使用

basic_iostream_view，或更确切地说，istream_view 别名模板。

```
for (double const price :
         std::ranges::istream_view<double>(stream))
{
    prices.push_back(price);
}
```

istream_view 范围工厂所做的是重复地在 istringstream 对象上应用 operator>>，并在每次应用时产生一个值。你不能指定分隔符；它只适用于空白字符。如果你更喜欢使用标准算法而不是手工编写的循环，则可以使用 ranges::for_each 受约束算法来产生相同的结果，如下所示。

```
std::ranges::for_each(
    std::ranges::istream_view<double>(stream),
    [&prices](double const price) {
        prices.push_back(price); });
```

本章到目前为止给出的例子包括 filter、take、drop 和 reverse 等视图。这些只是 C++20 中可用的标准视图的一部分。C++23 正在添加更多视图，未来的标准版本可能还会添加更多。表 9-4 列出了所有标准视图。

表 9-4　所有标准视图(截至 C++23 标准)

类型 (在 ranges 名空间中)	变量 (在 ranges::view 名空间中)	C++版本	描述
filter_view	filter	C++20	表示一个范围适配器的类型，该适配器提供底层范围的视图，只包括满足谓词的元素
transform_view	transform	C++20	表示一个范围适配器的类型，该适配器提供底层范围的视图，对范围的每个元素应用了一个变换
take_view	take	C++20	表示一个范围适配器的类型，该适配器提供对底层序列的前 N 个元素的视图
take_while_view	take_while	C++20	表示一个范围适配器的类型，该适配器提供底层序列元素的视图，从开始到第一个不再满足指定谓词的元素为止
drop_view	drop	C++20	表示一个范围适配器的类型，该适配器提供底层序列元素的视图，但不包括前 N 个元素 (这些元素被跳过)

(续表)

类型(在 ranges 名空间中)	变量(在 ranges::view 名空间中)	C++版本	描述
drop_while_view	drop_while	C++20	表示一个范围适配器的类型,该适配器提供底层序列元素的视图,从第一个不满足给定谓词的元素开始
join_view	join	C++20	表示一个范围适配器的类型,该适配器提供一个由多个范围展平产生的序列的视图
join_with_view	join_with	C++23	表示一个范围适配器的类型,该适配器提供一个由多个范围展平产生的序列的视图,并在视图的元素之间插入指定的分隔符
split_view	split	C++20	表示一个范围适配器的类型,该适配器提供一个由指定分隔符分割范围产生的范围序列的视图。该范围不能是输入范围,且不遵守视图的惰性语义
lazy_split_view	lazy_split	C++20	与 split_view 相同,但它也适用于输入范围并遵守范围的惰性机制
reverse_view	reverse	C++20	表示一个范围适配器的类型,该适配器提供一个底层范围元素的逆序视图
keys_view	keys	C++20	表示一个范围适配器的类型,该适配器提供一个投影底层视图的元组式值(std::pair 和 std::tuple)的第一个元素的视图
values_view	values	C++20	表示一个范围适配器的类型,该适配器提供一个投影底层视图的元组式值(std::pair 和 std::tuple)的第二个元素的视图
elements_view	elements	C++20	表示一个范围适配器的类型,该适配器提供一个投影底层视图的元组式值的第 N 个元素的视图

(续表)

类型(在 ranges 名空间中)	变量(在 ranges::view 名空间中)	C++版本	描述
`zip_view`	`zip`	C++23	表示一个范围适配器的类型，该适配器提供一个由一个或多个底层视图构建的视图，将每个视图的第 N 个元素投影到一个元组中
`zip_transform_view`	`zip_transform`	C++23	表示一个范围适配器的类型，该适配器提供一个由一个或多个底层视图和一个可调用对象构建的视图，其元素通过将可调用对象应用于每个底层视图的第 N 个元素来投影
`adjacent_view`	`adjacent`	C++23	表示一个范围适配器的类型，该适配器提供一个元组式值的视图，通过提取底层视图的 N 个连续元素来投影
`adjacent_transform_view`	`adjacent_transform`	C++23	表示一个范围适配器的类型，该适配器提供一个值的视图，这些值通过将一个可调用对象应用于底层视图的 N 个连续元素来投影

除了表 9-4 中列出的视图(范围适配器)外，还有一些在某些特定场景中有用的视图。为了完整起见，这些视图列在表 9-5 中。

表9-5 适用于某些特定场景的视图

类型(在 ranges 名空间中)	变量(在 ranges::view 名空间中)	C++版本	描述
	`all`	C++20	创建一个包含范围实参所有元素的视图的对象
	`all_t`	C++20	视图的别名模板，该视图来自可以安全转换为视图的某个范围
	`counted`	C++20	创建一个视图的对象，该视图包含从给定迭代器表示的元素开始的 N 个元素
`ref_view`		C++20	一种包装另一个范围的引用的视图类型
`owning_view`		C++20	一种存储给定范围的视图类型。它对存储的范围具有唯一所有权，并具有只移(move-only)语义
`common_view`	`common`	C++20	一种类型，将迭代器和哨兵类型不同的视图，适配为迭代器和哨兵类型相同的视图

到此已经列举了所有标准范围适配器，让我们再看一些使用其中适配器的例子。

探索更多例子

在本节前面，我们看到了以下例子(这次使用显式名空间)。

```
namespace rv = std::ranges::views;
std::ranges::sort(v);
auto r = v
      | rv::filter([](int const n) {return n % 2 == 0; })
      | rv::drop(2)
      | rv::reverse
      | rv::transform([](int const n) {return n * n; });
```

这实际上是以下内容的更短且更易读的版本。

```
std::ranges::sort(v);auto r =
   rv::transform(
     rv::reverse(
       rv::drop(
         rv::filter(
           v,
           [](int const n) {return n % 2 == 0; }),
         2)),
     [](int const n) {return n * n; });
```

第一个版本之所以可行，是因为管道运算符(|)被重载以简化视图的组合，使其更易于人类阅读。一些范围适配器接受一个实参，一些可能接受多个实参。以下规则适用：

- 如果范围适配器 A 接受一个实参，即视图 V，那么 A(V) 和 V|A 是等价的。这样的范围适配器有 `reverse_view`，示例如下。

```
std::vector<int> v{ 1,5,3,2,8,7,6,4 };
namespace rv = std::ranges::views;
auto r1 = rv::reverse(v);
auto r2 = v | rv::reverse;
```

- 如果范围适配器 A 接受多个实参，即视图 V 和 args…，那么 A(V,args…)、A(args…)(V) 和 V|A(args…) 是等价的。这样的范围适配器有 take_view，示例如下。

```
std::vector<int> v{ 1,5,3,2,8,7,6,4 };
namespace rv = std::ranges::views;
auto r1 = rv::take(v,2);
auto r2 = rv::take(2)(v);
auto r3 = v | rv::take(2);
```

到目前为止，我们已经看到了 filter、transform、reverse 和 drop 的使用。为了完成本章的这一部分，让我们通过一系列示例演示表 8-7 中视图的使用。在以下所有示例中，我们将考虑 rv 作为 `std::ranges::views` 名空间的别名。

- 按照逆序打印序列中的最后两个奇数。

```
std::vector<int> v{ 1,5,3,2,4,7,6,8 };

for (auto i :v |
  rv::reverse |
  rv::filter([](int const n) {return n % 2 == 1; }) |
  rv::take(2))
{
  std::cout << i << '\n'; // 打印7和3
}
```

- 打印范围中小于10的连续数字的子序列，该范围不包括第一个连续的奇数。

```
std::vector<int> v{ 1, 5, 3, 2, 4, 7, 16, 8 };
for (auto i :v |
 rv::take_while([](int const n){return n < 10; }) |
 rv::drop_while([](int const n){return n % 2 == 1; })
)
{
  std::cout << i << '\n'; // 打印2 4 7
}
```

- 从一个元组序列中分别打印第一、第二、第三个元素。

```
std::vector<std::tuple<int,double,std::string>> v =
{
  {1,1.1,"one"},
  {2,2.2,"two"},
  {3,3.3,"three"}
};

for (auto i :v | rv::keys)
  std::cout << i << '\n'; // 打印1 2 3

for (auto i :v | rv::values)
  std::cout << i << '\n'; // 打印1.1 2.2 3.3

for (auto i :v | rv::elements<2>)
  std::cout << i << '\n'; // 打印1 2 3
```

打印由整数vector组成的vector中的所有元素。

```
std::vector<std::vector<int>> v {
  {1,2,3},{4},{5,6}
};
for (int const i :v | rv::join)
  std::cout << i << ' '; // 打印1 2 3 4 5 6
```

- 打印整数向量的向量中的所有元素，但在每个向量的元素之间插入一个0。范围适配器join_with是C++23的新特性，可能编译器还尚未支持。

```
std::vector<std::vector<int>> v{
  {1,2,3},{4},{5,6}
};
```

```
for(int const i :v | rv::join_with(0))
    std::cout << i << ' ';  // 打印 1 2 3 0 4 0 5 6
```

- 打印一个句子中的单个单词，其中分隔符是空格。

```
std::string text{ "this is a demo!" };
constexpr std::string_view delim{ " " };
for (auto const word :text | rv::split(delim))
{
    std::cout << std::string_view(word.begin(),
                                  word.end())
              << '\n';
}
```

- 从整数数组和双精度向量的元素创建元组视图。

```
std::array<int,4> a {1,2,3,4};
std::vector<double> v {10.0,20.0,30.0};

auto z = rv::zip(a,v)
// { {1,10.0},{2,20.0},{3,30.0} }
```

- 从整数数组和双精度向量元素的乘积创建视图。

```
std::array<int,4> a {1,2,3,4};
std::vector<double> v {10.0,20.0,30.0};

auto z = rv::zip_transform(
    std::multiplies<double>(),a,v)
// { {1,10.0},{2,20.0},{3,30.0} }
```

- 打印整数序列中的相邻元素对[1]。

```
std::vector<int> v {1,2,3,4};
for (auto i : v | rv::adjacent<2>)
{
    // 打印:(1,2) (2,3) (3,4)
    std::cout << std::format("({},{})",
                             std::get<0>(i), std::get<1>(i));
}
```

- 打印从整数序列中每三个连续值相乘得到的值。

```
std::vector<int> v {1, 2, 3, 4, 5};
auto mul = [](auto... x) { return (... * x); };
for (auto I : rv::adjacent_transform<3>(v, mul))
{
    std::cout << i << ' '; // 打印:6 24 60
}
```

希望这些例子能帮助你理解每个可用视图的可能用例。可以在随书提供的源代码和 9.7 节"延伸阅读"提到的文章中找到更多示例。在下一节中，我们将讨论范围库的另一部分，即受约束算法。

---

1 译者注：本例和下一例子原文有误，不能通过编译。修改后可在 x86-64 gcc14.2 以及 –std=c++23 通过编译。

9.3 理解受约束算法

标准库提供了超过一百个通用算法。正如我们在前面介绍范围库的章节中讨论的那样，这些算法有一个共同点：它们通过迭代器处理抽象范围。它们将迭代器作为实参，有时也会返回迭代器。这使得反复使用标准容器或数组变得麻烦。下面是一个例子：

```
auto l_odd = [](int const n) {return n % 2 == 1; };

std::vector<int> v{ 1, 1, 2, 3, 5, 8, 13 };
std::vector<int> o;
auto e1 = std::copy_if(v.begin(), v.end(),
                       std::back_inserter(o),
                       l_odd);

int arr[] = { 1, 1, 2, 3, 5, 8, 13 };
auto e2 = std::copy_if(std::begin(arr), std::end(arr),
                       std::back_inserter(o),
                       l_odd);
```

在这个代码片段中，有一个向量 v 和一个数组 arr，将它们中的奇数元素复制到第二个向量 o 中。为此，使用了 `std::copy_if` 算法。它接受开始和结束输入迭代器(定义输入范围)，一个输出迭代器指向第二个范围(复制的元素将被插入这里)，以及一个一元谓词(在这个例子中是一个 lambda 表达式)。它返回一个迭代器，指向目标范围中最后一个复制元素之后的位置。

如果我们查看 `std::copy_if` 算法的声明，会发现以下两个重载。

```
template <typename InputIt, typename OutputIt,
          typename UnaryPredicate>
constexpr OutputIt copy_if(InputIt first, InputIt last,
                           OutputIt d_first,
                           UnaryPredicate pred);

template <typename ExecutionPolicy,
          typename ForwardIt1, typename ForwardIt2,
          typename UnaryPredicate>
ForwardIt2 copy_if(ExecutionPolicy&& policy,
                   ForwardIt1 first, ForwardIt1 last,
                   ForwardIt2 d_first,
                   UnaryPredicate pred);
```

这里使用和描述的是第一个重载。第二个重载是在 C++17 中引入的。它允许你指定执行策略，如并行或顺序。这基本上启用了标准算法的并行执行。但是，这与本章的主题无关，我们不会进一步探讨它。

大多数标准算法在名空间 `std::ranges` 中都有一个新的受约束版本。这些算法可以在头文件 `<algorithm>`、`<numeric>` 和 `<memory>` 中找到，并具有以下特征：

- 它们与现有算法同名。

- 它们有可以指定范围的重载,可以使用开始迭代器和结束哨兵指定,也可以由单个范围实参指定。
- 它们有修改过的返回类型,可以提供更多关于执行的信息。
- 它们支持应用于处理元素的投影。投影(**projection**)是可以被调用的实体。它可以是成员指针、lambda 表达式或函数指针。这种投影在算法逻辑使用元素之前应用于范围元素。

以下是 std::ranges::copy_if 算法的重载声明。

```
template <std::input_iterator I,
          std::sentinel_for<I> S,
          std::weakly_incrementable O,
          class Proj = std::identity,
          std::indirect_unary_predicate<
              std::projected<I, Proj>> Pred>
requires std::indirectly_copyable<I, O>
constexpr copy_if_result<I, O> copy_if(I first, S last,
                                       O result,
                                       Pred pred,
                                       Proj proj = {});

template <ranges::input_range R,
          std::weakly_incrementable O,
          class Proj = std::identity,
          std::indirect_unary_predicate<
              std::projected<ranges::iterator_t<R>, Proj>> Pred>
requires std::indirectly_copyable<ranges::iterator_t<R>, O>
constexpr copy_if_result<ranges::borrowed_iterator_t<R>, O>
    copy_if(R&& r,
            O result,
            Pred pred,
            Proj proj = {});
```

如果这些看起来更难理解,那是因为它们有更多的实参、约束和更长的类型名。然而,好处是它们使代码更容易编写。下面是使用 std::ranges::copy_if 重写的前面的代码片段。

```
std::vector<int> v{ 1, 1, 2, 3, 5, 8, 13 };
std::vector<int> o;
auto e1 = std::ranges::copy_if(v, std::back_inserter(o),
                               l_odd);

int arr[] = { 1, 1, 2, 3, 5, 8, 13 };
auto e2 = std::ranges::copy_if(arr, std::back_inserter(o),
                               l_odd);

auto r = std::ranges::views::iota(1, 10);
auto e3 = std::ranges::copy_if(r, std::back_inserter(o),
                               l_odd);
```

这些例子展示了两件事:如何从 std::vector 对象和数组中复制元素,以及如何从视图(范围适配器)复制元素。它们没有展示的是投影。之前对此进行了简要提及，我们将在这里更详细地讨论它并给出例子。

投影是一个可调用的实体。它基本上是一个函数适配器。它影响谓词，提供了一种执行函数组合的方式。但并不提供改变算法的方法。例如，假设我们有以下类型：

```
struct Item
{
    int         id;
    std::string name;
    double      price;
};
```

同样，为了解释，让我们也考虑以下元素序列。

```
std::vector<Item> items{
    {1, "pen", 5.49},
    {2, "ruler", 3.99},
    {3, "pensil case", 12.50}
};
```

投影允许对谓词进行组合。例如，假设我们想将所有名称以字母 p 开头的项目复制到第二个向量中。可以这样写代码：

```
std::vector<Item> copies;
std::ranges::copy_if(
    items,
    std::back_inserter(copies),
    [](Item const& i) {return i.name[0] == 'p'; });
```

此外，也可以写出以下等效的例子。

```
std::vector<Item> copies;
std::ranges::copy_if(
    items,
    std::back_inserter(copies),
    [](std::string const& name) {return name[0] == 'p'; },
    &Item::name);
```

在这个例子中，投影是指向成员的表达式 `&Item::name`，它在执行谓词(这里是一个 lambda 表达式)之前应用于每个 Item 元素。当你已经有可重用的函数对象或 lambda 表达式，并且不想为传递不同类型的实参而再写一个时，这种方式可能会很有用。

投影不能用于将一个范围从一种类型变换为另一种类型。例如，你不能仅将 Item 的名称从 `std::vector<Item>` 复制到 `std::vector<std::string>`。这需要使用 `std::ranges::transform` 范围适配器，如下面的代码片段所示。

```
std::vector<std::string> names;
std::ranges::copy_if(
    items | rv::transform(&Item::name),
    std::back_inserter(names),
    [](std::string const& name) {return name[0] == 'p'; });
```

还有很多受约束的算法，但我们不会在这里列出它们。可以直接在C++标准中，或在 `https://en.cppreference.com/w/cpp/algorithm/ranges` 页面上查看它们。

在本章要讨论的最后一个主题是编写自定义范围适配器。

9.4　编写自己的范围适配器

标准库包含一系列可用于解决许多不同任务的范围适配器。在更新的标准版本中正在添加更多的范围适配器。然而，你可能还是想要创建自己的范围适配器，以便与范围库中已有的适配器一起使用。这实际上不是一个简单的任务。因此，在本章的最后一节，我们将探讨编写这样一个范围适配器需要遵循的步骤。

为此，我们将考虑一个范围适配器，它取一个范围的每第 N 个元素，跳过其他元素。我们将这个适配器称为 `step_view`。可以用它编写如下代码。

```
for (auto i : std::views::iota(1, 10) | views::step(1))
   std::cout << i << '\n';

for (auto i : std::views::iota(1, 10) | views::step(2))
   std::cout << i << '\n';

for (auto i : std::views::iota(1, 10) | views::step(3))
   std::cout << i << '\n';

for (auto i : std::views::iota(1, 10) | views::step(2) |
              std::views::take(3))
   std::cout << i << '\n';
```

第一个循环将打印从 1 到 9 的所有数字。第二个循环将打印所有奇数：1、3、5、7、9。第三个循环将打印 1、4、7。最后，第四个循环将打印 1、3、5。

为了实现这一点，我们需要实现以下几个代码实体。

- 一个定义范围适配器的类模板
- 一个推导指引，帮助范围适配器的类模板实参推导
- 一个定义范围适配器的迭代器类型的类模板
- 一个定义范围适配器的哨兵类型的类模板
- 一个重载的管道运算符(|)和辅助函数，用于其实现
- 一个编译期常量全局对象，以简化范围适配器的使用

让我们逐个讨论它们，并学习如何定义它们。我们将从哨兵类开始。**哨兵**是尾后(past-the-end)迭代器的抽象。它允许我们检查迭代是否到达范围的末端。哨兵使得结束迭代器可以具有不同于范围迭代器的类型。哨兵不能被解引用或递增。以下是它的定义方式：

```cpp
template <typename R>
struct step_iterator;

template <typename R>
struct step_sentinel
{
  using base      = std::ranges::iterator_t<R>;
  using size_type = std::ranges::range_difference_t<R>;

  step_sentinel() = default;

  constexpr step_sentinel(base end) : end_{ end } {}
  constexpr bool is_at_end(step_iterator<R> it) const;
private:
  base    end_;
};

// step_iterator 类型的定义

template <typename R>
constexpr bool step_sentinel<R>::is_at_end(
   step_iterator<R> it) const
{
  return end_ == it.value();
}
```

哨兵是由一个迭代器构造的，并包含一个名为 is_at_end 的成员函数，该函数检查存储的范围迭代器是否等于存储在 step_iterator 对象中的范围迭代器。类型 step_iterator 是一个类模板，定义了称为 step_view 的范围适配器的迭代器类型。以下是这个迭代器类型的实现：

```cpp
template <typename R>
struct step_iterator : std::ranges::iterator_t<R>
{
  using base
    = std::ranges::iterator_t<R>;
  using value_type
    = typename std::ranges::range_value_t<R>;
  using reference_type
    = typename std::ranges::range_reference_t<R>;

  constexpr step_iterator(
     base start, base end,
     std::ranges::range_difference_t<R> step) :
     pos_{ start }, end_{ end }, step_{ step }
  {
  }

  constexpr step_iterator operator++(int)
  {
     auto ret = *this;
     pos_ = std::ranges::next(pos_, step_, end_);
     return ret;
```

```cpp
    }

    constexpr step_iterator& operator++()
    {
        pos_ = std::ranges::next(pos_, step_, end_);
        return *this;
    }

    constexpr reference_type operator*() const
    {
        return *pos_;
    }

    constexpr bool operator==(step_sentinel<R> s) const
    {
        return s.is_at_end(*this);
    }

    constexpr base const value() const { return pos_; }
private:
    base                                    pos_;
    base                                    end_;
    std::ranges::range_difference_t<R>      step_;
};
```

这个类型必须有以下几个成员：
- 名为 base 的别名模板，表示底层范围迭代器的类型。
- 名为 value_type 的别名模板，表示底层范围元素的类型。
- 重载的运算符 ++和*。
- 重载的运算符 ==，将该对象与哨兵进行比较。

运算符 ++ 的实现使用 std::ranges::next 受约束算法来将迭代器增加 N 个位置，但不超过范围的末端。

为了使 step_iterator 和 step_sentinel 对能够用于 step_view 范围适配器，必须确保它们实际上是良构的。为此，必须确保 step_iterator 类型是输入迭代器，并且 step_sentinel 类型确实是 step_iterator 类型的哨兵类型。这可以通过以下 static_assert 语句来实现：

```cpp
namespace details
{
    using test_range_t =
        std::ranges::views::all_t<std::vector<int>>;
    static_assert(
        std::input_iterator<step_iterator<test_range_t>>);
    static_assert(
        std::sentinel_for<step_sentinel<test_range_t>,
        step_iterator<test_range_t>>);
}
```

step_iterator 类型用于 step_view 范围适配器的实现中。至少它要有以下组

成部分:

```cpp
template<std::ranges::view R>
struct step_view :
    public std::ranges::view_interface<step_view<R>>
{
private:
    R                                           base_;
    std::ranges::range_difference_t<R>  step_;
public:
    step_view() = default;

    constexpr step_view(
        R base,
    std::ranges::range_difference_t<R> step)
        : base_(std::move(base))
        , step_(step)
    {
    }

    constexpr R base() const&
        requires std::copy_constructible<R>
    { return base_; }
    constexpr R base()&& { return std::move(base_); }

    constexpr std::ranges::range_difference_t<R> const&
increment() const
    { return step_; }

    constexpr auto begin()
    {
        return step_iterator<R const>(
            std::ranges::begin(base_),
            std::ranges::end(base_), step_);
    }

    constexpr auto begin() const
    requires std::ranges::range<R const>
    {
        return step_iterator<R const>(
            std::ranges::begin(base_),
            std::ranges::end(base_), step_);
    }

    constexpr auto end()
    {
        return step_sentinel<R const>{
            std::ranges::end(base_) };
    }

    constexpr auto end() const
    requires std::ranges::range<R const>
    {
        return step_sentinel<R const>{
            std::ranges::end(base_) };
```

```
    }
    constexpr auto size() const
    requires std::ranges::sized_range<R const>
    {
        auto d = std::ranges::size(base_);
        return step_ == 1 ? d :
            static_cast<int>((d + 1)/step_); }
    constexpr auto size()
    requires std::ranges::sized_range<R>
    {
        auto d = std::ranges::size(base_);
        return step_ == 1 ? d :
            static_cast<int>((d + 1)/step_);
    }
};
```

定义范围适配器时必须遵循一个模式。这个模式由以下几个方面表示：
- 类模板必须有一个满足 std::ranges::view 概念的模板实参。
- 类模板应该派生自 std::ranges:view_interface。后者本身也接受一个模板实参，应该是范围适配器类。这基本上是我们在第 7 章"模式和惯用法"中学到的 CRTP 的一个实现。
- 类必须有一个默认构造函数。
- 类必须有一个 base 成员函数，返回底层范围。
- 类必须有一个 begin 成员函数，返回指向范围中第一个元素的迭代器。
- 类必须有一个 end 成员函数，返回指向范围中最后一个元素之后的迭代器或哨兵。
- 对于满足 std::ranges::sized_range 概念要求的范围，这个类还必须包含一个名为 size 的成员函数，返回范围中元素的数量。

为了使 step_view 类可以使用类模板实参推导，应该定义一个用户定义的推导指引。这些在第 4 章"高级模板概念"中讨论过。代码如下所示：

```
template<class R>
step_view(R&& base,
          std::ranges::range_difference_t<R> step)
    -> step_view<std::ranges::views::all_t<R>>;
```

为了使这个范围适配器能够使用管道运算符(|)与其他适配器组合，必须重载这个运算符。我们还需要一些辅助函数对象，如下面的代码清单所示。

```
namespace details
{
    struct step_view_fn_closure
    {
        std::size_t step_;
        constexpr step_view_fn_closure(std::size_t step)
            : step_(step)
```

```
    {
    }

    template <std::ranges::range R>
    constexpr auto operator()(R&& r) const
    {
        return step_view(std::forward<R>(r), step);
    }
};

template <std::ranges::range R>
constexpr auto operator | (R&& r,
                           step_view_fn_closure&& a)
{
    return std::forward<step_view_fn_closure>(a)(
        std::forward<R>(r));
}
```

step_view_fn_closure 类是一个函数对象，它存储一个表示每个迭代器要跳过的元素数量的值。它的重载调用运算符接受一个范围作为实参，并返回一个从该范围和跳过步数创建的 step_view 对象。

最后，我们还想支持以类似于标准库中提供的方式编写代码，标准库为每个存在的范围适配器在 std::views 名空间中提供了一个编译期全局对象。例如，可以使用 std::views::transform 而不是 std::ranges::transform_view。类似地，我们希望有一个对象 views::step，而不是 step_view(在某个名空间中)。为此，我们需要另一个函数对象，如下所示。

```
namespace details
{
  struct step_view_fn
  {
     template<std::ranges::range R>
     constexpr auto operator () (R&& r,
                                 std::size_t step) const
     {
        return step_view(std::forward<R>(r), step);
     }

     constexpr auto operator () (std::size_t step) const
     {
        return step_view_fn_closure(step);
     }
  };
}

namespace views
{
   inline constexpr details::step_view_fn step;
}
```

step_view_fn 类型是一个函数对象，它有两个重载的调用运算符：一个接受一个范围和一个整数并返回一个 `step_view` 对象,另一个接受一个整数并返回这个值的闭包,或者更准确地说,返回我们之前看到的 `step_view_fn_closure` 的一个实例。

有了所有这些实现,我们就可以成功运行本节开头所示的代码了。这样我们就完成了一个简单范围适配器的实现。希望这能让你对编写范围适配器的过程有一个基本的了解。审视细节,你会注意到 ranges 库相当复杂。在本章中,你学习了关于库的一些基础知识,它如何简化你的代码,以及你如何用自定义功能扩展它。如果你想使用其他资源学习更多,这些知识可以是你的起点。

9.5 总结

在本章,我们探讨了 C++20 范围库。我们开始于范围的抽象概念,逐步过渡到新的范围库。我们学习了这个库的内容以及它如何帮助我们编写更简单的代码。我们重点讨论了范围适配器,也探讨了受约束算法。在本章的最后,我们学习了如何编写一个自定义范围适配器,它可以与标准适配器结合使用。

9.6 问题

1. 什么是范围?
2. 什么是范围库中的视图?
3. 什么是受约束算法?
4. 什么是哨兵?
5. 如何检查哨兵类型是否对应于迭代器类型?

附录 A 结束语

模板不是 C++ 程序设计中最简单的部分，人们通常认为它很难，甚至觉得可怕。但是，C++ 代码中却大量使用了模板，而且无论你现在编写什么样的代码，也很可能每天都在使用模板。

我们从学习模板是什么以及我们为什么需要模板来开启本书，然后学习了如何定义函数模板、类模板、变量模板和别名模板。还学习了模板形参、特化以及实例化。在第 3 章中我们学习了参数数量可变的模板，即所谓的变参模板。第 4 章侧重介绍了更多高级的模板概念，例如名称绑定、递归、实参推导和转发引用等。

紧接着第 5 章中我们学习了类型特征、SFINAE、constexpr if 的用法，并探索了标准库可用的类型特征的集合。第 6 章介绍了 C++20 标准中的概念和约束，我们还学习了如何以不同方式为模板实参指定约束，以及如何定义概念，以及与它们相关的一切，还探索了标准库中一些可用概念的集合。

在本书的最后部分，我们重点介绍了如何将模板用于实践。首先，第 7 章中我们探索了一系列模式和惯用法，例如 CRTP、协调器、类型擦除、标签派发、表达式模板和类型列表等。接下来第 8 章中我们学习了容器、迭代器和算法，这些是标准模板库的核心，并编写了一些实例。最后一章(第 9 章)主要介绍了 C++20 的范围库，在那里我们学习了范围、范围适配器以及约束算法。

目前为止，你已经完成了通过 C++ 模板学习元编程的全部旅程，但请记住学无止境，这个学习过程并没有就此结束。一本书只能为你提供学习某个主题所必需的信息，其结构使你很容易理解和遵循这个主题。但"纸上得来终觉浅，绝知此事要躬行"，所以你现在的任务是把从本书中学到的知识在工作、学校或家里付诸实践。毕竟只有通过不断练习才能真正掌握 C++ 语言和模板元编程，任何其他技能亦然。

我希望这本书能够有效地助你达成灵活掌握C++模板的目标。在撰写本书的时候，我也尝试在简单和有意义之间寻求平衡，这样读者就能更容易地学习一些较困难的主题。但愿我做到了。

感谢阅读本书，并祝各位在实践中好运！